レーダシステムの基礎理論

伊藤 信一 著

コロナ社

推薦のことば

　我々の身近なところで広く日常的に用いられていながら，その動作原理などは必ずしもよく知られていないという技術がしばしば散見される。本書で取り扱う「レーダシステム」もその一つであろう。レーダは75年ほど前の第二次世界大戦を契機に開発されたが，この種の捜索レーダに限っても現代社会では「自動車レーダ」，「気象レーダ」，「ロケット追尾レーダ」，「船舶レーダ」などに広く使われている。

　さて，最も伝搬速度が速く，発生も受信も容易でとても便利な電磁波という「波動」は，次の二つの分野で広く用いられている。

1) 情報伝送（通信，放送）
2) 測距（レーダ）

　1) の分野は携帯電話や地デジ放送などでなじみ深い。
　一方，本書のテーマは2) の分野であり，波動が持っている「測距性」の活用である。本書では，どのようにして波動の「測距性」を実現していくかということが基礎に立ち返って丁寧に説明されている。

　著者の伊藤信一氏は長年にわたってレーダシステムの研究開発に従事してきた技術者であり，現役を退いてからも電波技術の探究を続けている大ベテランである。本書には，至るところに著者の国内外での長年の経験に裏打ちされたレーダシステムに対する貴重な見方が反映されている。

推薦のことば

　私は，まず著者の12章にも及ぶ本書執筆にかける熱意と努力に対して敬服の念を表明しないわけにはいかない。どこからあの迸(ほとばし)るような熱意が生まれたのであろうか。勝手な推測ではあるが，現状の日本におけるレーダ技術に対しての危機感がその背後にあるのではないだろうか。日本に借り物でない真の意味でのレーダ技術，そしてレーダ技術者が育っていってほしいという思いであろう。さらにいえば，さまざまな技術およびその技術者を大切にする社会の実現をつねに願っておられるのであろう。

　私はどのような技術であっても，自分の頭で考え自分の手を動かしてみて，初めて自分の言葉でその技術を語ることができると信じている。

　本書は，まさに著者の言葉で語られた本来の意味での本邦初の「レーダシステムの基礎理論」というべきものであると確信している。

2015年9月

東京工業大学名誉教授
荒木　純道

まえがき

　レーダが前大戦で活用され始めてから約75年が経ち，この間に米国では数多くのレーダ技術専門書が出版されてきた。それらの書籍は，捜索レーダから最新の応用に特化したレーダまでを対象に，動作理論からハードウェア設計までの広い技術範囲をカバーしている。

　このように多くのレーダ技術書がすでに存在する現在，今回さらに1冊のレーダ技術書を著す目的は，高度なレーダシステムで採用されている基本技術の動作に関し，数式的かつ物理的な意味の本質をレーダの開発設計に携わっている技術者に伝えることにある。こう考える背景には，製造会社においてレーダの開発設計に長年携わってきた著者自身の技術者としての経験があり，現役時代には十分に追求しきれなかった動作原理の本質的理解の必要性を当時から強く感じていたからである。このような思いは，実務を終了した戦後第一～二世代のレーダ技術者に広く当てはまるのではないかと思う。

　一方，多くの専門書の中には，開発設計技術者にとっては，その必要性を越える詳細な数学的解析を扱った書籍から測定データや設計データを豊富に載せた書籍までが幅広くそろっているが，基本的なレーダシステム技術の本質を実務技術者が必要と考えるレベルで整理してまとめた書籍はほとんど見当たらない。この事情は，国内の数えるほどしかないレーダ技術書にも当てはまるから，適切な参考書があれば，レーダ技術者や学習者にとって大きな時間の節約となるばかりでなく，技術の理解を深めて次の開発に生かすことができるのは確かであろう。

　また，レーダの動作は自然現象との関わり合いに基づく部分が多く，自己完結的であり，標準化による技術的制約もほとんどないことから，ディジタル時代となって実現手段が変わったとしても，レーダ動作の本質は変わることはない。

　以上の考えに基づいて，本書ではレーダの基本形である捜索レーダについて，その主要機能である目標の探知技術を中心に，捜索レーダシステムの基礎

的理論とその物理的意味に重点を置いて解説する。特に，その本質を見落としがちな基礎的動作理論として本書で取り上げる理論は次のとおりである。

① 受信系におけるフィルタが目標検出性能へ与える効果（通常の帯域フィルタと下記③項のマッチドフィルタとの差異）
② 複数の反射パルス波を用いる積分処理による目標検出性能の改善効果
③ 目標反射パルス信号の信号対雑音比の最大化を図るマッチドフィルタ（整合フィルタ）の動作とその出力信号の性質
④ パルス圧縮フィルタの動作とその出力信号の性質

本書の全体構成は，9章までが上記テーマに重点を置いたセンサとしてのレーダシステムの基礎的理論の解説であり，その後の三つの章でシステム技術者にとって興味があり，有益と思われる次の技術を取り上げて解説した。すなわち，レーダシステム機能の飛躍的な拡大を可能としたフェーズドアレーアンテナ技術，捜索レーダにより間欠的に計測される目標座標データを用いるコンピュータによる追尾技術，特にカルマンフィルタの初歩的応用とその課題，および3次元レーダと呼ばれる捜索レーダの測高技術である。

本書の出版に当たって，東京工業大学の荒木純道先生には本書のみならずマイクロ波全般に関し，議論とご指導をいただきたいへんお世話になりました。深く謝意を表します。本書の内容に関し議論を通して貴重なご意見をいただいた元日本電気株式会社の年綱康宏氏，稲垣連也氏，またレーダに関し日頃議論いただく元日本電気株式会社の池田明氏，宍戸正昭氏，日本電気株式会社の山崎次雄氏，元富士通株式会社の栗原宏氏にお礼を申し上げます。日本電気株式会社の大先輩である豊田良助氏にはレーダ関連のみならずいろいろな側面で長きにわたりご指導をいただきました。深く感謝致します。また，本書の執筆・出版に当たってお世話になったコロナ社の関係者の方々にお礼申し上げます。

本書は一般社団法人 情報通信振興会発刊の月刊誌「電波受験界」に15回にわたり連載した『レーダシステム技術入門』を基に，大幅に加筆・編集して単行本としたものです。最後になりますが，同会の関係者の方々にお礼を申し上げます。

2015年9月

著　者

目　　　次

1.　本書の範囲とレーダ利用の現状

1.1　レーダの特質 ……………………………………………………………… 1
1.2　本書の対象範囲と構成 …………………………………………………… 3
1.3　レーダ利用の現状と捜索レーダの位置付け …………………………… 7
　　1.3.1　防衛用レーダ ……………………………………………………… 8
　　1.3.2　航空管制用レーダ ………………………………………………… 11
　　1.3.3　気象レーダ ………………………………………………………… 12
　　1.3.4　飛翔体追尾レーダ ………………………………………………… 19
　　1.3.5　宇宙飛翔体監視レーダ …………………………………………… 19
　　1.3.6　画像（映像）レーダ ……………………………………………… 20
　　1.3.7　船舶用レーダ ……………………………………………………… 21
　　1.3.8　自動車用レーダ …………………………………………………… 22
　　1.3.9　地中探査レーダ …………………………………………………… 23
　　1.3.10　その他のレーダ ………………………………………………… 24
1.4　レーダの周波数帯 ………………………………………………………… 25
1.5　戦時下レーダ開発における外国レーダ技術の利用 ………………… 26
引用・参考文献 ………………………………………………………………… 33

2.　目標探知性能の算定

2.1　レーダの基本形：捜索レーダ …………………………………………… 38
　　2.1.1　目標の捜索と探知・計測 ………………………………………… 38
　　2.1.2　レーダ覆域設定上の基本的制約条件 …………………………… 40

2.1.3 レーダシステムの基本構成 …………………………………… 42
2.2 目標探知性能の基本算定式 ………………………………………… 45
  2.2.1 反射波受信電力の算定 …………………………………………… 45
  2.2.2 基本レーダ方程式 ………………………………………………… 49
2.3 SNR 導入による実用レーダ方程式 ………………………………… 51
  2.3.1 実用レーダ方程式導出のための検討事項 …………………… 52
  2.3.2 SNR による目標検出基準の必要性 …………………………… 53
  2.3.3 基準とするフィルタ出力に対応する SNR の表示式 ……… 55
  2.3.4 実用レーダ方程式 ………………………………………………… 57
2.4 確率に基づく目標検出基準の導入 ………………………………… 66
  2.4.1 目標検出の確率的判定の必要性 ……………………………… 66
  2.4.2 確率的目標検出基準の算定手順 ……………………………… 68
  2.4.3 PPI 表示における目視検出の一端紹介 ……………………… 70
引用・参考文献 ……………………………………………………………… 71

3. レーダ方程式のパラメータ

3.1 送信パルス波諸元 …………………………………………………… 72
3.2 アンテナ諸元 ………………………………………………………… 74
  3.2.1 レーダ用アンテナの一般的性質 ……………………………… 74
  3.2.2 アンテナビーム幅 ………………………………………………… 75
  3.2.3 アンテナ利得 ……………………………………………………… 77
  3.2.4 偏　　　波 ………………………………………………………… 79
  3.2.5 その他のアンテナ諸元 ………………………………………… 82
3.3 アンテナ利得・開口積 ……………………………………………… 84
  3.3.1 利得・開口積の周波数依存性の定式化 ……………………… 84
  3.3.2 最大探知距離の周波数特性 …………………………………… 85
3.4 レーダ断面積 ………………………………………………………… 89
  3.4.1 レーダ断面積の工学的解釈 …………………………………… 89
  3.4.2 レーダ断面積の角度依存性 …………………………………… 89
  3.4.3 単純形状物体のレーダ断面積 ………………………………… 91

3.5 受信機雑音 ……………………………………………………………… 93
　3.5.1 増幅器の雑音指数 …………………………………………………… 94
　3.5.2 多段増幅器の雑音指数 ……………………………………………… 97
　3.5.3 雑音指数の測定法 …………………………………………………… 98
3.6 システム雑音 …………………………………………………………… 99
　3.6.1 システム雑音電力 …………………………………………………… 99
　3.6.2 受信部の等価入力雑音電力 ………………………………………… 101
　3.6.3 伝送線路の等価入力雑音電力 ……………………………………… 101
　3.6.4 アンテナ雑音電力 …………………………………………………… 103
3.7 フィルタの特性とその損失補正 ……………………………………… 105
　3.7.1 雑音帯域幅 …………………………………………………………… 105
　3.7.2 帯域フィルタの損失補正 …………………………………………… 106
　3.7.3 マッチドフィルタのマッチング損失 ……………………………… 114
　3.7.4 帯域幅補正係数 ……………………………………………………… 115
引用・参考文献 ………………………………………………………………… 116

4. 目標信号の検出基準

4.1 単一反射パルス波による目標検出と目標検出基準 ………………… 118
　4.1.1 雑音と信号に関わる確率分布 ……………………………………… 119
　4.1.2 誤警報確率設定値に対応する信号検出しきい値 ………………… 130
　4.1.3 目標検出確率設定値に対応する目標検出基準値 ………………… 131
4.2 複数反射パルス波による目標検出と目標検出基準 ………………… 133
　4.2.1 積分処理による目標検出性能の改善 ……………………………… 134
　4.2.2 コヒーレント積分処理による目標検出 …………………………… 136
　4.2.3 ノンコヒーレント積分処理による目標検出 ……………………… 140
4.3 目標反射波の変動を考慮した目標検出基準 ………………………… 148
　4.3.1 変動する目標反射波の扱い方 ……………………………………… 149
　4.3.2 目標フラクチュエーションモデル（変動モデル） ……………… 150
　4.3.3 変動する目標反射波に対する目標検出基準値 …………………… 152
引用・参考文献 ………………………………………………………………… 158

5. 目標探知性能算定のまとめ

5.1　レーダ方程式におけるシステム関連パラメータ ……………………… 159
　5.1.1　レーダ方程式における損失項 …………………………………… 159
　5.1.2　電波伝搬中に受ける大気と地表面の影響 ……………………… 163
　5.1.3　捜索レーダにおける目標ヒット数 ……………………………… 167
5.2　レーダ方程式のまとめ …………………………………………………… 168
　5.2.1　代表的レーダ方程式との比較考察 ……………………………… 168
　5.2.2　レーダ方程式の計算例 …………………………………………… 171
引用・参考文献 …………………………………………………………………… 174

6. 電波の大気屈折とレーダ垂直覆域図

6.1　電波の大気屈折がレーダ運用に与える影響 …………………………… 175
6.2　大気の屈折率分布と電波伝搬軸の屈折 ………………………………… 177
　6.2.1　大気の屈折率分布モデル ………………………………………… 177
　6.2.2　電波伝搬軸の数式表示 …………………………………………… 178
6.3　レーダ垂直覆域チャート ………………………………………………… 181
　6.3.1　指数分布モデルによる垂直覆域チャート ……………………… 182
　6.3.2　等価地球半径モデルによる垂直覆域チャート ………………… 184
6.4　球形大地上のレーダ見通し距離 ………………………………………… 185
6.5　大地反射が垂直覆域に及ぼす影響 ……………………………………… 187
引用・参考文献 …………………………………………………………………… 189

7. レーダシステム性能の改善・向上技術

7.1　システム性能の改善・向上課題 ………………………………………… 190
7.2　アンテナ設計による捜索・探知性能の改善・向上 …………………… 192
　7.2.1　垂直面アンテナパターンの最適設計 …………………………… 192

7.2.2 偏波の選定 ………………………………………………… 197
 7.3 マッチドフィルタによるSNRの最大化 ……………………… 200
   7.3.1 マッチドフィルタの導出 ………………………………… 200
   7.3.2 マッチドフィルタの出力信号波形 ……………………… 204
   7.3.3 マッチドフィルタの特質 ………………………………… 207
 7.4 パルス圧縮技術による尖頭送信電力の設計自由度向上 ……… 209
   7.4.1 パルス圧縮技術のレーダシステムにおける意義 ……… 209
   7.4.2 パルス圧縮方式のレーダ方程式における取扱い ……… 212
 7.5 レーダ信号処理によるクラッタ中目標の検出性能改善 ……… 212
   7.5.1 クラッタ環境下での目標検出 …………………………… 213
   7.5.2 移動体反射波のドップラー周波数偏移 ………………… 214
   7.5.3 目標検出性能改善におけるクラッタ諸元の記述 ……… 217
 引用・参考文献 …………………………………………………………… 221

8. パルス圧縮技術

 8.1 周波数変調信号を用いるパルス圧縮 …………………………… 222
   8.1.1 LFMパルス圧縮方式の動作の流れ ……………………… 223
   8.1.2 LFMパルス圧縮方式の圧縮原理 ………………………… 225
   8.1.3 LFMパルス圧縮方式の圧縮信号波形 …………………… 229
   8.1.4 パルス圧縮フィルタの具現化技術 ……………………… 232
   8.1.5 LFMパルス圧縮信号の時間サイドローブ低減 ………… 235
   8.1.6 非線形周波数変調信号を用いる時間サイドローブ低減 … 237
 8.2 位相変調信号を用いるディジタルパルス圧縮方式 …………… 238
   8.2.1 離散的信号による位相変調 ……………………………… 239
   8.2.2 2値符号列によるディジタルパルス圧縮 ……………… 239
   8.2.3 多相符号列によるディジタルパルス圧縮 ……………… 241
 引用・参考文献 …………………………………………………………… 243

9. レーダ信号処理技術

9.1 クラッタの性質とクラッタレーダ断面積 ……………………… 244
 9.1.1 大地クラッタ ………………………………………… 244
 9.1.2 海面クラッタ ………………………………………… 246
 9.1.3 気象クラッタ ………………………………………… 247
9.2 ドップラー周波数偏移の利用による目標検出性能の改善 ……… 248
 9.2.1 MTI 処理による移動体の検出 ……………………… 248
 9.2.2 ディジタルフィルタバンクによる移動体の検出 …… 256
9.3 クラッタの統計的特徴の利用による目標検出性能の向上 ……… 257
 9.3.1 Log-FTC / CFAR ……………………………………… 258
 9.3.2 ワイブル CFAR ……………………………………… 259
 9.3.3 ノンパラメトリック CFAR ………………………… 259
引用・参考文献 ……………………………………………………… 260

10. フェーズドアレーアンテナ技術

10.1 電子走査アンテナの基本方式 ………………………………… 262
10.2 フェーズドアレーアンテナの特長とレーダによる利用 ……… 264
10.3 フェーズドアレーアンテナのビーム走査 …………………… 268
 10.3.1 直線フェーズドアレーアンテナのビーム走査 …… 269
 10.3.2 平面フェーズドアレーアンテナのビーム走査 …… 271
10.4 フェーズドアレーアンテナの構成 …………………………… 274
 10.4.1 パッシブフェーズドアレーアンテナの構成 ……… 274
 10.4.2 アクティブフェーズドアレーアンテナの構成 …… 279
10.5 フェーズドアレーアンテナ設計上の技術課題 ……………… 282
 10.5.1 グレーティングローブの発生回避 ………………… 283
 10.5.2 素子アンテナ間相互結合への対処 ………………… 290
 10.5.3 アレー面表面波によるブラインドの発生回避 …… 293
 10.5.4 量子化移相誤差への対処 …………………………… 295

10.5.5　アレー動作周波数帯域幅の制約 ……………………………… 297
引用・参考文献 ……………………………………………………………… 299

11. 捜索レーダにおける目標追尾技術

11.1　レーダにおける目標追尾 ………………………………………… 301
11.2　捜索レーダにおける目標追尾 …………………………………… 302
　11.2.1　TWS 追尾処理の流れ ………………………………………… 302
　11.2.2　追尾フィルタの考え方 ………………………………………… 303
　11.2.3　$α$-$β$ フィルタによる目標追尾 ……………………………… 306
11.3　最適推定理論に基づく目標追尾 ………………………………… 309
　11.3.1　カルマンフィルタの応用 ……………………………………… 309
　11.3.2　カルマンゲインと分散の計算例 ……………………………… 315
　11.3.3　追尾フィルタの最適化へ向けた課題 ………………………… 318
引用・参考文献 ……………………………………………………………… 320

12. 捜索レーダにおける測高技術（3次元レーダ）

12.1　ペンシルビームを用いる測高方式 ……………………………… 321
　12.1.1　ペンシルビーム測高方式の分類 ……………………………… 322
　12.1.2　垂直面ビーム電子走査による測高方式 ……………………… 325
　12.1.3　垂直面ビーム非走査アンテナによる測高方式 ……………… 331
12.2　ファンビームを用いる測高方式 ………………………………… 332
　12.2.1　垂直面ビーム機械走査アンテナによる測高方式 …………… 332
　12.2.2　垂直面ビーム非走査アンテナによる測高方式 ……………… 334
引用・参考文献 ……………………………………………………………… 338

索　　引 …………………………………………………………………… 339

1 本書の範囲とレーダ利用の現状

　初めに筆者の考えるレーダの特質とそれに基づく本書執筆の立脚点を述べ，続いて本書の構成の全体像と各章の内容を紹介する。次に，国内を中心とする各種レーダ利用の現状とレーダへの周波数割当状況を取り上げる。最後に，日本の初期のレーダ開発への取組み状況に関し，戦時下における外国レーダ技術の利用を切り口として当時の苦戦の一端を紹介する。

1.1　レーダの特質

　「レーダ」は気象観測や航空管制，また最近は自動車の安全運転用など社会生活の中で身近に利用されるようになり，動作も直感的に理解しやすいことから一般の人々になじみのある言葉になっている。レーダによる電波反射現象の利用は山びこに例えられることが多いが，現存するレーダ方式の多くは自然界や人間界にすでに存在する波動反射現象の中に似た仕組みを見いだすことができる。

　レーダ（radar）は，RAdio Detection And Ranging の略語[1]†であり，一言でいえば「電波による探知と測距」を意味するが，多くの場合，基本機能として「捜索と測角」が付け加わる。

　明るい電灯を灯せばその周りはよく見えるように，レーダの場合も十分な強さの電波を発射して近距離を見るのであればよく見える。雑音や不要反射波を含む見えたままの情報を画像として出力し，それ以降の目標検出や処理をオペレータやコンピュータによる画像処理にゆだねる場合には，センサとしてのレーダの機能と役割はここまでとなる。

---

　†　肩付き数字は，章末の引用・参考文献番号を表す。

しかし，レーダの基本機能として目標反射波を雑音から分離して検出しようとする場合は，レーダが捉えるパルス反射波と各種の雑音の性質に立ち返ったレーダに固有の検出技術が必要となる．レーダから数百 km の遠距離に存在する小さな航空機を各種の雑音の中から捉える場合や，近距離であってもクラッタ (clutter) と呼ばれる各種の雑多な不要反射波に埋もれる小さな目標を検出する場合には，雑音に抗して検出の限界点で目標検出を行うことが要求される．

　本書では，上記の後者の立場に立って雑音中の目標検出をレーダの基本機能として捉え，レーダシステムにおける目標検出に関わる動作を物理的かつ理論的に整理して解説する．とかく確立されたものとして見過ごされがちな動作原理を正しく理解してレーダシステムの開発や最適設計に臨むことにより，より良い成果が得られるものと思う．

　前大戦中に米欧はレーダに膨大な勢力を集結して短期集中的に実用機の開発に当たり，実戦に投入して大きな成果を収めた．この開発の中では実機の開発・生産に並行して幅広い理論的研究も行われ，レーダの性能向上や斬新なレーダ方式の開発に寄与した．理論的成果の中の基本的なものは戦後になって秘密指定が解除された後，学会などで公開された．これらの理論は，マイクロ波，アンテナ，雑音，目標検出，マッチドフィルタ，パルス圧縮など各分野を切り開いた基本的理論をも含む広範なものであった．その後，これらの基本理論の周りに信号処理理論などが構築されて 1970 年頃までにはレーダシステムに関わる基礎理論は一通りまとまった．

　その後も，ハードウェアの進歩やフェーズド アレー アンテナの実用化やコンピュータを始めとするディジタル技術の進歩により，それまで実現できなかったことが可能となったり，新しい要素技術に基づく新しいレーダ方式が提案されたり，新しい分野への応用に社会的要求が高まったりして，システムとしてのレーダは応用の範囲を拡大しつつ進歩を続けている．

　以下に，恒久的に当てはまると思われるレーダシステムの基本的特質を挙げる．

① レーダの基本動作を貫くシステム技術は自然の物理現象と多くの接点を持っているため，基本的なレーダシステムの理論は時代とともに変わることはなく不変である。
② 地球の大気中で遠方の物体を天候によらず見ることを可能とする手段は電波だけであり，現状は代替手段はない。光の場合には雲や霧の中では減衰が大きく，遠方まで到達しない。
③ レーダでは，受信反射波と自己の送信波との比較により目標の情報を抽出することができる。受信側が送信波の情報を正確に知っており，これを利用できることは他の電波システムと異なる点である。
④ レーダは送信波と目標反射特性との相互作用の結果である反射波の性質をシステム全体で追求する装置であるため，送信機からアンテナ，受信機を経てコンピュータに至るまでのサブシステムが組み合わされて，システムとして最適動作することが重要である。このため，レーダは，異なる技術領域のサブシステム全体にまたがるシステム設計が必要とされる技術分野である。
⑤ レーダシステム一式はそれ自体で閉じた系を構成して動作するため，相互運用性確保のための標準化は周波数帯を除き必須ではない。このため，運用目的に応じて独自の方式を構築しやすく，斬新なアイデアを実現しやすい。

1.2 本書の対象範囲と構成

前節で示したレーダの基本機能に関して本書が取る立場に従って，雑音中の目標検出に関するレーダシステム動作を中心に取り上げ，さらにレーダシステム設計者にとって興味があると思われる技術分野について数項目を追加して本書の対象範囲とした。

目標検出はほとんどの方式のレーダで基本的役割を果たすが，特に捜索レーダはこの機能に重点を置いたレーダであることから，捜索レーダを念頭に置い

て目標検出の物理的動作とその基礎的理論を解説する。また，捜索レーダシステムに関して追加した新旧のトピックについては，それらの基本的な考え方を伝えることを目的としてまとめた。

　本書の内容の多くは米国で研究開発され公開された文献に基づいており，したがって関連する多量のデータ類は本書では到底対象とし得ないものであることから，データについては記載内容を説明する上で必要となる最小限の範囲を載せた。米国における研究開発で蓄積された膨大な量のデータは章末に挙げる引用・参考文献の中に報告されているので，必要な読者はそれらを参照されるようにお願いする。

　以下，本書の構成と記載内容について，章ごとに説明する。

　1章では，前節で述べたレーダに関する筆者の基本的な考え方と本節で述べる本書の対象範囲に加え，現状の各種レーダの利用状況とそれらのレーダと捜索レーダとの関連性，および劣勢にあった戦時中の日本のレーダ開発においていくつかのルートで導入された外国レーダ技術が果たした役割について，その一端を紹介する。

　2～9章は，本書の主題である目標探知能力に関する技術解説である。**図1.1**に各章記載内容の相互関係を示す。これらの章の全体は，関連する技術内容によってくくったA，B，Cの三部から構成されている。

　同図のA部（2～5章）は目標探知性能の算定に関わる章から成る。

　2章では，初めに捜索レーダにおける最大探知距離算定とは別の要因により課せられる覆域設定上の制約条件を説明する。次に，送信パルス波について物体からの反射波のレーダ受信強度を求め，基本レーダ方程式を導出する。次いで，目標検出の実態に即した目標検出判定を行うために，信号対雑音比と確率的判定方法を導入して実用レーダ方程式を導く。このレーダ方程式における信号対雑音比としては，帯域フィルタ（2.3.3項参照）出力を基準とする場合とマッチドフィルタ（整合フィルタ）出力を基準とする場合の両者について比較考察する。

　3章では，2章で導いたレーダ方程式に現れるレーダの物理的パラメータと

1.2 本書の対象範囲と構成　　　　5

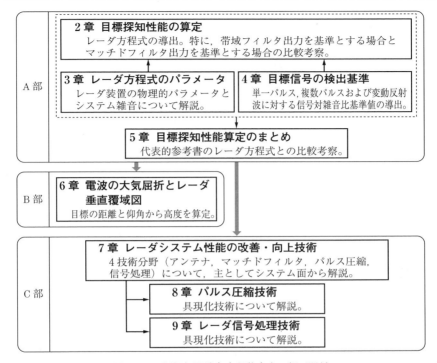

図1.1　目標探知関連各章記載内容の相互関係

レーダ内外の雑音に起因する目標検出レベルに関わるシステム雑音について解説する。

4章では，2章で導いたレーダ方程式において，受信信号の信号対雑音比を比較して目標の存在判定を行うための目標検出基準値の算定について解説する。目標検出の条件としては，単一パルスによる場合，複数パルスによる場合，また目標反射波に変動がある場合を取り上げる。

5章は，2～4章全体のまとめの章である。まず，前章までの説明では簡略化のために省略した各種損失項をレーダ方程式に導入する。次に，代表的引用・参考文献に記載された見掛け上一部が異なる3種のレーダ方程式を取り上げて，本書のレーダ方程式と併せて4式の間の考え方の差異について比較考察する。それらの差異の明確化によって，レーダ方程式の適切な使用が促進され

るものと思う。

次に図1.1のB部（6章）では，前章までに検出された目標の位置情報（レーダから見た距離と仰角）に基づいて，大気による電波屈折が存在する球形の地球上において大気屈折を補正して目標の座標（距離と高度）を近似計算し表示する方法について解説する。

図1.1のC部（7～9章）では，A部で扱った目標検出性能の算定で前提とした基本的機能から成るレーダに対し，機能・性能の改善・向上を図る技術を取り上げる。

初めに7章で，現状の基本的な改善・向上技術の全体像を整理して表で示す。取り上げる改善・向上技術はアンテナ設計技術，マッチドフィルタ技術，パルス圧縮技術，および信号処理技術に大別される4分野であり，それぞれの技術についてレーダシステムに与える改善・向上効果と具現化技術を理論面から解説する。上記技術分野の内，パルス圧縮技術と信号処理技術については7章内ではシステム的側面からの解説とし，具現化技術についてはそれぞれ章を改める。

次に，8章では7章のシステム面からの解説を受けて，パルス圧縮方式の具現化技術を周波数変調信号を用いる方式と位相変調信号を用いる方式に2分類して理論的に解説する。特に，圧縮動作の各ステップを図で示すことによりパルス圧縮の動作原理の正しい理解を容易にすることを意図した。

次に，9章では7章のシステム面からの記述を受けて，レーダ信号処理技術を目標のドップラー周波数偏移の利用技術とクラッタの統計的特徴の利用技術に分けて解説する。

レーダの目標検出に直接関わる技術は9章までとなるが，フェーズド アレー アンテナ技術の発達はレーダシステム機能の飛躍的な拡大を可能としたことから，この技術を10章で解説する。10章ではフェーズド アレー アンテナの構成と基本的な動作原理を解説するとともに，レーダシステム設計者が知っておくべきフェーズド アレー アンテナ設計上の技術課題について概要を解説する。

11章では，捜索レーダにより探知・計測された目標位置データをコンピュー

タで追尾するための基本的技術（アルゴリズム）について解説する。オペレータがレーダ表示器を目視しながら手で描いて行っていた方法と同等な方法から始めて，最適推定理論の初歩的応用までを解説する。

12章では，「3次元レーダ」と呼ばれる測高機能を備えた捜索レーダによる目標高度の測定方法を取り上げる。ペンシルビームを形成して走査するフェーズドアレーレーダでは目標の3次元座標の計測は当然の機能となっているが，ここに至る発展の過程では興味深い各種の測高方式が開発された。それらの方式の多くはすでに旧式となっているが，ここで振り返って各種の方式を整理し解説する。

1.3 レーダ利用の現状と捜索レーダの位置付け

レーダを用途で分類すると，捜索レーダの機能と技術は他の用途のレーダでも広く使用されていることがわかる。一方，捜索レーダ以外の用途のレーダで

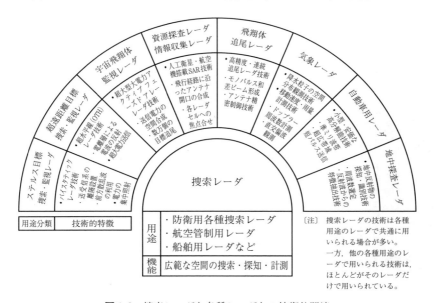

図1.2 捜索レーダと各種レーダとの技術的関連

は，各用途に固有の機能と技術が組み込まれてその主たる目的を果たしている。この意味で捜索レーダは各種レーダの中で共通の基本レーダ的な機能と性格を持っているといえる。図1.2はこの考え方を図にまとめたものであり，捜索レーダの周りに各種用途のレーダが固有の機能と技術を持って捜索レーダと関連していることが示されている。

本節ではレーダ利用の現状について，図1.2と同一の視点から代表的用途のレーダについて概要を紹介する。大型から小型まで，レーダ応用の範囲は従来の枠を越えて拡大している。

1.3.1 防衛用レーダ

レーダは前大戦中に軍用目的で集中的に開発・実用化された経緯からもわかるとおり，防衛目的では必須のシステムとして陸海空の各種用途に応じて多種類のレーダが開発され，使用されている。特に高度な性能を備えた最先端技術のレーダは，最初に防衛用として開発されて実用に供される場合が多い。以下，これらきわめて多種類のレーダの中から，代表的用途のレーダを取り上げて紹介する。

〔1〕 遠距離対空捜索レーダ

代表的な遠距離対空捜索レーダは，日本全国に28箇所ある航空自衛隊のレーダサイト[2]に設置されている警戒管制レーダである。これらのレーダは日本の空域に侵入する航空機の監視が主たる任務であり，航空機の3次元位置情報を取得し日本全土をカバーする防空システムに入力する。機械回転式レーダと電子走査方式レーダがある。これらの固定式レーダに対し同目的の移動式レーダも開発され，使用されている。図1.3に示すJ/FPS-5レーダ[3]はアクティブ フェーズド アレー アンテナ3面から成る最新の警戒管制レーダであり，弾道ミサイル探知

図1.3 警戒管制レーダ（J/FPS-5）
（写真提供：防衛省）

機能も備えている.

〔2〕 **艦載捜索レーダ**

海上自衛隊の護衛艦などに搭載され,自艦の周辺空域を飛行する航空機を探知する対空捜索レーダが代表的である.ファンビーム回転式と垂直面内ではペンシルビームを電子走査し水平面内は機械回転する方式があり,航空機の2次元または3次元座標を取得する.前記のほか,海上の船舶の監視に供される小型の水上捜索レーダがある.

〔3〕 **艦載捜索・火器管制レーダ**

ミサイル護衛艦に搭載され,自艦の指揮システムに接続されたイージス(Aegis)レーダ[4]～[6](**図1.4**参照)が代表的である.このレーダは4面固定のフェーズドアレーアンテナを備え,全周にわたる捜索機能に加えて高速目標への追従性能を生かした多目標追尾機能を有し,ミサイル発射の管制も行う多機能レーダシステムである.

図1.4 艦船用イージス多機能レーダシステム
(写真提供:防衛省)

〔4〕 **火器管制レーダ**

前項のシステムのほか,陸海空各自衛隊が所有する各種のミサイルシステムには,目標の捜索・探知・追尾・火器管制の機能を有する各種の多機能フェーズドアレーレーダが組み込まれている.捜索範囲はレーダの全周にわたるシ

図 1.5 ペトリオット ミサイル システムの火器管制レーダ（写真提供：防衛省）

ステムのほか，目標の存在が想定される限定空域に限られるシステムも多く，その多くは移動用である。**図 1.5 にペトリオット ミサイル システムの火器管制レーダ**[5],[7],[8] **を示す**。戦闘機搭載用の火器管制レーダは，これらの機能が最も小型・軽量に凝縮されたレーダシステムである。

〔5〕 **着陸誘導管制装置**[9]

着陸誘導管制装置（GCA：Ground-Controlled Approach）は空港監視レーダ（ASR）と滑走路横に設置された精測進入レーダ（PAR：Precision Approach Radar，12.1.2〔4〕項，およびコラム 10.1 参照）を備えた着陸誘導管制システムである。PAR のオペレータは，着陸態勢に入った航空機のブリップを特殊な専用表示器で監視し，主として防衛用航空機を悪天候下で着陸誘導するために，高低方向と方位方向の標準経路からの差異を無線機を通して口頭でパイロットに伝える。

〔6〕 **OTH レーダ**[10]

OTH レーダ（Over-The-Horizon radar，超水平線レーダ）は，HF 帯（High Frequency，短波帯：3 〜 30 MHz）の電波を送信し，電離層と海面による電波の反射を利用して水平線を越える数千 km 先までの航空機や船舶などを探知するレーダである。受信時のアンテナ開口は数百 m から 3 km に及ぶ巨大な大きさであり，水平面内ではビーム走査を行い，垂直面内は非走査のものが多い。米欧で開発された。

〔7〕 **バイスタティックレーダ**[11]

同一のアンテナを送受信で用いるモノスタティックレーダ（monostatic radar）に対し，バイスタティックレーダ（bistatic radar）は送信系と受信系を離隔して設置するレーダ方式である。受信系の存在位置が発見されにくいなどの利点があり古くから案はあったが，近年はステルス目標（stealth target，低

レーダ断面積目標）の探知を容易にする目的から研究されている。通常のレーダでは送受信アンテナが共用されるので，レーダ断面積は目標への電波の入射方向と反射方向がちょうど逆向きとして定義されている。バイスタティックレーダの場合には，入射方向と反射方向が角度的に離れているため，目標の反射特性は散乱断面積として表され，その大きさがレーダ断面積よりも大きくなることが期待されるため，ステルス目標に対する目標探知能力の向上が期待される。

〔8〕 **情報収集衛星用レーダ**[12]

日本の情報収集衛星にはレーダ衛星と光学衛星があり，通常は各2基体制で運用されている。前者の衛星に合成開口レーダ（SAR）が搭載されており，安全保障と災害危機管理などのために内閣衛星情報センターにより運用されている。SARにより写真に撮ったような高解像度の地表の画像が得られる（SARについては下記1.3.6項参照）。

1.3.2 航空管制用レーダ[13], [14]

航空管制は，民間分野における代表的なレーダの利用分野である。輻輳する空の交通整理のために，1960年代から日本でも民間用航空管制レーダの整備が進められた。代表的なレーダとして，航空路監視レーダ（ARSR）と空港監視レーダ（ASR），空港面探知レーダ（ASDE）がある。

〔1〕 **航空路監視レーダ**[15]

航空路監視レーダ（ARSR：Air Route Surveillance Radar，**図1.6**参照）は，日本の空域内の航空路に沿って飛行する航空機を総合的に監視する遠距離レーダであり，半径約370 kmの覆域を持つ。ARSRは日本全国の16レーダサイトに設置され，さらに洋上の航空路を監視する洋上航空路

図1.6 航空路監視レーダ（ARSR）
（写真提供：日本電気株式会社）

監視レーダ（ORSR：Oceanic Route Surveillance Radar）が5サイトに設置され運用されてきた．しかし，増大する航空交通量に対処するために，2003年から順次2次監視レーダ SSR（Secondary Surveillance Radar）モードSへの換装が開始され，2014年までに約半数が換装された．そのレーダ情報は，全国4箇所に設けられた管制部にリアルタイムで伝送され，日本の全空域にわたる航空路管制に用いられている．

〔2〕 空港監視レーダ[16]

空港監視レーダ（ASR：Airport Surveillance Radar，図1.7参照）は，空港周辺の半径約110 kmの範囲を飛行中の航空機を監視するレーダであり，2014年時点で国内の主要28空港に設置されている．ASRによる航空機のレーダ探知情報は情報処理システムに入力され，主としてレーダの設置された空港に出入りする航空機の管制に用いられる．

〔3〕 空港面探知レーダ[16]

空港面探知レーダ（ASDE：Airport Surface Detection Equipment）は，サブミリ波を用いた高分解能のレーダであり，空港の地表面に存在する航空機や車両を探知する．大きな航空機の場合には，その表示された高解像度のレーダ目標の形状から，ある程度機種判定も可能である．2014年時点で全国の主要10空港に設置されており，空港内地上の交通安全を図るための飛行場管制業務に用いられる．

図1.7　空港監視レーダ（ASR）
（写真提供：日本電気株式会社）

1.3.3　気象レーダ[14], [17], [18]

気象レーダ（meteorological radar, weather radar）は，雨滴などの微小降水粒子からのレーダ反射波を効率良く捉えるように設計されたレーダであり，降雨，降雪，雲の存在，また雷の発生などの気象現象の観測を目的とするレーダの総称である．近年は，短時間で変化する突風やゲリラ豪雨などをも探知・観

測するために，観測結果の出力にリアルタイム性が求められるようになった。

気象レーダでは通常ペンシルビームを持つアンテナを水平面内で回転させ，観測空間をビーム仰角に応じて輪切りにした円錐面内をビーム走査し，順次アンテナの仰角を変えて目標の3次元の分布を観測する。これにより異なる高度の降雨や雲の状況を知ることができる。気象衛星が登場するまでは地上の気象レーダは広範囲の気象状況を捉える唯一の手段として，全国に設置され活用されてきた。富士山頂にもSバンドの気象レーダが1964年（昭和39年）に設置され，設置高度が大きいことから約800 km遠方までの観測が可能な気象レーダとして活用されたが，1999年（平成11年）に運用が停止され，このレーダの役割は気象衛星より代替された。

気象レーダは以下に述べる数種類のレーダが全国的に設置されてネットワーク化され，統合された気象データが各方面で活用されている。また，広く複数の研究機関や大学で機能・性能の改良のために組織的な研究開発が行われている。

〔1〕 **（一般）気象ドップラーレーダ**[19]

（一般）気象ドップラーレーダは，気象庁が全国20箇所に設置し運用しているCバンドの気象レーダであり，半径約250 kmの範囲の降水分布などの観測に用いられている。第一世代の気象レーダは1971年までに整備されたが，2006年から2013年の間に第二世代のドップラーレーダへの換装が行われ，現在は全レーダがネットワーク化されて日本全土を覆っている。図1.8にレドーム内に設置された気象ドップラーレーダを示す。ドップラーレーダ化されたことにより降雨などの移動方向と速度を知ることが可能となって観測精度が向上し，気象衛星とともに天気予報などに活用されている。

図1.8 気象ドップラーレーダ
（写真提供：気象庁）

〔2〕 **空港気象ドップラーレーダ**[20]

空港気象ドップラーレーダ（DRAW：Doppler Radar for Airport Weather）

は，気象庁が全国の主要9空港（2014年現在）に設置し運用しているCバンドの気象ドップラーレーダである。空港周辺の半径約120 kmの範囲の降水分布とともに，離着陸経路上のダウンバースト（積乱雲で生ずる強い下降気流）に伴う低層ウィンドシア（風向・風速の急激な変化）を観測し，管制塔や航空会社に情報をリアルタイムで提供して航空機の安全運行に役立てている。気象レーダによるウィンドシアの検出は雨滴の存在に依存するため，レーザレーダ（LIDAR：Laser Imaging Detection And Ranging）と組み合わせた運用により観測の全天候性を確保している。

〔3〕 **レーダ雨量計**[21]

このレーダは，国土交通省が河川管理や一般的な防災情報取得のために設置し運用している観測半径約120 kmのCバンドの気象レーダである。1976年（昭和51年）に初号機が設置され，2014年現在，全国で26台が運用されている。降雨からの反射パルスの強度から雨量を算定するため地上雨量計による校正が必要であり，このためデータの出力には5〜10分程度の遅延が生ずる。また，雨量データは1 kmのメッシュ単位であるが，台風や低気圧・前線など広域の気象観測には支障はない。地上雨量計による補正を必要としない直交二重偏波レーダ（CバンドMPレーダ）への更新も行われ始めており，将来的に換装されていく予定である。

〔4〕 **二重偏波レーダ雨量計（XバンドMPレーダ）**[22],[23]

このレーダは，前項のCバンドのレーダ雨量計に並んで，国土交通省が設置し運用している観測半径約60 kmの「XバンドMPレーダ（X-band Multi-Parameter radar）」と呼ばれる小型で高分解能のXバンド二重偏波ドップラーレーダである。2014年現在，全国に38台が設置されて「XバンドMPレーダネットワーク（XRAIN：X-band MP RAdar Information Network）」を形成し，250 mのメッシュ単位で集中豪雨や局所的な大雨を監視し河川管理や防災活動などに用いられている。雨滴はサイズが大きくなるにつれて上下がつぶれて扁平になっていくため偏波方向により反射波の振幅・位相が変わる。この変化を利用して，降雨量の推定は水平・垂直各偏波に対する雨滴からの反射波の間の

位相差を計測することにより行っている．さらに，ドップラー周波数から雨滴の水平移動速度を計測し，ネットワークの中で他レーダの計測値と組み合わせることにより風向・風速を算定する．前項のCバンドレーダ雨量計に比べて1台当りの観測範囲は狭いが高分解能であり，雨量推定値を実測値で校正する必要がないためリアルタイム性が高く，短時間で変化するゲリラ豪雨の監視にも有効である．

〔5〕 **下水道管理用レーダ雨量計**[24]

このレーダは，東京都と近隣自治体が局所豪雨時に下水道を適切に管理するために保有する単一偏波のXバンドのレーダ雨量計である．東京都と近隣自治体のレーダ計5台と地上雨量計150台による降雨情報を気象庁のレーダデータと結合して降雨情報システム（新アメッシュ）を2007年に形成し，リアルタイムで降雨情報を把握して雨水ポンプなどの運転に利用している．

〔6〕 **雷　レ　ー　ダ**

このレーダは，電力会社などが雷の発生予知のために設置している気象レーダである．垂直方向に高高度まで成長する雷雲の性質や雷雲中で大粒に成長する雨滴の反射特性を利用して，雷の発生を予測する．

〔7〕 **ウィンドプロファイラ**[25]

このレーダは，気象庁がラジオゾンデ18地点に加えて電波を利用して上空の風を測定する目的で，2001～2003年の間に全国31地点に設置した1 300 MHz帯の大気観測レーダである．ウィンドプロファイラ31台は気象庁の中央監視局に接続されて「局地的気象監視システム（WINDAS：WInd profiler Network and Data Acquisition System）」を構成し，豪雨をもたらす湿潤大気の流れの動きを常時監視している．アクティブ フェーズド アレー アンテナにより天頂からわずかに傾斜する方向に形成された複数ビームのそれぞれで，高層大気の屈折率の揺らぎによる電波の散乱を捉えてドップラー周波数を計測し，風向・風速を算定する．

〔8〕 **研究用先端気象レーダ**

情報通信研究機構（NICT）はレーダ観測による気象の研究とともに，観測

する気象データの質の向上や内容の充実のために観測に用いる気象レーダの開発にも取り組んでおり，その活動範囲が多岐にわたっていることから，NICTの研究用先端気象レーダについて本項でまとめて紹介する．

（a） **次世代マルチパラメータ気象レーダ**[26]　このレーダは，通信総合研究所（CRL，現 NICT）が日本電気株式会社の協力を得て開発した C バンドの沖縄偏波降雨レーダ（COBRA：CRL Okinawa Bistatic polarimetric RAdar）であり，NICT の沖縄亜熱帯計測技術センターに設置されて 2002 年から降雨観測が開始された．降水粒子からの散乱波の偏波特性を利用して雨滴・氷晶・雪・ひょう（雹）・あられ（霰）などの形状と相（固体，液体）の異なる降水粒子を識別することにより，降水過程の物理現象の理解を深めるとともに降水強度の推定精度向上に寄与することが期待されている．

このレーダの特長は，6 種類の偏波（水平・垂直偏波，右旋・左旋円偏波，±45°偏波）をパルスごとに切り換えて送信し，受信時には水平・垂直の 2 偏波を同時受信処理することによって散乱波の偏波特性を詳細に観測できること，および受信系のみから成る低価格のバイスタティック受信局 2 局をレーダ本体から数十 km 離して設置し，各局のドップラー情報から得られる速度と方向を統合処理することにより，降水粒子の進行方向と速度を低コストで取得できるようにしたことである．

（b） **フェーズドアレー気象レーダ**[27]　このレーダは，NICT，大阪大学，および株式会社東芝によって研究用に開発された X バンドのフェーズドアレー気象レーダ（PANDA：Phased Array radar Network DAta system，図 1.9 参照）であり，大阪大学に設置されて 2012 年 8 月から試験観測が開始された．ゲリラ豪雨や竜巻の観測のために分解能 100 m で 3 次元の降水分布を 10～30 秒周期で観測する．フェーズドアレーアンテナの採用により仰角ビーム走査に要する時間を短縮し，前記の X バンド MP レーダに比べて計測周期を短縮しリアルタイム性を向上させ

図 1.9　フェーズドアレー気象レーダ（図提供：情報通信研究機構 NICT）

1.3 レーダ利用の現状と捜索レーダの位置付け

た。アンテナは，単一偏波の水平スロットアレー 128 本を縦方向に配列してアクティブ フェーズド アレー アンテナを構成し，垂直面内は電子走査，水平面内は機械回転を行っている。送信時には仰角方向に幅の広いファンビームを位相走査し，受信時にはディジタル ビーム フォーミング（DBF：Digital Beam Forming）により約 10 本のペンシルビームを同時形成して一体としてビーム走査し，全ビームの受信波を並行して信号処理する。

本レーダは集中豪雨・ゲリラ豪雨等に対する有効性研究のため気象研究所にも設置され，2015 年 7 月から運用に入ったと報ぜられている。実用化研究の後，2020 年以降の実用化を目指す。

（c） **人工衛星搭載 2 周波降水レーダ**[28]　このレーダは，NICT と宇宙航空研究開発機構（JAXA）により開発された 2 周波降水レーダ（DPR：Dual frequency Precipitation Radar）であり，日米共同開発の GPM（Global Precipitation Measurement）主衛星に搭載されて 2014 年 2 月に H2A ロケットにより打ち上げられた。DPR は熱帯降雨観測衛星 TRMM（1997 年打上げ）に搭載された降雨観測レーダ TRMM/PR（TRMM/Precipitation Radar）の後継機であり，TRMM の Ku 帯 1 波に対し Ka 帯が追加されて 2 周波となった。DPR は観測域を中高緯度へ拡大するとともに，降水状況のより詳細な 3 次元観測を行う。

GPM 衛星は，全球降水観測計画 GPM の中心的役割を担う衛星であり，副衛星群とともにシステムを構成する。観測機器としては DPR のほか，米国 NASA の開発したマイクロ波放射計（GMI：GPM Microwave Imager）が搭載されて，地表や大気から放射される微弱なマイクロ波を測定して気象観測を行う。

〔9〕 **研究用の各種気象レーダ**

各種の気象レーダが国内の研究所と大学で広く研究されている。新しい方式の気象レーダとしては前項で NICT により開発された 3 種類の気象レーダ（内 1 種類は JAXA との共同開発）を紹介したが，もう 1 種類，次に示すフェーズド アレー アンテナを用いる研究用大型大気観測用レーダがある。

(**a**) **大型大気観測用レーダ**[29]　このレーダは,京都大学生存圏研究所が下層・中層,および高度 500 km までの超高層大気を観測するために同研究所の信楽 MU 観測所に設置して長年用いてきた MU レーダ (Middle and Upper atmosphere radar,図 1.10 参照) である。約 50 MHz の周波数を用い,大地上に構築された直径約 100 m の円形開口アクティブ フェーズド アレー アンテナを用いる大型大気観測用レーダである。また,このレーダと同目的の PANSY (Program of the ANtarctic SYowa MTS/IS radar) と名付けられたレーダが南極の昭和基地の近くに 2011 年に設置され,高層大気の観測を開始した。このレーダは MU レーダシステムを基にして開発されたが,送信電力を低減するためにアンテナの直径を約 160 m に拡大してアンテナ利得を増大した。

(a)　大地上に構築されたフェーズド　　　(b)　素子アンテナ群
　　　アレー アンテナ

図 1.10　大型大気観測用レーダ (MU レーダ) (写真提供:京都大学生存圏研究所)

(**b**) **上記以外の研究用気象レーダ**　上記以外の研究は,基本的に直交二重偏波ドップラーレーダを用いる研究であり,降雨観測やその移動速度・方向観測のリアルタイム性や分解能の向上を図ることにより,局地的で短時間に変化する突風や竜巻への対応性の改良や,集中豪雨やゲリラ豪雨への対応性の改良を目的とする研究が中心である。これらの研究に当たっている国の研究機関は上記のほか,気象研究所,土木研究所,土木技術政策総合研究所,防災科学研究所などである。

1.3.4 飛翔体追尾レーダ[30]

追尾レーダは，通常，対象とする1目標を捕捉した後，目標の動きに応じて連続的に高精度で追尾するレーダを指す．個々の特定の用途に応じて設計・製造されるのが普通である．

代表的な例は，宇宙開発のロケット打上げに際して用いられるロケット追尾レーダや低高度の人工衛星を連続的に追尾する衛星追尾レーダなどである．前者の場合，ロケット打上げ時の航跡データを正確に得るため発射時点から追尾を開始し，目標の方向（方位，仰角），距離，半径方向速度などのデータを連続的に高精度で計測する．また後者の場合は，目標とする人工衛星が予測軌道上を見通し内に入るのを待ち受けて捕捉し，以後視界から消えるまでの間追尾を行い，方向，距離などのデータを高精度で連続的に計測する．**図1.11**に飛翔体追尾レーダの例としてロケット追尾レーダ[31]を示す．

図1.11 ロケット追尾レーダ

1.3.5 宇宙飛翔体監視レーダ[32]

運用を終えた人工衛星やその部品，またロケットの残骸などは「宇宙ごみ（デブリ）」と呼ばれ，大小数万個が地球を周回しており，人工衛星との衝突事故がすでに発生している．宇宙飛翔体監視レーダは，これら宇宙ごみや運用中の人工衛星を探知・追尾して継続的にデータを収集するレーダである．

米国では，古く1960年代初めに電子管式のアクティブ フェーズド アレー アンテナを採用した巨大な宇宙飛翔体監視レーダ AN/FPS-85[33]（**図1.12**参照）が開発され，1968年からフロリダ州で運用されている．

日本では，宇宙ごみを対象とする小型のアクティブ フェーズド アレー レーダが将来の本格システムのためのパイロットシステムとして岡山県の上斎原スペースガードセンター[35]に設置され，2004年からNPO法人日本スペースガー

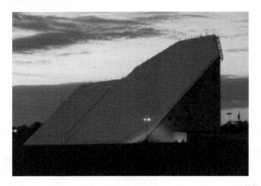

図 1.12 米国の宇宙飛翔体監視レーダ（AN/FPS-85）[34]

ド協会（旧財団法人 日本宇宙フォーラム）によって運用されている。なお，2014 年には防衛省と JAXA が，将来の宇宙ごみ監視体制の整備に向けて監視方法の検討に入ったと報じられている。

上記 2 式のレーダについてはコラム 10.2 にも関連情報があるので参照されたい。

1.3.6　画像（映像）レーダ

画像レーダ（imaging radar）は，航空機や低高度の人工衛星に搭載して精細な地表面の画像を得るためのレーダである。後述の合成開口レーダが実用化されるまでは，長い直線アレーアンテナを航空機の側面に取り付けた高分解能の SLAR（Side-Looking Airborne Radar）がマッピング目的で用いられた。しかし，SLAR の方位方向分解能はアンテナの長さから決まるビーム幅に比例して決まるため，十分精細なレーダ画像を得ることは難しく，今日ではほとんど用いられていない。

合成開口レーダ（SAR：Synthetic Aperture Radar）[36],[37] は 1950 年代初めに発明されたが，当初は反射波受信データの記憶手段としてはフィルムへの光学的記録方法しかなかったため利用は限定的であった。その後，高速ディジタル技術の発達により性能が向上して応用範囲が拡大した。SAR は航空機や地球を周回する低高度の人工衛星に搭載され，進行方向に対し横方向にパルス波を送信して地表面各点からの受信反射波の振幅と位相を記憶し，それらの記憶データを基に各反射点に焦点を結ぶように位相補正して加算することにより，等価的に各レーダセルに焦点を結ぶ大きなアンテナ開口を空間的に合成して方位方向の高分解能を実現している。一方，電波伝搬方向の高分解能はパルス圧

縮(7.4節)により実現している。なお人工衛星の場合は,記憶されたデータを基本的に地上へ伝送の後,画像復元処理を行っている。

国内における人工衛星搭載 SAR としては JAXA が陸地観測技術衛星用および地球資源衛星用に開発した SAR があり,地図作製,災害状況把握,資源探査などのために運用されている。また,内閣衛星情報センターが運用している 2 種類の情報収集衛星[38] の内,レーダ衛星に SAR が搭載されており,外交・防衛などの安全保障および大規模災害等への対応などの危機管理のために運用されている。

上記のほか,航空機搭載用の SAR が JAXA と NICT により開発され,運用されている[39]。JAXA は多重偏波機能(水平および垂直偏波を送信し,各反射点の偏波反射特性を観測)を備えた L バンドの SAR を,また NICT は多重偏波機能とインタフェロメトリ機能(二つのアンテナを上下方向に並べ,各アンテナの受信波位相差から地表面の高度情報を取得)を備えた X バンドの SAR を開発し,研究目的の地形観測や環境・災害のモニタリングに利用している。図 1.13 に航空機に実装された NICT の SAR のアンテナ部写真を示す。

図 1.13 航空機搭載合成開口レーダ PiSAR2 のアンテナ部
(写真提供:情報通信研究機構 NICT)

1.3.7 船舶用レーダ[40]

船舶用レーダは,大型船舶から小型の漁船やレジャーボートに至る広い範囲の船舶に搭載されている。船舶用レーダの目標は通常海上の船舶,浮標,障害物,陸地などであるため,球形地球による見通し距離の制約を受けることから,レーダ覆域は半径数十 km 程度となっている。船舶が沿岸を航行するとき

は，陸地からの反射波が強いため表示器上には地図のように表示される．この映像を目標である船舶と同時に表示することにより，両者の相対位置が明確に示される．他船舶との衝突防止など自船の航行の安全を確保したり，漁場や海鳥の群を監視したりするのに用いられる．

1.3.8　自動車用レーダ[41]

自動車用レーダは，動作周波数帯および他機器との干渉軽減のために放射電力に関わる項目が国内法令により規定されているが，レーダ方式については規定はない．周波数帯としては，26 GHz 帯，60 GHz 帯，76 GHz 帯および 79 GHz 帯の 4 帯域のほか，2017 年以降の新規使用が禁止された 24 GHz 帯があり，各帯域が帯域幅などと併せて規定されている．

自動車用レーダには遠距離用と近距離用があり，それぞれが以下の使用目的を有している．すなわち，遠距離用レーダは，自車前方の方位 ±10°程度の範囲で距離 150 m 程度までの範囲に存在する車両の探知および距離・方位・相対速度の測定を行い，車間距離制御（ACC：Adaptive Cruise Control）や先行車への追随など，おもに運転の利便性向上を目的としている．距離精度が 1 m 程度と比較的緩く動作帯域が 50 MHz 程度と狭いため，法令で占有帯域幅が 500 MHz 以下と規定された 60 GHz 帯または 76 GHz 帯（占有帯域幅の 1 GHz への拡大が検討されている）が使用されている．変調方式としては，尖頭（せんとう）電力や距離精度，所要帯域幅の観点から FM-CW（Frequency-Modulated Continuous Wave）方式の採用が多い．アンテナ方式としては，狭ビームの機械的走査方式のほか，所定の方向に固定して形成した 2 本または 3 本のビームを用いる位相差モノパルス方式やビーム切換方式があり，また DBF による電子走査方式を採用した機器もある．

近距離用レーダは，レーダ前方の方位 ±30 ～ ±60°の範囲で距離 20 ～ 50 m 程度までの範囲に存在する車両や歩行者などを探知して車両周辺の監視を行い，自動運転や自動停止などに用いることを目的としている．このため，10 ～ 20 cm 程度の距離精度が必要となるため，1 GHz 以上の占有帯域幅が必要で

あり，この要求を法令上満たす周波数帯として 26 GHz 帯や 79 MHz 帯が用いられる．変調方式としては，FM-CW 方式や超短パルスによるウルトラワイドバンド（UWB：Ultra Wide Band）方式が用いられる．

近距離用レーダは 1 台では所要の方位範囲すべてを覆うことができないため，複数台を設置することが必要である．実例として，1 車両に遠距離用レーダ 1 台と近距離用レーダ 4 台が設置されているシステムもある．また，車種によってはミリ波レーダに代えてレーザレーダや光学式テレビカメラを用いたり，それらを併用したりする車両システムもある．ミリ波レーダと光学系センサでは全天候性や目標形状認識の点で一長一短があり，車載システムとして方式は統一されていないが，安全運転支援システムの車両への搭載は，オプションによる場合を含めて各自動車メーカで可能となっている．

1.3.9　地中探査レーダ[42],[43]

地中（探査）レーダ（GPR：Ground Penetrating Radar）は電波を大地に向けて発射して，埋設物や地中の状態を探るレーダである．地中に向けて電波を発射すると，地中の埋設物や地層の変化部から異なる強さの電波が反射されるので，地中探査レーダで鋭いアンテナビームを用いたり信号処理を行ったりすることにより分解能の向上を図ると，地中の断面を描画することが可能となる．しかし，地中における電波は大きな減衰を受けるため，探査深度は限定的である．地中探査レーダでは通常 10 MHz 〜 10 GHz の範囲の周波数を用いる．地中では低い周波数の方が減衰は小さいため 1 GHz 以下が望ましいが，分解能が劣化するためレーダの用途に応じて適切な周波数を選定することが重要である．

地中探査レーダは，アンテナを探査対象媒体から離して非接触とすることができるため，衝撃波を使う方法などに比べ利用しやすく，その用途は広がっている．現在実用されている身近な例として，ガス管，水道管やケーブル類などの地中埋設物の探査，舗装面下の空洞調査，橋梁やトンネルなどコンクリート建造物の非破壊保全調査がある．これらの用途の地中探査レーダは芝刈り機の

ような形状で，人が押して使用するものが多い．さらに，トンネル掘削などの土木工事における前方地質監視，地質調査，遺跡調査，考古学的建造物の内部調査などでも用いられている．早期の実用が望まれている地雷探査への応用は世界中で取り組まれているが，対人地雷は凹凸のある地表近くに埋められているため地雷の認識が難しいなどの問題があり，開発途上にある．

1.3.10 その他のレーダ

前項までに個別に掲げたレーダのほかに，下記のレーダが業務用または研究用として使用されている．新規用途のレーダで小規模の研究用レーダは把握が難しい面があり，ここに述べたレーダ以外にも応用範囲は広がっているものと思われる．

〔1〕 **港内・沿岸監視レーダ**[44]

船舶用レーダの技術を用いて作られたXバンドのレーダであり，港の周辺や沿岸各地に設置されている．港内における海上交通安全のための監視や沿岸の漁場における密漁船の監視に用いられている．

〔2〕 **海 洋 レ ー ダ**[45],[46]

海洋レーダは北海道から沖縄までの主要な海峡などの沿岸に設置され，海洋表面の流速や波浪などのデータを取得して海流などを観測するHF帯（短波）またはVHF帯（超短波）のレーダである．レーダを使用した研究や運用に関わっている組織は，国土技術政策総合研究所，NICT，海上保安庁，三重県，北海道大学，九州大学等である．

〔3〕 **地上設置型合成開口レーダ**[47]

地上設置型合成開口レーダ（GB-SAR：Ground Based SAR）は動作原理的には1.3.6項の中で取り上げた合成開口レーダ（SAR）の小型簡易型を地上に設置したレーダであり，国内での応用と研究は始まって間もない．17 GHz帯を使用し，小型のアンテナを数mのレール上を走らせてアンテナ開口を合成し，距離数kmの範囲で変位抽出精度1 mm以下の高精度を得ている．国内の現状は，地滑りによる崩落地や火山を継続的に繰り返し観測して微細な表面変位を

監視するなどの実証試験が行われるとともに，大学などの研究機関でGB-SARシステムの応用対象や利用方法の開発が行われている。**図 1.14** にGB-SARの実用製品の一例を示す。

〔4〕　**航空機搭載気象レーダ**[48]

このレーダは民間航空機に搭載され，進路前方の空域の降雨や雲の発生状況を映像として表示することにより，航行の安全に資するためのレーダである。

図 1.14　地上設置合成開口レーダ（GB-SAR）製品の一例
（写真提供：株式会社パスコ）

〔5〕　**電 波 高 度 計**[49]

電波高度計は，地表面を目標とする4 GHzのFM-CWレーダの一種であり，航空機の離着陸時に使用される。

〔6〕　**交通取締用レーダ速度計**[50]

レーダ速度計は小型のドップラーレーダであって，走行車両からの反射波のドップラー周波数を計測し，その周波数から相対速度を算定する。

1.4　レーダの周波数帯

レーダの周波数帯の呼称としては，米軍が用いていたL，S，C，Xなどのアルファベットによる方法が広く用いられてきた。1970年代の後半になってIEEE（米国，電気電子学会）がこの呼称を正式に標準[51]として採用するに至り，その使用が定着した。また，ITU（国連，国際電気通信連合）はレーダ用の標準周波数帯を勧告しており，各国は基本的にその勧告された周波数帯の中で，自国の条件を加味して周波数帯を割り当てている[52]。**表 1.1** は，IEEEによる周波数帯の呼称とITUによる周波数分配状況，またその周波数帯を利用するおもなレーダの種類を示す。

表1.1 周波数帯の呼称と ITU のレーダへの分配状況

周波数帯呼称 (IEEE Std.)	公称周波数帯域	無線標定（レーダ） への ITU の周波数分 配（第3地域）*1	左の周波数帯で運用さ れているおもなレーダ の種類（日本国内）
HF	3～30 MHz		
VHF	30～300 MHz	223～230 MHz	
UHF	300～1 000 MHz	420～450 MHz 890～942 MHz	
L	1 000～2 000 MHz	1 215～1 400 MHz	航空管制レーダ
S	2 000～4 000 MHz	2 300～2 500 MHz 2 700～3 700 MHz	航空管制レーダ
C	4 000～8 000 MHz	4 200～4 400 MHz 5 250～5 925 MHz	航空機用レーダ高度計 気象レーダ
X	8 000～12 000 MHz	8 500～10 680 MHz	船舶レーダ
Ku	12～18 GHz	13.4～14.0 GHz 15.7～17.7 GHz	
K	18～27 GHz	24.05～24.25 GHz	
Ka	27～40 GHz	33.4～36.0 GHz	
V	40～75 GHz	59.0～64.0 GHz	
W	75～110 GHz	76.0～81.0 GHz 92.0～100.0 GHz	自動車レーダ
mm	110～300 GHz	126.0～142.0 GHz 144.0～149.0 GHz 231.0～235.0 GHz 238.0～248.0 GHz	

〔注〕＊1：日本を含むアジア地域

1.5 戦時下レーダ開発における外国レーダ技術の利用

　レーダの原理である電波の反射現象の発見は，レーダが実用になるはるか以前のヘルツの時代にまで遡る．1888年にドイツのヘルツ（Heinrich Hertz）は，英国のマクスウェル（James Clerk Maxwell）によって存在が予言された電波を確かめるために，火花放電による電波の送受信実験を行った．このとき，ヘルツは金属や誘電体が電波を反射することに気が付いたといわれている．1904年に同じドイツで，ヒュールスメイヤー（Hülsmeyer）[53]～[55]はライン川にか

1.5 戦時下レーダ開発における外国レーダ技術の利用

かる橋の上から電波を発射して船の検知実験を行った。その装置は船舶衝突防止装置として出願され，1904年に英国特許が，また1906年に米国特許が与えられた。**図1.15**はその特許願書の表紙である。

しかし，その後の開発の方向はおもに無線通信へと向かい，レーダの実用化は1930年代半ばまで待つこととなった。1930年代は航空機の軍事利用が定着しつつあった時代で，航空機への対抗手段としてレーダの有効性が認識され始め，各国で開発が動

図1.15 ヒュールスメイヤーの特許願書

き出したときであった。日本に関係ある各国のレーダ開発への取組み状況は，概略次のようなものであった。

英国では[55],[56]，ドイツによる空襲への備えが急を要していたが，レーダの開発に入ったのは1935年になってからであった。しかし，その年の内に連続波干渉レーダとパルス波レーダの実験に成功し，1938年までには25 MHz帯の

図1.16 英国のChain Homeレーダのアンテナ群

パルスレーダを英国本土防衛のために鎖状に並べて配備し（秘匿名Chain Home，**図1.16**参照），飛来する航空機の早期警戒に当たった。その後大戦に突入した後，ドイツとの間で航空機による熾烈な戦いを繰り返すこととなり，レーダの役割はますます重要となって，航空機搭載レーダや艦載レーダなど各種用途のレーダの開発が促進された。1940年9月に至り，英国側が米国を訪問してレーダ開発に関する情報交換を開始し，以後両国は協力体制に入った。

米国では[55]～[57]，首都ワシントンのポトマック河畔にある海軍研究所（NRL：Naval Research Laboratory）が，1922年に連続波による木造船反射波の検知実験などの基礎的試験を開始し，1930年には連続波干渉方式による航空機の検知を行った。1934年にはパルス方式レーダの開発に着手し反射波を

受信はしたが，当初はパルス波の受信に要する帯域幅の概念が明らかではなかったため開発が難航した．その後，1936 年には目標反射波の正常な受信に成功し，実艦テストと改良を繰り返した後製造に入り，1941 年には主要艦船へ VHF 帯レーダを装備した．同研究所は，大戦中は VHF 帯のレーダ開発に専念し，1942 年には米国初の航空機搭載レーダを開発した．

一方，陸軍ではニュージャージー州フォートモンマスにある陸軍通信隊研究所 (Signal Corps Laboratories) が 1936 年にレーダの開発を開始し，陸上用の射撃管制レーダ SCR-268 (図 1.24 参照) を 1938 年に，また早期警戒レーダ SCR-270 (図 1.25 参照) を 1939 年に開発した．これらのレーダには各種の用途に応ずるために多数の派生モデルが作られ，1941 年にはハワイにも配備された．

1940 年 11 月に至り，米国としてさらに高周波のマイクロ波帯レーダの開発のため，マサチューセッツ工科大学 (MIT) の下に電波研究所 (Radiation Laboratory) を設立し，全米から頭脳を結集して基礎理論から実機開発までを脅威的な速さで実施した．研究所の活動期間は 1940 年 10 月から 1945 年 12 月までのわずか 5 年余りであったが，100 機種以上の陸海空軍用のマイクロ波帯レーダとロランなどの電波航法システムが開発された．なお，研究所の人員は最大となった 1945 年には 3 500 人に及んだ．戦後，そこで研究開発された幅広い技術成果は全 28 巻の『Radiation Laboratory Series』として刊行され，マイクロ波分野の参考書として長年活用されてきた．なお，同研究所は戦後数年の間をおいて MIT の Lincoln Laboratory へと引き継がれ，空軍の下で同分野の研究が行われている．

ドイツ[55],[56] は，大戦前に数機種の陸上用と艦船用の高性能レーダを有し，5 000 台規模で実戦配備するという高い技術を持っていた．しかし，大戦突入後この分野の開発の手を緩めたため，後に必要性が高まった航空機搭載用レーダの開発は間に合わなかった．

上述の海外におけるレーダ開発への取組みに対し，日本では[58]～[60],[62] 陸軍は 1937 年 (昭和 12 年) に，また海軍は 1941 年 (昭和 16 年) にレーダ開発に

1.5 戦時下レーダ開発における外国レーダ技術の利用

取り組み始めた．しかし，開発は両軍で独立に進められ，実戦に耐え得るレーダは大戦末期に至るまで実現できなかった．陸軍ではレーダ開発は数箇所で行われていたが，陸軍科学研究所から第5技術研究所，第9技術研究所（陸軍登戸研究所）を経て昭和18年6月に陸軍多摩技術研究所（立川）に集約された．陸軍ではレーダは「電波探知機」と呼ばれ，捜索用と射撃用はそれぞれ「電波警戒機」，「電波標定機」と呼ばれた．一方，海軍では海軍技術研究所（目黒）で開発が進められ，レーダは「電波探信儀」と呼ばれ，捜索用と射撃用はそれぞれ「見張用電探」，「射撃用電探」と呼ばれた．

当時のレーダ開発については，戦後20年以上を経てから当時の関係者らが個人的な回想録などの形で各人の経験を中心にその周辺の記録を残しているが，レーダ機材と関連資料のほとんどが終戦とともに焼却処分されたため，正確な記録は残っていない．当時の日本のレーダ開発がなぜそれほどまでに遅れたかについては，それらの書籍の中に著者の見解がいろいろと述べられているが，筆者の考えとしては，単なる遅れというよりは，国内ではレーダの開発・設計に当たり得るレベルの研究者や技術者の層がきわめて薄かった，という総力戦における本質的な課題が他の多くの本質的な課題とともにあったからだと思う．

上述のように正確な記録がない上，資料間で記載内容に相違が見られる箇所もあって，当時のレーダ開発の実態には不明な点が多いが，戦時下の日本のレーダ開発において外国のレーダ技術がかなり重要な役割を果たしたことをうかがい知ることができるので，その概要を以下に紹介する．これにより，当時の彼我の差が推察できるのではないかと思う．

〔1〕 **ドイツから受領のウルツブルグレーダ技術の利用**[58]〜[60]

ドイツは大戦開始時点で，代表的レーダとして陸上捜索レーダ「フレヤ（Freya）」（**図1.17**参照）と射撃管制用レーダ「ウルツブルグ（Würzburg）」（**図1.18**参照）を有しており，数千台の規模で実戦に投入するという高い技術を持っていた．日本軍は開戦前の昭和15年にこの情報を入手し，同盟関係にあったドイツからウルツブルグレーダの技術情報を入手することを考えた．こ

図 1.17　ドイツの
フレヤレーダ

図 1.18　ドイツのウルツ
ブルグレーダ

のため 2 度にわたり調査団をドイツに派遣し，ウルツブルグレーダを日本に持ち帰るための了解をようやく得て潜水艦を派遣したが，帰路シンガポールで触雷し沈没してしまった。その後，昭和 18 年 12 月にウルツブルグレーダはイタリアの潜水艦によってようやく日本に到着した。その扱いについて陸海軍が協議した結果，陸軍がこのレーダを国産化することとなり，機材は陸軍多摩技術研究所に搬入された。

多摩技術研究所では，このレーダ機材の日本到着より前，技術資料が届いた時点で，周波数を 200 MHz に下げた日本版の佐竹式ウルツブルグレーダ「た号改 4 型」（**図 1.19** 参照）の開発を株式会社東芝の下で開始し，昭和 19 年秋には試作機の試験にこぎ着けた。翌昭和 20 年には量産に入ったが間もなく終

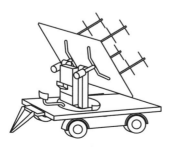

図 1.19　佐竹式ウルツブルグ
レーダ（た号改 4 型）

図 1.20　艦載見張用電波
探信儀（2 号 2 型）

1.5 戦時下レーダ開発における外国レーダ技術の利用

戦となった。

　一方，昭和18年12月にドイツから到着したウルツブルグレーダの機材を用いた試作は日本無線株式会社長野工場で行われ，昭和19年秋に試作品が完成し，続いて計15台ほどが製造に入ったが，一部が完成した段階で昭和20年8月の終戦となった。

　海軍では，ウルツブルグレーダの技術を艦載見張用電波探信儀「2号2型」（図1.20参照）の受信機安定化などに利用し，その有効性を確認した後，昭和19年9月に艦船に搭載済みのレーダ受信機に組み込む改修を行った。

〔2〕　**シンガポールにおける戦利品の英国レーダ技術の利用**[59],[61],[62]

　昭和17年2月にシンガポールが日本軍の下に陥落したとき，英国のレーダ操作員ニューマンの手書きのレーダ技術ノートがごみ焼却場で偶然発見された。ノートの内容は探照灯管制レーダに関わるもので技術資料として有用であると判断され，南方軍兵器技術指導班によりタイプと写真撮影で体裁が整えられて「ニューマン文書」（図1.21参照）と名付けられ，日本本土の陸海軍へ送付された。陸軍はニューマン文書を見て，ただちに民間技術者を含む調査団をシンガポールに派遣し調査を行った。英軍の探照灯管制レーダ（S. L. C.：Search Light Control）（図1.22参照）はシンガポールには存在しなかったが，射撃用レーダ（GL（Gun Laying）Mark 2）（図1.23参照）等の関連機材と技

図1.21　ニューマン文書

図1.22　英国の探照灯管制レーダ（S. L. C.）

図1.23　英国の射撃用レーダ（GL Mark2）

術資料を入手した。

　陸軍は調査で得た技術資料とニューマン文書に基づいてS. L. C. レーダと同種の電波標定機の試作を日本電気株式会社と株式会社東芝に短納期で行わせ，両社はこれらの資料に加え米軍のレーダ（次項〔3〕参照）を参考にして昭和17年7月には周波数200 MHzの試作品をまとめ上げた。試作品は故障が多く不安定であったが，改良を加えて同年末には両社各10台をそれぞれ電波標定機「た号1型」および「た号2型」として完成させ，翌年にはさらに各25台を製造した。昭和18年には「た号1型」の改良機種として，日本電気株式会社は英軍の射撃用レーダ「GL Mark2」に基づいて78 MHzの電波標定機「た号3型」を開発し，150台を製造した。株式会社東芝は「た号2型」を改良して「た号4型」としたが，昭和19年秋に上記〔1〕項で述べた日本版ウルツブルグレーダの試作機の試験が始まったため，このレーダを電波標定機「た号改4型」として開発し，昭和20年正月に量産に入った。

　英軍の射撃用レーダ「GL Mark2」は上記のほか，海軍の対空射撃用電探として日本電気株式会社と日本音響株式会社により製造され，改良されて量産に入った。

〔3〕　フィリピンにおける戦利品の米国レーダ技術の利用[59]

　昭和17年5月に日本軍は，フィリピンのコレヒドール要塞において米国の射撃管制用レーダ「SCR-268」（図1.24参照）と固定型の警戒用レーダ「SCR-271」を戦利品として取得した。図1.25は，SCR-271の派生型の移動型警戒用レーダSCR-270を示す。陸軍はただちに調査団をフィリピンへ派遣して調査に当たるとともに，陸軍第5技術研究所に移送して詳細な調査を行い仕様書を作成した。図1.26は日本への移送に先立ち，現地の兵器技術指導班が作成した調査報告書である。

　海軍は，「SCR-268」をそのまま海軍の最初の陸上設置対空射撃用電探「4号1型」として日本電気株式会社に50～60台を製造させた。なお，このレーダの次のモデルは前〔2〕項で述べた英軍の射撃レーダGL Mark2に基づく「4号2型」である。

図 1.24 米国の射撃管制用レーダ（SCR-268）[1]

図 1.25 米国の移動型警戒用レーダ（SCR-270）[1]

一方，警戒用遠距離レーダ「SCR-270」はそのままの形での製造は行われなかったが，その技術は陸軍の野戦用車載警戒レーダで多く利用された。

図 1.26 米国レーダ戦利品の調査報告書

引用・参考文献

［1］ L. N. Ridenour, ed.：Radar System Engineering, Vol. 1 in MIT Radiation Laboratory Series, McGraw-Hill（1947）
［2］ Wikipedia："レーダーサイト"
　　　https://ja.wikipedia.org/wiki/レーダサイト/　（2015.2.1 現在）
［3］ 平成 21 年版防衛白書，防衛省（2009）
［4］ R. M. Scudder and W. H. Shepperd："AN/SPY-1 Phased-Array Antenna", Microwave J., Vol. 17, pp. 51-55（May 1974）

[5]　J. Frank and J. D. Richards："Phased Array Radar Antennas", Chap. 13 in Radar Handbook, 3rd ed., M. I. Skolnik, ed., McGraw-Hill（2008）

[6]　海上自衛隊ホームページ："護衛艦"
http://www.mod.go.jp/msdf/formal/jmp/（2015.2.1 現在）

[7]　D. R. Carney and W. Evans："The PATRIOT radar in tactical air defense", Microwave J., Vol. 31, pp. 325-332（May 1988）

[8]　平成 15 年版防衛白書，防衛庁（2003）

[9]　H. R. Ward, C. A. Fowler, and H. I. Lipson："GCA radars: Their History and State of Development", Proc. IEEE, Vol. 62, No. 6, pp. 705-716（June 1974）

[10]　J. M. Headrick and S. A. Anderson："HF Over-the-Horizon Radar", Chap. 20 in Radar Handbook, 3rd ed., M. I. Skolnik, ed., McGraw-Hill（2008）

[11]　N. J. Willis："Bistatic Radar", Chap. 23 in Radar Handbook, 3rd ed., M. I. Skolnik, ed., McGraw-Hill（2008）

[12]　Wikipedia："情報収集衛星"
https://ja.wikipedia.org/wiki/情報収集衛星/（2015.2.1 現在）

[13]　松井晴彦："航空機の安全運航を支える航空管制施設"，RF ワールド，No. 7, pp. 8-18（2009.7）

[14]　吉田 孝監修，改訂レーダ技術，電子情報通信学会（1996）

[15]　国土交通省ホームページ："ARSR 等の配置及び覆域図"
http://www.mlit.go.jp/common/001034826.pdf（2014.12.16 現在）

[16]　国土交通省ホームページ："ASR の概要及び配置図"
http://www.mlit.go.jp/common/001035421.pdf（2014.12.16 現在）

[17]　佐藤晋介：日本における気象レーダの発展，天気，54. 9（2007.9）

[18]　R. J. Keeler and R. J. Serafin："Meteorological Radar", Chap. 19, in Radar Handbook, 3rd. ed., M. I. Skolnik, ed., MacGraw-Hill（2008）

[19]　気象庁ホームページ："気象レーダ"
http://www.jma.go.jp/kishou/know/radar/（2014.12.18 現在）

[20]　気象庁ホームページ："空港気象ドップラーレーダーによる観測"
http://www.jma.go.jp/kishou/know/kouku/2_kannsoku/23_draw/（2014.12.18 現在）

[21]　国土技術政策総合研究所ホームページ："C バンドレーダの MP 化によるレーダ雨量情報の高度化"
http://www.nilim.go.jp/lab/bcg/siryou/2014report/2014nilim037.pdf（2014.12.18 現在）

[22] 国土交通省プレスリリース："XRAIN（X バンド MP レーダネットワーク）配信エリア拡大！"，水管理・国土保全局河川計画課（2013.9.3 現在）

[23] 土屋修一："X バンド MP レーダによるリアルタイム降雨観測技術"，EICA，第 16 巻，第 4 号，pp. 6-10（2012）

[24] 東京都下水道局ホームページ："降雨情報システム（東京アメッシュ）の概要について"
http://www.asianhumannet.org/db/datas/0912-j/sewerage-amesh.pdf （2015.1.14 現在）

[25] 加藤美雄，阿呆敏広，小林健二，泉川安志，石原正仁："気象庁におけるウィンドプロファイラ観測業務"，天気，50.12.，pp. 3-19（2003.12）

[26] 佐藤晋介，中川勝弘，花土 弘，井口俊夫，山崎次雄，J. Wurman：沖縄バイスタティック偏波降雨レーダ（COBRA）による次世代の気象レーダ観測，2002 気象学会春期大会予稿集（2002.5）

[27] 情報通信研究機構プレスリリース：日本初「フェーズドアレイ気象レーダ」を開発（2012.8.31 現在）

[28] 花土 弘，中川勝広："本格運用間近！人工衛星搭載二周波降水レーダ"，NICT NEWS, No. 439（2014.4）

[29] 京都大学生存圏研究所ホームページ："MU レーダについて"
http://rish.kyoto-u.ac.jp/~mu/radar.html/ （2014.12.18 現在）

[30] 市川 満："ロケット追跡レーダの歴史"，宇宙科学研究所報告，第 122 号付録，pp. 22-38（2003.3）

[31] 廣澤春任，市川 満，鎌田幸男，佐川一美，大橋清一，松本操一，佐藤 巧，山本善一，斎藤宏文，水野貴秀："新精測レーダ"，宇宙科学研究所報告，第 122 号，pp. 1-21（2003.3）．

[32] C. S. Lerch, jr.："Satellite Surveillance Radar", Chap. 32 in Radar Handbook, 1st ed., M. I. Skolnik, ed., MacGraw-Hill（1970）

[33] J. E. Reed："The AN/FPS-85 Radar System", Proc. IEEE, Vol. 57, pp. 324-335（March 1969）

[34] Peterson Air Force Base ホームページ：Fact Sheet, "AN/FPS-85 Phased Array Space Surveillance Radar"
http://www.peterson.af.mil/library/factsheets/index.asp
（2015.1.21 現在）

[35] スペースガードセンター ホームページ："上斎原スペースガードセンター"，
http://www.spaceguard.or.jp/BSGC/kamisaibara/kamisaibara.

html（2015.1.21 現在）

[36] R. Sullivan："Synthetic Aperture Radar", Chap. 17 in Radar Handbook, 3rd ed., M. I. Skolnik, ed., McGraw-Hill,（2008）

[37] 大内和夫：リモートセンシングのための合成開口レーダの基礎，第2版，東京電機大学出版局（2009）

[38] Wikipedia："情報収集衛星"
https://ja.wikipedia.org/wiki/情報収集衛星（2015.2.1 現在）

[39] JAXA ホームページ：Pi-SAR-L2 について
http://www.eorc.jaxa.jp/ALOS/Pi-SAR-L2/about_pisar.html
（2015.1.21 現在）

[40] A. Norris："Civil Marine Radar", Chap. 22 in Radar Handbook, 3rd ed., M. I. Skolnik, ed., McGraw-Hill（2008）

[41] 稲葉敬之，桐本哲郎："車載用ミリ波レーダ"，自動車技術，Vol. 64, No. 2, pp. 74-79（2010）

[42] 佐藤源之："地中レーダによる地下イメージング"，電子情報通信学会，論文誌 C, Vol. J85-C, No. 7, pp. 520-530（2002.7）

[43] D. Daniels："Ground Penetrating Radar", Chap. 21 in Radar Handbook, 3rd ed., M. I. Skolnik, ed., McGraw-Hill（2008）

[44] 総務省ホームページ："船舶用レーダーの沿岸監視等への利用"
http://www.soumu.go.jp/soutsu/shikoku/senpakuyo.html
（2015.1.25 現在）

[45] 国土技術政策総合研究所ホームページ："海洋短波レーダ（HF レーダ）でなにができるのか"
http://www.meic.go.jp/kowan/hfradar/radar/radar.html
（2015.1.25 現在）

[46] 九州大学ホームページ："対馬海峡表層海況監視海洋レーダーシステム"
http://le-web.riam.kyushu-u.ac.jp/radar/outline.html
（2014.4.11 現在）

[47] 17 GHz 帯地上設置型合成開口レーダーの周波数有効利用技術に関する調査検討報告書，同調査検討会（総務省）（2013.3）

[48] M. I. Skolnik：Introduction To Radar Systems, 1st ed., pp. 582-585, McGraw-Hill（1962）

[49] 総務省ホームページ："コラム Vol. 5「電波高度計」第1回，平成 25 年 10 月 22 日"

http://www.soumu.go.jp/soutsu/tokai/mymedia/25/1022.html （2015.1.25 現在）

[50] 菅原博樹, 時枝幸伸, 岸 克人, 面上秀之, 秋山賢輔, 中村充宏："ドップラー速度計", 日本無線技報, No. 48, pp. 69-72（2005）

[51] IEEE Standard Letter Designation for Radar-frequency Bands, IEEE Std 521-2002（2003）

[52] 総務省編：周波数割当計画, 総務省（2004）

[53] RADAR WORLD ホームページ："Christian Huelsmeyer, the inventor"
http://www.radarworld.org/huelsmeyer.html （2015.1.27 現在）

[54] 辻 俊彦：レーダーの歴史── 英独暗夜の死闘 ──, 芸立出版（2012）

[55] M. I. Skolnik：Introduction to Radar Systems, 3rd ed., McGraw-Hill（2001）

[56] M. I. Skolnik："Fifty Years of Radar", Proc. IEEE, Vol. 73, No. 2, pp. 182-197（1985）

[57] A. L. Vieweger："Radar in the Signal Corps", IRE Trans. on Military Electronics, pp. 555-561（1960）

[58] 田丸直吉：日本海軍エレクトロニクス秘史, 原書房（1979）

[59] 津田清一：幻のレーダー・ウルツブルグ（復刻版）, CQ 出版社（2001（原本 1981））

[60] 中川靖造：海軍技術研究所 エレクトロニクス王国の先駆者たち, 日本経済新聞社（1987）

[61] Gentei Sato:"A Secret Story About the Yagi Antenna", IEEE AP Magazine, Vol. 33, No, 3, pp. 7-18（June 1991）

[62] 山田愿蔵："電波兵器の研究," 陸軍登戸研究所の真実 第 5 章, 伴繁雄編, 芙蓉書房出版（2001）

2 目標探知性能の算定

　捜索レーダの目標探知性能の算定に用いる基本レーダ方程式を導出し，続いてその方程式を基に理論的に精緻な実用レーダ方程式を導出する．レーダ方程式のパラメータの中には正確には押さえきれない物理量もあって精緻さがどこまで必要かについては課題が残るが，システム設計者にとって精緻な方程式によって目標探知性能のメカニズムを正しく理解することには大きな意味がある．さらに，これらの方程式には通常の帯域フィルタ（2.3.3項参照）からの出力信号を前提とする方程式とマッチドフィルタからの出力信号を前提とする方程式があるため，両ケースについて比較考察を行い，扱い方の明確化を図る．

2.1　レーダの基本形：捜索レーダ

　電波を空間に放射し，伝搬経路にある反射物体からの反射波を捉えるというレーダの基本的な機能は，その誕生以来ほとんどすべてのレーダに共通の基本機能である．捜索レーダは，基本的にこの探知機能に重点を置いてシステムを構築したレーダであり，レーダの基本形ということができる．空港の航空管制用レーダや海上の船舶用レーダなど，一般の人が目にする機会が多く，また社会生活にも関連の深いレーダの多くは捜索レーダである．したがって，捜索レーダの基本機能と性能を把握することは，各種のレーダシステムを理解する上の基本である．

2.1.1　目標の捜索と探知・計測

　現在広く実用されている捜索レーダは，**図 2.1**に示すように水平面内では幅が狭く垂直面内では幅の広いファンビームを持つアンテナを水平面内で回転す

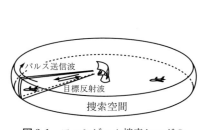

図 2.1 ファンビーム捜索レーダの捜索空間

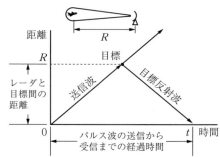

図 2.2 経過時間とレーダパルス波の存在位置

るレーダが大部分である。このアンテナ回転により扁平なドーナツ形状の捜索空間が形成され，その中に存在する目標の捜索と探知が行われる。アンテナを回転しながら一定の周期でパルス電波を発射することにより，全方位にわたる目標の捜索と探知が行われる。この場合，パルス波の発射周期は通常最大でも数ミリ秒（ms）と短いため，アンテナビームが一つの目標を照射している間，ビームは実質的に静止していると考えてもほとんどの場合支障はない。

アンテナから発射されたパルス電波は，アンテナビームの指向方向にある目標によってその一部が反射され，反射波として元の発射点に向かって戻ってくる。この反射波の一部がアンテナにより受信され，各種の処理を経て最終的に目標の存在が検出される。

パルス波の送信から反射波受信までの経過時間を t，電波の伝搬速度を c，レーダと目標の間の距離を R とすると，**図 2.2** に示すようにパルス波は時間 t の間に往復の距離 $2R$ だけ伝搬するので，目標までの距離 R は次式で表される。

$$R = \frac{ct}{2} \tag{2.1}$$

ここに，c は光速に等しく 3×10^5 km/s である。送受信間の経過時間と目標距離の関係を**図 2.3** にグラフで示す。記憶の目安としては $t = 1$ μs で $R = 150$ m，$t = 1$ ms で $R = 150$ km である。

上記の説明では目標は検出されたという条件の下で，経過時間と目標距離の関係について説明した。しかし，現実のレーダ環境においては，性能限界域で

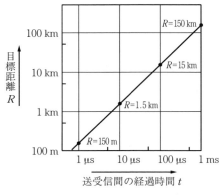

図 2.3 送受信間の経過時間と目標距離の関係

の目標検出は容易ではない。遠距離の小目標からのきわめて微弱な反射波を雑音の中から検出したり、また、近距離の目標であっても各種の不要反射波の中から目標反射波を検出したりすることが必要となることから、目標検出はシステム設計における基本的な重要技術課題になっている。

2.1.2 レーダ覆域設定上の基本的制約条件

レーダ目標の捜索・探知の対象領域であるレーダ覆域は、次節以降で述べる目標探知距離やアンテナ指向性などにより決定される。これに対し本項で取り上げる制約条件は、レーダの探知能力とは直接的には関係のない要因により覆域に制約が課せられる場合を対象とする。以下に基本的な3種類の制約条件を取り上げる。

〔1〕 パルス間隔が覆域の最大距離設定に与える制約

図 2.4 (a) を参照して、パルス間隔が T_p のレーダでは、パルス波発射から

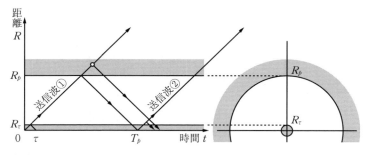

（a） 時間-距離関係図における T_p と τ による覆域距離の制約範囲

（b） 距離的制約を受けた水平覆域図

図 2.4 パルス間隔 T_p とパルス幅 τ が覆域の距離設定に与える制約

ちょうど T_p 経過後にレーダに戻ってくる反射波は，距離 $R_p = cT_p/2$ にある目標の反射波である．したがって，もしレーダ内部における処理上の覆域最大距離を R_p より大きく設定すると，R_p 以遠に存在する目標からの反射波は T_p より後にレーダに戻ってくるため，T_p 時点で発射された次回のパルス波の近距離目標からの反射波と区別がつかなくなる．この目標距離のアンビギュイティ（ambiguity：多義性）を避けるために，通常の捜索レーダでは覆域設計上の最大距離は T_p から決まる R_p よりも小さく設定するのが原則である．上述の次回パルス波の発射後に受信される前パルス波の反射波は，2次周回エコー（second-time-around echo）と呼ばれる．

図2.4（a）は，上述のパルス発射後の経過時間と送信・反射パルス波の存在距離の関係，および覆域の最大距離設定に対する制約範囲を灰色で示した図である．同図（b）は，最大距離に対する制約範囲をレーダ覆域の平面図として示した図である．

覆域の最大距離を上記の制約条件を満たすように設定した場合であっても，現実には R_p 以遠に存在する反射物体から強い反射波が戻ってくる場合があるため，システム設計ではパルス間隔 T_p を他の条件が許す範囲でできるだけ大きく取ることが好ましい．特殊なレーダでは，距離情報の取得性能を犠牲にしてパルス間隔を小さく設定し，目標のドップラー情報など，他のレーダ性能の確保を優先するレーダもある．この場合，複雑な処理により距離情報を同時に取得する方法もあるが，捜索レーダでは一般的ではない．

〔2〕 **パルス幅が覆域の最小距離設定に与える制約**

パルス幅を τ とすると，パルス波送信中の $0 \sim \tau$ の間，受信機は強力な送信パルス波の下で微弱な反射波の検出が不能となるため，受信機能を停止する．このため図2.4（a）に示すように，$R_\tau = c\tau/2$ よりレーダに近接した物体からの反射波は受信されないため，覆域の最小距離が制約を受けることになる．図2.4（b）の覆域平面図に，この制約範囲も示した．

遠距離捜索レーダではパルス幅 τ が数百 μs 以上に及ぶレーダもあり，この場合はレーダから数十 km 以上にわたり探知不能となるため，解決手段として

近距離用の短パルスを別途発射する方式を採用しているレーダが多い。

〔3〕 **球形大地が地平線以遠の覆域下部に与える制約**

球形の地球上に設置されたレーダは，電波の直進性のため光の場合と同様に地平線より遠方の陰になる領域は見ることができない。**図 2.5** に示すように，レーダの設置高度が高くなるにつれて地平線までの見通し距離は大きくなるので陰になる部分は減っていくが，レーダの探知距離がそれより大きい場合には陰の部分が探知不能になることは避けられない。

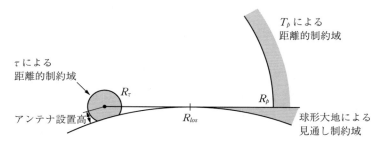

図 2.5　覆域設定に制約を受けた垂直覆域図

見通し距離に関する詳しい解析は 6.4 節（球形大地上のレーダ見通し距離）で扱うが，大気密度が高度が増すにつれて小さくなるため電波は若干下方に屈折し，見通し距離は幾何学的な距離よりも大きくなる。この延伸した見通し距離は，地球の半径を 4/3 倍に拡大した等価地球半径モデルを用いることにより，電波は直進するとして幾何学的にその近似値を求めることができる。

2.1.3　レーダシステムの基本構成

捜索レーダにおけるパルス波の発生・送信から，反射波の受信・検出に至るまでのレーダ装置系統図を**図 2.6** に示す。以下，図に沿って系統の動作を見ていこう。

パルス発生器はパルス信号を変調器に入力し，変調器は電力増幅器（マグネトロンなどの発振器の場合もある）に所定の変調を与え，電力増幅器は送信用の高周波パルス信号を発生する。この送信パルス信号は，送受切換器

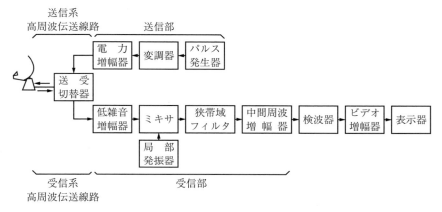

図 2.6　レーダ装置系統図

(duplexer) を経てアンテナから空間に放射される。このとき，送受切換器は強力な送信波をアンテナ側へと導き，受信機への漏れ込みによる破壊を防止する。

　目標からの反射波は，通常は送信アンテナと共用される受信アンテナにより受信され，送受切換器により受信機へと導かれる。受信機の入口では，低雑音高周波増幅器（LNA：Low Noise Amplifier）が内部雑音の発生を小さく抑えながら微弱な受信信号を高周波のまま増幅する。レーダでは微弱信号を効率良く増幅するためにスーパーヘテロダイン方式の受信機が採用される場合が多く，初段増幅器により増幅を受けた高周波信号はミキサーにより中間周波信号へと変換される。この中間周波段には，レーダ信号の信号対雑音比の最大化を図るために狭帯域フィルタ（帯域幅は，約 1/パルス幅）が設けられている。このフィルタにより帯域制限を受けた信号は，続いて中間周波増幅器により所要のレベルまで増幅され，検波器に入力される。この中間周波信号は検波されて直流のパルス信号が出力され，ビデオ増幅器で増幅の後，表示器へと入力される。表示器は，目標反射信号だけでなくすべての受信信号と雑音を表示し，オペレータへ各種のレーダ受信情報を提供する。

　一般のレーダが広く採用している表示形式は，PPI（Plan-Position Indicator）と呼ばれる表示形式（**図2.7**（a）参照）であり，扁平な円柱状の捜索空間を上から平面に投影した画像を提供する。表示器上では，アンテナの回転に対応するファンビームの指向方向に向かって，パルス波の発射ごとにスイープ（sweep：輝線）が放射状に走査される。従来，大きな残光性を持つ陰極線ブラウン管（CRT）が用いられてきたが，近年はディジタル化された液晶表示器などにより同様の効果を得ている場合が多い。画面上に反射波のブリップ（blip：輝点）を残像として表示し，目視による監視を容易にしている。

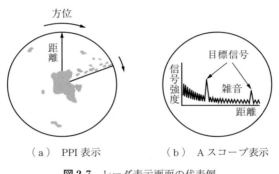

（a） PPI 表示　　（b） A スコープ表示
図 2.7　レーダ表示画面の代表例

図 2.7（b）は A スコープと呼ばれる表示形式であり，ちょうど PPI 表示の 1 スイープに相当する信号を，横軸に時間，縦軸に信号強度を取って繰り返し表示する表示形式である。今日では特定信号の測定などの目的以外には使われることは少なくなっている。

ここで述べた図 2.6 の系統図では，信号処理機は 7～9 章で扱う機能・性能の改善手段と捉えて省略した。信号処理機は受信系の検波器の前後に設けられ，受信信号の性質を利用した処理を行って受信信号の品質や検出性能の改善や向上に用いられる装置である。また，信号処理の中で送受信信号間の位相の相関関係を利用した信号処理を行う場合がある。この場合は，送信系と受信系に共通の発信器を介して両系が接続されるが，この系統についても省略した。

2.2 目標探知性能の基本算定式[1],[2]

レーダの機能・性能の中で最も基本的な目標探知能力について，目標反射パルス波の受信電力を求めた後，基本レーダ方程式を導出する．さらに掘り下げた目標検出の実態に即した実用レーダ方程式については，次の2.3節で検討する．

2.2.1 反射波受信電力の算定

図2.8に示す系統図とパラメータを参照しながら，基本レーダ方程式を導出する．基本レーダ方程式の導出では，目標反射波の受信電力の算定が中心である．

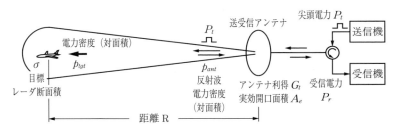

図2.8 受信電力算定のための系統とパラメータ

レーダ方程式を導くに当たって，探知距離算定上の本質的な要素を優先的に検討するため，次に示すいくつかの条件を設定して式の簡略化を図る．なお，省略したパラメータの内，必要な項については5章で式に導入する．

○ レーダは自由空間で動作していると仮定する．したがって，電波伝搬中の損失は4章までは省略し，また伝搬中に受ける大地による反射や大気による屈折は，レーダ方程式とは別に6章で検討するものとする．
○ 各種損失は一つにまとめてシステム損失としてレーダ方程式に盛り込む．その内訳である各損失については，5章で定義した後，レーダ方程式

に導入する。

○ アンテナと高周波伝送路，回路素子は接続部を含め相互にインピーダンス整合が取られているものとする。

以下，目標反射波の受信電力について，電力伝達の観点から，送信から受信までの伝搬経路に沿って順を追って導くことから始める。

送信機から出力される尖頭電力 P_t（パルス内平均電力）の送信パルス信号がアンテナからそのビーム指向方向に向けて放射され，レーダから距離 R に存在する目標に到達する。

初めに，アンテナを無指向性として考えると，送信パルス波の電力は半径 R の球の表面積 $4\pi R^2$ に均等に配分されるので，目標点における到来電波の電力密度（単位面積当りの到来電力）は次式で与えられる。

$$\text{目標点における到来電波の電力密度} = \frac{P_t}{4\pi R^2} \qquad (2.2)$$

実際のレーダアンテナは指向性を持つので，放射された電力は収束を受ける。この収束の効果はアンテナ利得 G で表されるが，その定義は次式による（図 2.9 参照）。

$$G = \frac{\text{対象アンテナの最大指向方向への放射電波の電力密度}}{\text{無損失無指向性アンテナからの放射電波の電力密度}} \qquad (2.3)$$

ただし，電力密度は同一距離における単位面積当りの電力，または着目方向の

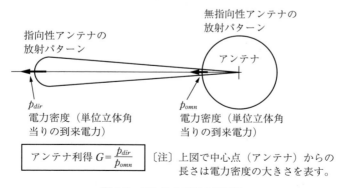

図 2.9　アンテナ利得の説明図

2.2 目標探知性能の基本算定式

単位立体角当りの電力であり，また分母と分子でアンテナへの給電電力は等しいものとする。

次に，送信アンテナの利得を G_t とすると，目標点における到来電波の電力密度 p_{tgt}（対面積）は，無指向性アンテナに対する式 (2.2) の G_t 倍となるので，次式を得る。

$$p_{tgt} = \frac{P_t G_t}{4\pi R^2} \tag{2.4}$$

次に，レーダ目標による到来電波の反射について考える。レーダで目標への入射電力に対する反射電力の大きさを表す場合に，レーダ断面積（radar cross section）σ という仮想的な面積を定義して用いている。

以下本論から少し離れ，レーダ断面積の定義について**図 2.10** を参照しながら説明する。レーダ目標に電力密度 p_{tgt} の電波が入射し，レーダ受信アンテナには目標からの電力密度 p_{ant} の反射電波が入射するものとすると，σ は次のように定義される。すなわち，目標への入射波を遡る方向にある「レーダの受信アンテナに到来する目標からの反射波の電力密度 p_{ant} が，目標への入射波に垂

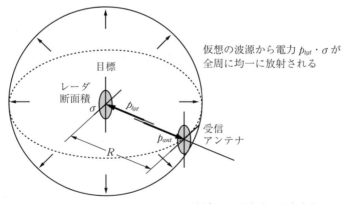

p_{tgt}：目標点への到来波の電力密度
p_{ant}：受信アンテナへの到来波の電力密度

図 2.10 レーダ断面積と反射波電力密度

直な面積 σ に遮られる入射電力 $p_{tgt}\cdot\sigma$ を全方向に一様に散乱する仮想的な等方性散乱物体が散乱する電力の受信アンテナ点における電力密度に等しいとき，σ をその目標のその方向のレーダ断面積」という．

文章で述べるとわかりづらいが，式で書くと次式となる．

$$p_{ant} = \frac{p_{tgt}\cdot\sigma}{4\pi R^2} \tag{2.5}$$

この式を逆に σ の定義式の形に書き改めると，次式となる．

$$\sigma = \lim_{R\to\infty} 4\pi R^2 \frac{p_{ant}}{p_{tgt}} = \lim_{R\to\infty} 4\pi R^2 \frac{|E_{ant}|^2}{|E_{tgt}|^2} \tag{2.6}$$

ここに，E_{tgt} と E_{ant} は，それぞれ目標とレーダ受信アンテナにおける電界強度である．上式中の受信アンテナにおける反射波電力密度 p_{ant} は，R が十分に大きければ R^2 に反比例するので，σ の値は一定値となる．この式を見ると，ここで求めようとしている解である p_{ant} と既知である p_{tgt} を使って σ を書き表したにすぎず，解から σ を逆算しているだけのように見えるので，式の意味が明確には見えない．しかし，$R^2\cdot p_{ant}$ を一塊として見ると，この項は受信アンテナ方向に向かう距離に無関係な単位立体角当りの電力密度を表していることがわかる．したがって，$R^2\cdot p_{ant}$ は受信アンテナの位置とは異なる任意の距離で測定することのできる普遍的な量であることから，十分に一般的な物理量と解釈することができる．

ここまでは，入射波に対する目標の相対角度を暗に一定として考察してきたが，入射波に対する目標物体の相対角度が変わると，一般には σ の値も変わることに注意を要する．また，反射方向を入射方向に遡る方向に限定しない反射波に対しては，一般的な「散乱断面積 (scattering cross section)」が定義されている．レーダ断面積は，この散乱断面積の定義を反射方向が入射方向と重なる一つの特定の条件へ適用した場合に相当する．

レーダ断面積については 3.4 節（レーダ断面積）でもう少し詳しく取り上げるが，通常 σ は目標を見込む向きに依存して非常に複雑な干渉パターンを示し，一般的には σ を正確に計算で求めることは難しい．したがって，実測値

を基本として算出した経験的な値を採用することが多い。断面積という言葉からは，感覚的には目標の投影面積に近い値を期待するが，一般には当てはまらない。これに合致する数少ない例として，波長に比べ大きな半径 r の金属球があり，この球の σ はその投影面積 πr^2 にほぼ等しい。

ここでレーダ方程式の導出へ戻る。上に定義されたレーダ断面積 σ を用いると，受信アンテナにおける到来反射波の電力密度 p_{ant} は，式 (2.5) に式 (2.4) を代入することにより次式として得られる。

$$p_{ant} = \frac{P_t G_t \sigma}{(4\pi R^2)^2} \tag{2.7}$$

最後に，レーダ受信機への入力電力を求める。到来反射波を受信アンテナが遮り，その結果として受信アンテナが受信する電力 P_r は，アンテナの実効開口面積 A_r を用いて求められる。A_r は，アンテナに入射する電波の内，どれだけの面積に相当する電力を吸収できるかを示す面積の単位を持つ値であり，一般には実際の物理的な開口面積より小さな値（60〜80％程度）である。また，A_r は，λ を波長として式 (2.3) で定義したアンテナ利得と

$$G_r = \frac{4\pi A_r}{\lambda^2} \tag{2.8}$$

の関係式で結ばれている。アンテナ出力端における受信電力 P_r は，システム損失を一括して L_S と置くと，式 (2.7) と A_r から次式で与えられる。

$$P_r = \frac{p_{ant} A_r}{L_S} = \frac{P_t G_t A_r \sigma}{(4\pi)^2 R^4 L_S} \tag{2.9}$$

この式は，受信電力 P_r が R^4 に反比例することを示しており，通信系の受信電力が R^2 に反比例するのに比べ，P_r は距離とともにきわめて急激に減衰する。レーダによる目標検出は，この非常に弱い受信電力に基づいて目標反射信号の存在を判定することにより行われる。

2.2.2 基本レーダ方程式

目標信号の検出は，式 (2.9) の受信電力 P_r が受信機の最小信号検出レベル

S_min より大きいときになされ,式で書くと次式となる.

$$P_r = \frac{P_t G_t A_r \sigma}{(4\pi)^2 R^4 L_S} \geqq S_\mathrm{min} \tag{2.10}$$

ここに,最小信号検出レベル S_min は,受信系全般にわたる信号検出過程の効果をアンテナ出力端子における値に換算して表した値であり,外来雑音とレーダ受信系の各種定数を固定して考えると一意的に定まる値(正確には,統計値として)である.目標検出基準値としての最小信号検出レベル S_min をいくらと見積もるかについては,レーダ開発の初期には技術的にあいまいなまま,S_min を用いた方程式による最大探知距離の算定が行われていた.このときの S_min の値としては,実測値や経験的近似値が用いられたものと思われる.

式 (2.10) の関係を両対数グラフで表した概念図で描くと,**図 2.11** となる.図中で P_r のグラフが S_min と交差する点が最大探知距離 R_max を与えるが,この交点については複雑な解釈が必要である.これについては 2.4 節(確率に基づく目標検出基準の導入)で取り上げる.

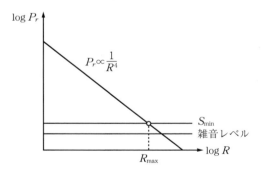

図 2.11 受信電力レベル P_r と最小信号検出レベル S_min の関係図

式 (2.10) において R に最大探知距離 R_max を代入し,等式に書き直して変形すると次式を得る.

$$R_\mathrm{max} = \left[\frac{P_t G_t A_r \sigma}{(4\pi)^2 S_\mathrm{min} L_S} \right]^{\frac{1}{4}} \tag{2.11}$$

ここで、受信アンテナの利得を G_r、送信アンテナの実効開口面積を A_t と置いて受信アンテナと送信アンテナのそれぞれに式 (2.8) の関係式を適用し、式 (2.11) を G_t と G_r だけを含む式と A_t と A_r だけを含む式に変形すると、次の2式を得る。

$$R_{\max} = \left[\frac{P_t G_t G_r \lambda^2 \sigma}{(4\pi)^3 S_{\min} L_S} \right]^{\frac{1}{4}} \tag{2.12}$$

$$R_{\max} = \left[\frac{P_t A_t A_r \sigma}{4\pi \lambda^2 S_{\min} L_S} \right]^{\frac{1}{4}} \tag{2.13}$$

さらに、アンテナを送受共用アンテナとして $G_t = G_r = G$ および $A_t = A_r = A$ と置いて書き直すと、次の2式を得る。

$$R_{\max} = \left[\frac{P_t G^2 \lambda^2 \sigma}{(4\pi)^3 S_{\min} L_S} \right]^{\frac{1}{4}} \tag{2.14}$$

$$R_{\max} = \left[\frac{P_t A^2 \sigma}{4\pi \lambda^2 S_{\min} L_S} \right]^{\frac{1}{4}} \tag{2.15}$$

ここに求めた式 (2.11) ～ (2.15) が、基本レーダ方程式である。各式の [ ] の中を見比べると、式 (2.11) には周波数依存項はなく、式 (2.12) と式 (2.14) には波長の2乗に比例（周波数の2乗に反比例）する項が、また式 (2.13) と式 (2.15) には波長の2乗に反比例（周波数の2乗に比例）する項がある。本来、同一の式が見掛け上このように異なって現れるので、その解釈には注意を要する。これらの差異は、アンテナ諸元の中でどのパラメータを一定に保って式を見るか、というところから来るものである。基本は、式 (2.11) の $G_t A_r$ で表した見掛け上周波数依存項のない式であるが、各式の解釈については、3.3節（アンテナ利得・開口積）で説明する。

2.3　SNR 導入による実用レーダ方程式

最大探知距離というレーダの基本性能について、実用されている算定式と考

え方を幅広い視点から整理する。レーダ方程式のパラメータの中には明確には決定できない性質のものもあって，どこまで厳密に追求するかという課題が残るが，目標探知というレーダの基本的機能・性能に関わる物理的要素の役割とその影響度を認識することは，システム設計を行う上できわめて有益である。

なお，本節ではレーダ方程式における前半ともいえる受信信号に基づく目標検出の条件式までを中心に検討し，レーダ方程式を導く。レーダ方程式の後半ともいえる信号対雑音比（signal-to-noise ratio，SNR，SN 比，S/N，以降 SNR と表記）で表した目標信号検出基準値の具体的算定方法については，4 章で検討する。

2.3.1 実用レーダ方程式導出のための検討事項

2.2 節で導いた基本レーダ方程式では，目標検出評価用電力をアンテナ端子における受信電力として，最小信号検出レベルとの比較により目標信号の検出評価を行うこととした。しかし，この方法には後述するようにいくつかの問題点があるため，目標検出の評価方法をより適切な方法に改善することが好ましい。

この改善を行うとした場合でも，アンテナ端子における受信信号レベルが変わるわけではないので，この受信信号を前提として，アンテナ端子以降の装置内で改善された方法により目標検出判定を行うための算定式を導くことになる。目標検出方法改善のための技術検討課題を列挙すると，次のようになる。

① S_{min} に課題があるとすると，目標信号の検出判定に適した物理量は何か。
② 不要な雑音を落とすために挿入される狭帯域フィルタは，その入出力信号間に波形ひずみなどの通過・阻止以外の効果を与えるので，その効果を適切に考慮する必要がある。
③ 目標信号の検出判定式は，どの部位を基準として設定するのが適切か。
④ ①で定める物理量の目標検出基準値はどのように規定するのが適切か。

図 2.12 に，受信系統図の関連部位に上記課題を併記して示す。次項以降でこれらの課題を検討の後，目標検出判定の不等式を定式化し，その不等式の等

2.3 SNR導入による実用レーダ方程式

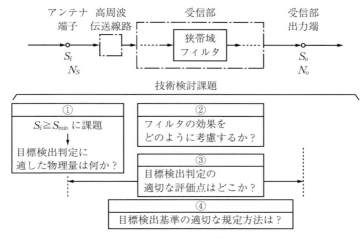

図 2.12 実用レーダ方程式導出における技術検討課題とその関連部位

号条件からレーダ方程式を導く．

具体的には次の道筋に沿って検討を進める．

課題①，③	→	2.3.2項	SNRによる目標検出基準の必要性
課題②	→	2.3.3項	基準とするフィルタ出力に対応するSNRの表示式
レーダ方程式	→	2.3.4項	実用レーダ方程式
課題④	→	2.4節	確率に基づく目標検出基準の導入

2.3.2 SNRによる目標検出基準の必要性

受信機の動作がより実態に即して解析されるに従い，レーダ方程式における目標信号検出の評価は，中間周波増幅部の出力端におけるSNRを基準値として行うのが適切であることがわかってきた．

その理由は次のとおりである．

① 目標検出のために S_{min} を合理的に定めようとすると，けっきょく雑音との相対レベルの比較によって決定することになる．目標検出基準値は，雑音の絶対レベルには直接的には依存しない．

② 前①項で，雑音の絶対レベルが定まれば S_{min} を定めることはできるが，次に述べる問題がある。すなわち，雑音にはレーダ受信機の性能だけではなくアンテナから入力する外来雑音も寄与するため，雑音レベルはレーダの設置環境や設置方法にも左右される。したがって，S_{min} のレベルはレーダ設置環境も含め関連するものすべてが決まらないと定まらないことになり，きわめて扱いにくい（S_{min} が定まるためには，後出の式 (2.21) の N_S が決まっている必要がある）。

③ 前②項の問題を解決するためには，S_{min} を絶対レベルで規定することを止め，雑音レベルとの相対的レベル，すなわち SNR で規定することにすればよい（後出の式 (2.24) の $(S_o/N_o)_{min}$ で規定する）。

④ レーダ方程式で信号と雑音のレベル比較を行うためには，両者のレベル比が定まる中間周波増幅部の狭帯域フィルタ通過後が適切である。

⑤ 実際のレーダにおける信号検出は，受信信号の増幅や検波が行われた後の自動検出器や表示器において，信号レベルを雑音レベルと比較することにより行われる。しかし，検波器には非線形特性のものがあるので，検波器通過後はその種類によっては線形性が保持されないことがあり，評価基準値が普遍的ではなくなる。一方，中間周波増幅部では線形性が保持されているので，その部位で SNR を定めれば一意的に定まる基準として使用しやすい。

中間周波増幅部では狭帯域フィルタの帯域通過特性がパルス信号と雑音に対し大きな影響を与えるので，帯域通過特性の諸元を適切に設定することにより SNR の最大化を図ることが可能である。したがって，フィルタの影響をレーダ方程式に適切に反映させることが必要である。

以上の考察から，目標検出基準は，狭帯域フィルタ通過後の中間周波増幅部における SNR によって規定する方法が適切である。この方法によれば，各種の検出条件に対する所要 SNR は個々のレーダシステムやその設置環境に対し独立となり，あらかじめ計算しておくことができるという利点がある。この場合，外来雑音の寄与分は他の雑音と合わせてシステム雑音（3.6.1 項参照）と

して一つの雑音項に集約可能であり，信号検出評価の対象である SNR とは独立な形でレーダ方程式の中に盛り込むことができる。

2.3.3　基準とするフィルタ出力に対応する SNR の表示式

前項の考察結果に従い，レーダ方程式における目標検出の数式表示を SNR により行うものとする。SNR の算定方法は 2.2.1 項で導出した式 (2.9) の P_r を雑音電力で除して求める方法が基本的であるが，この方法は以下に述べる帯域フィルタを前提とする場合に相当する。この方法とは別に，マッチドフィルタを使用するシステムでは後出のマッチドフィルタ（matched filter：整合フィルタ，7.3 節）の出力を基準とする方法がある。この二つの方法に基づくレーダ方程式の差異を明確にして疑義が生じないようにするため，それぞれの意味を以下の各項で説明する。

説明に先立ち，本書で使用する「帯域フィルタ」の用語の定義をここで行っておく。「マッチドフィルタ」と区別するために，指定の帯域内の信号をできるだけひずませることなく通過させることを目的とする，帯域を基準とするフィルタを総称して「帯域フィルタ（passband-based filter）」と呼ぶこととし，必要時には "PF" と略記することとする。

〔1〕　帯域フィルタ出力を基準とする SNR の表示式

帯域フィルタ通過後の矩形パルス信号の電力を S_o，雑音電力を N_o とし，出力信号の SNR を $(S/N)_{PF}$ と記すこととすると，$(S/N)_{PF}$ は次式により与えられる。

$$\left(\frac{S}{N}\right)_{PF} = \frac{S_o}{N_o} \qquad (2.16)$$

上式中の S_o は式 (2.9) に求めた P_r から，また N_o はシステム雑音電力（3.6.1 項参照）から 2.3.4〔1〕項に述べる方法により計算できることからレーダ技術者にとってはなじみやすいこともあり，$(S/N)_{PF}$ は従来から最大探知距離計算で広く用いられてきた。

この方法は，帯域フィルタを用いるレーダシステムの SNR を実際の受信装

置の物理的動作に合わせて忠実に計算しようとする考え方に基づくが，分母にあるフィルタへの入力雑音電力の測定が直接的にはできないなど，フィルタの雑音帯域幅の扱い方に実行上の課題がある。しかし，後に述べるパルス圧縮方式以外にはマッチドフィルタが採用されることはほとんどないため，通常は式(2.16)による算定が適切な場合が多い。また，狭帯域フィルタの帯域幅だけで帯域フィルタとマッチドフィルタのSNRの最適化が論じられる場合も多いが，最大SNRを与えるマッチドフィルタは帯域幅の選定だけで実現されることはないことから，この点においても帯域幅の扱いに曖昧な点がある。いずれにしても，$(S/N)_{PF}$については動作原理の異なるマッチドフィルタ出力を基準とするSNRとは明確に区別して考える必要がある。

〔2〕 **マッチドフィルタ出力を基準とするSNRの表示式**

マッチドフィルタは，その出力信号に入力信号波形の復元は求めずに，出力信号のSNRの最大化を図るフィルタである。具体的には7.3節で述べるが，ある矩形パルス信号に整合したマッチドフィルタにその信号が入力されたとき，出力信号のSNRの最大値$(S/N)_{MF}$は次式で与えられる。

$$\left(\frac{S}{N}\right)_{MF} = \frac{E}{N_{sd}} \tag{2.17}$$

ここに，Eはマッチドフィルタへの入力パルス信号のエネルギー（パルス内平均電力×パルス幅），またN_{sd}は入力雑音のスペクトル密度（spectral density, 1 Hz当りの雑音電力）であり，この比は「信号対雑音エネルギー比 (signal-to-noise energy ratio)[3]」と呼ばれる。SNRとしてこの比を採用する利点の一つは，式(2.17)の分母の雑音がスペクトル密度となっているために，前〔1〕項で述べた扱い方に課題のある雑音帯域幅が式の中に現れず，扱いやすいことである。一方，SNRが式(2.17)により与えられることの根拠がマッチドフィルタの数学的導出の陰に隠れてしまい，物理的な動作の理解に飛躍が生ずるところに課題が残る。

この方法の場合，式(2.17)はこのレーダが達成可能なSNRの最大値を与えるので，マッチドフィルタ以外の帯域フィルタを採用する場合は，式(2.17)

を最大値として損失項を導入することで対応することができる。

式(2.17)からレーダ方程式を導く方法は、マッチドフィルタの最初の報告(North[4], 1943年)と同時期に、Norton & Omberg[5](1943年)がSNRはパルス内エネルギーに比例するとの考えに基づいて提案した。その後、Northの発表したマッチドフィルタの理論(1943年に秘密指定の報告書、1963年にProc. IEEE)の結論に基づき、Hall[6](1956年)、Blake[7](1980年)、Barton[8](1988年)らは式(2.17)のSNR表示式に基づくレーダ方程式を扱った。

〔1〕項の帯域フィルタを使用して帯域幅を最適化した場合と〔2〕項のマッチドフィルタを使用した場合のSNRは、パルス内エネルギーを同一とした場合、実質的な差異は1 dB程度以下である。また、帯域フィルタ使用時には、どちらの方法であっても理論的に正しく計算された場合は、同一の最大探知距離を与える。しかし、数式および物理的な意味には明確な差異があるので、次項において両ケースについてレーダ方程式を導出する。

2.3.4 実用レーダ方程式

2.3.2項の考察結果に従い、目標検出基準をアンテナ端子におけるS_{min}に代えて中間周波増幅部出力端における$(S_o/N_o)_{min}$としてレーダ方程式を導く。このため、初めに受信部における信号と雑音の入出力関係を求め、次いでその結果に基づいてレーダ方程式を導く。

〔1〕 **信号と雑音の受信部入出力電力**

図2.13は、初段高周波増幅器から中間周波増幅器出力端までの受信部(図2.6参照)の等価的な電力利得をG_Rとして、信号と雑音の入出力電力の関係を表した図である。同図(a)は、目標信号についての入出力の関係を示す。通常は、この入出力電力の関係は電力利得G_Rを比例定数として$S_o = G_R \cdot S_i$となるが、パルス信号に関し利得がG_Rとなるのは、図2.6に示す受信部にある狭帯域フィルタの通過帯域幅が、パルス幅から決まる周波数帯域幅$1/\tau$より十分広く設定された場合だけであることに注意を要する。なお、ここでは狭帯域フィルタとして前項で定義した帯域フィルタを想定している。

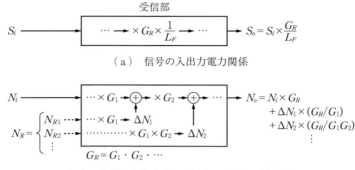

図 2.13 受信部における信号と雑音の入出力電力関係

　出力パルス波形は，入力信号のパルス幅 τ と狭帯域フィルタの通過帯域幅 B との大小関係に応じて変化する．直流パルスの場合を例に取って，パルス幅 τ に対する B の大小関係に応じて，フィルタの出力信号がどのように変化するかを図 2.14 に概念的に示す．同図（a）は $B \ll 1/\tau$ の場合を示し，出力パルスの尖頭値は入力パルスの尖頭値より小さく $V_o < V_i$ となる．同図（b）の $B \simeq 1/\tau$ の場合は $V_o \simeq V_i$，同図（c）の $B \gg 1/\tau$ の場合は，$V_o = V_i$ である．

　この結論を図 2.13 の受信部に当てはめると，受信部の帯域幅が $1/\tau$ 程度より小さいときは $S_0 < G_R \cdot S_i$ となり，入出力信号の比例係数は G_R より小さい値となる．図 2.13（a）の L_F は，この影響を考慮する目的で導入した帯域幅損失係数であり，パルス幅内を大局的に見た場合 $L_F \geqq 1$ である．ただし，パルス内の一点にだけ着目した場合，フィルタの種類によってはパルス内に時間的リップルが発生するため，帯域幅 B の変化に対し着目したリップル上の点のレベルが振動し $L_F < 1$ となる場合が発生する．

　図 2.13（b）は雑音の入出力特性を表しており，図中の ΔN_1，ΔN_2，…は受信部内各部で発生する雑音電力を表し，また N_{R1}，N_{R2}，…は ΔN_1，ΔN_2，…の

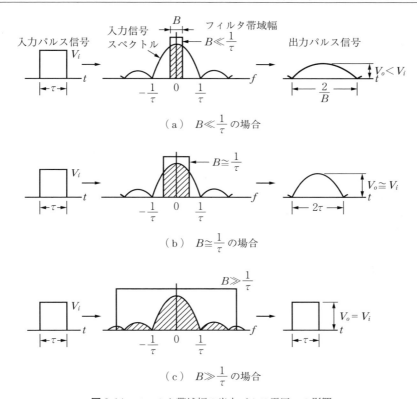

図 2.14　フィルタ帯域幅の出力パルス電圧への影響

それぞれを等価的に受信部の入力値に換算して表した仮想的な等価入力雑音電力である。図 2.13（c）は，同図（b）のすべての受信部内発生雑音を等価入力雑音電力 N_R に換算した上で，この N_R とアンテナからの入力雑音電力 N_i との和としてシステム雑音電力 N_S を定義し，これを用いて入出力雑音電力の関係を表した図である。ここでいう雑音電力は，実際に受信部の末端まで通過した電力を意味し，フィルタにより阻止された通過帯域外の電力は含まない。なお，通過雑音電力は入力雑音のスペクトル密度と狭帯域フィルタの雑音帯域幅（3.7.1 項参照）の積として計算される。また，システム雑音については 3.6 節で雑音要因ごとに解説する。なお，本項で省略した高周波伝送線路損失の発

生する雑音については同節で導入する。

次に，信号と雑音それぞれの受信部入出力電力の関係を考えると，図2.13 (a)，(c)に示されるように次式で表される。

$$S_o = S_i \cdot \frac{G_R}{L_F} \tag{2.18}$$

$$N_o = N_S \cdot G_R \tag{2.19}$$

また，システム雑音電力 N_S は，その構成要素であるアンテナからの入力雑音電力 N_i と受信部の等価入力雑音電力 N_R の和として表され，次式となる。

$$N_S = N_i + N_R = N_i + (N_{R1} + N_{R2} + \cdots) \tag{2.20}$$

ここで，絶対温度 T〔K〕の抵抗の発生する熱雑音の最大伝達電力が kTB_n となること（コラム 3.1〔補足解説〕参照）に倣い，雑音を標準的に表す方法として各雑音に対応して絶対温度 T_S, T_i, T_R, T_{R1}, …の仮想の抵抗器を導入して，等価的な熱雑音として表すことにすると，式 (2.20) は次式となる。

$$\begin{aligned} N_S &= kT_S B_n = k(T_i + T_R)B_n \\ &= kT_i B_n + k(T_{R1} + T_{R2} + \cdots)B_n \end{aligned} \tag{2.21}$$

ここに，k はボルツマン定数 1.38×10^{-23} J/K であり，また B_n は前述の受信部の雑音帯域幅である。なお，ここで定義した絶対温度は各雑音電力に対応する等価的な温度であり，実際の温度とは直接的関係はない。

〔2〕 **SNR 表示式とレーダ方程式**

目標の検出は，レーダが受信した目標反射信号の SNR が検出判定点で目標検出基準値より大きいかどうかで判定されるので，この関係は不等式で表すことができる。この不等式の左辺は，電波伝搬経路やレーダ装置内の物理的諸元に基づいて算定した客観的に定まる受信信号の SNR であり，一方，右辺は人為的に定められた SNR で表した目標検出基準値である。左辺には装置の設計内容が反映されるのに対し，右辺は設計内容に直接的には依存しない値であって，同一の目標検出性能を与える基準値は，個々のレーダによらず共通の一つの値になる。したがって，受信信号の SNR 表示式はレーダの探知性能評価に適しており，複数のレーダ方程式を比較する場合に有効である。

2.3 SNR導入による実用レーダ方程式

（a） 帯域フィルタ出力を基準とするレーダ方程式　初めに，SNRを2.3.3項の〔1〕「帯域フィルタ出力を基準」として，式 (2.16) に基づきレーダ方程式を導く。

中間周波増幅器出力端における SNR を $(S_o/N_o)_{PF}$ と記すこととし，式 (2.18) と式 (2.19) の両辺の比を取り，式 (2.21) を代入すると次式を得る。

$$\left(\frac{S_o}{N_o}\right)_{PF} = \frac{S_i}{N_S \cdot L_F} = \frac{S_i}{kT_S B_n L_F} \tag{2.22}$$

上式中の S_i は式 (2.9) の P_r に等しいことから S_i に同式を代入し，目標信号検出のしきい値として目標検出基準値 $(S_o/N_o)_{min}$ を導入すると，目標信号検出の条件式は次の不等式となる。

$$\left(\frac{S_o}{N_o}\right)_{PF} = \frac{P_r}{kT_S B_n L_F} \tag{2.23}$$

$$= \frac{P_t G_t A_r \sigma}{(4\pi)^2 kT_S B_n L_F R^4 L_S} \geq \left(\frac{S_o}{N_o}\right)_{min} = D_0 \tag{2.24}$$

ここに，D_0 はディテクタビリティファクタであり，$(S_o/N_o)_{min}$ と同一と考えてよい（4.1.3項参照）。

式 (2.24) は，中間周波増幅部出力端の SNR は目標距離 R の増大につれて R^4 に反比例して減少するが，$(S_o/N_o)_{min}$ 以上であれば不等式が成立して目標信号が検出されることを示す。同不等式において，R が大きくなって左辺が右辺の $(S_o/N_o)_{min}$ に等しくなったときに，R は最大探知距離 R_{max} となる。ただし，注意を要することは，この $(S_o/N_o)_{PF}$ の値は統計値としては一定の値を示すが，瞬時値で見ると，ある確率分布に従って不規則に変動しており，瞬時瞬時には画一的には不等号が成り立たないことである。このため，システム設計においては左辺の $(S_o/N_o)_{PF}$ は統計値として計算し，右辺の $(S_o/N_o)_{min}$ は左辺の確率分布を考慮した条件の下で統計値として記述することが必要となる。これにより，指定された確率的条件の下で目標検出の判定が画一的に行えるようになる。$(S_o/N_o)_{min}$ の算定の詳細な考え方については，2.4節で述べる。

次に，式 (2.24) に最大探知距離 R_{max} を代入して両辺を等号で結び式を変形

すると，次式のレーダ方程式を得る。

$$R_{\max} = \left[\frac{P_t G_t A_r \sigma}{(4\pi)^2 k T_S B_n D_0 L_F L_S} \right]^{\frac{1}{4}} \tag{2.25}$$

この方程式により，中間周波増幅部出力端におけるディテクタビリティファクタ D_0 が与えられれば，最大探知距離 $R_{\max}$ が計算できる。この $D_0 = (S_o/N_o)_{\min}$ は，2.3.2項で述べたように，$S_{\min}$ に比べ信号検出の条件をより直接的に表すことのできるパラメータである。

(b)　マッチドフィルタ出力を基準とするレーダ方程式〔1〕　次に，2.3.3項の〔2〕「マッチドフィルタ出力信号を基準」として，式 (2.17) に基づいてレーダ方程式を導く。

式 (2.17) のマッチドフィルタ出力端の信号と雑音は，中間周波増幅器で増幅されて中間周波増幅部出力端に至るが，両者ともに同じ利得分だけ増幅されるので，SNR 値は式 (2.17) に等しい。また，アンテナ端子からマッチドフィルタ入力端までの信号と雑音は，前〔1〕項の帯域フィルタの場合と同一である。したがって，マッチドフィルタ使用時の中間周波増幅部出力端における SNR を $(S_o/N_o)_{MF}$ と記すことにすると，次式を得る。

$$\left(\frac{S_o}{N_o} \right)_{MF} = \frac{E}{N_{sd}} = \frac{P_r \tau}{k T_S} \tag{2.26}$$

式 (2.26) はマッチドフィルタ出力に対する SNR 値であるが，理想的なマッチドフィルタが実現されない場合や式 (2.26) を通常の帯域フィルタを使用する系にも適用する場合を考慮してマッチング損失 L_m を導入 (Barton[3],[8]，1988年) すると，その場合の $(S_o/N_o)_{MF'}$ は次式により表すことができる。

$$\left(\frac{S_o}{N_o} \right)_{MF'} = \left(\frac{S_o}{N_o} \right)_{MF} \cdot \frac{1}{L_m} = \frac{P_r \tau}{k T_S L_m} \tag{2.27}$$

ここで，式 (2.27) の P_r に式 (2.9) を代入し，目標検出基準値 $(S_o/N_o)_{\min} = D_0$ を導入すると，次の不等式を得る。

$$\left(\frac{S_o}{N_o} \right)_{MF'} = \frac{P_t \tau G_t A_r \sigma}{(4\pi)^2 k T_S L_m R^4 L_S} \geqq \left(\frac{S_o}{N_o} \right)_{\min} = D_0 \tag{2.28}$$

式 (2.28) に最大探知距離 $R_{\max}$ を代入し，両辺を等号で結んで変形すると，次式のレーダ方程式を得る。

$$R_{\max} = \left[\frac{P_t \tau G_t A_r \sigma}{(4\pi)^2 k T_S D_0 L_m L_S}\right]^{\frac{1}{4}} \tag{2.29}$$

なお，L_m については，3.7.3 項で解説する。

(c) **マッチドフィルタ出力を基準とするレーダ方程式〔2〕** 前 (a) 項と (b) 項のレーダ方程式のほかに，Blake[7],[9] (1980 年) はマッチドフィルタ出力を基準とする式 (2.17) に基づいてレーダ方程式を導いた。Blake のレーダ方程式は，『レーダハンドブック[9]』にも収録されて広く標準的に利用されていることから，前 (b) 項に加えて以下に取り上げ，その課題についても述べる。

この場合の SNR を $(S_o/N_o)_{MF''}$ と記すことにすると，式 (2.28) に対応する目標検出条件は次式となる。

$$\left(\frac{S_o}{N_o}\right)_{MF''} = \frac{P_r \tau}{k T_S C_B} \tag{2.30}$$

$$= \frac{P_t \tau G_t A_r \sigma}{(4\pi)^2 k T_S C_B R^4 L_S} \geq \left(\frac{S_o}{N_o}\right)_{\min} = D_0 \tag{2.31}$$

上式に最大探知距離 $R_{\max}$ を代入し両辺を等号で結んで変形すると，次式のレーダ方程式を得る。

$$R_{\max} = \left[\frac{P_t \tau G_t A_r \sigma}{(4\pi)^2 k T_S D_0 C_B L_S}\right]^{\frac{1}{4}} \tag{2.32}$$

このレーダ方程式の場合，式 (2.30) の SNR 算定式に補正項として帯域幅補正係数 (bandwidth correction factor) C_B が導入されたが，この補正係数には次の問題点が内在する。

① 補正係数 C_B は帯域フィルタを前提としており，対象フィルタの通過帯域幅が最適帯域幅からどの程度離れているかによって，C_B の値を増大させて補正を行っている。しかし，通過帯域幅でフィルタ特性を論ずること

は，基準フィルタとして帯域フィルタを前提としていることに相当し，マッチドフィルタを前提としてレーダ方程式を導いたことと論理的に整合が取れない。

② C_B の値が，半世紀以上前に取られた CRT 表示器の目視観察による実験式に基づいており，そのときのレーダは帯域フィルタを用いていたと考えるのが妥当である。したがって，C_B の値をそのままマッチドフィルタの場合に適用することには論理的には無理がある。なお，マッチドフィルタを使用するレーダの場合には，電気的な自動検出によらないとマッチドフィルタとしての性能を確保するのは難しい。

C_B については，3.7.4 項で具体的に解説する。

（a）～（c）項の比較考察　　上記（a）～（c）項で導出したレーダ方程式に関する比較は，アンテナ端子における受信電力 P_r を用いて表した SNR の式の間で行うこととし，P_r の内訳についてはここでは論じない。P_r の内訳は，（a）～（c）項のレーダ方程式に共通の受信電力 P_r に関して損失項や補正項をどこまで考慮したかなどによって変わってしまうため，各レーダ方程式の基本的考え方を比較する上では本質的ではないからである。

初めに，式 (2.23) の帯域フィルタ出力を基準とした $(S_o/N_o)_{PF}$ と式 (2.26) のマッチドフィルタを基準とした $(S_o/N_o)_{MF}$ を比較すると，両 SNR の式の間には次式の関係式が成立する。

$$\left(\frac{S_o}{N_o}\right)_{MF} = \left(\frac{S_o}{N_o}\right)_{PF} \cdot (B_n\tau)L_F > \left(\frac{S_o}{N_o}\right)_{PF} \tag{2.33}$$

式 (2.33) の不等号は，帯域フィルタは帯域通過特性のパラメータをどのように選定したとしてもマッチドフィルタにはなり得ないことから，マッチドフィルタ出力の SNR は帯域フィルタ出力の SNR より大だからである。したがって，式 (2.33) より次式が成立する。

$$(B_n\tau)L_F > 1 \tag{2.34}$$

実際，$B_n\tau \ll 1$ の場合，パルス電力の帯域制限とパルス幅伸長による相乗効果によって L_F は急激に増大するので，式 (2.34) が成り立つ。$B_n\tau \approx 1$ の場合は $L_F \gtrsim 1$,

また，$B_n\tau \gg 1$の場合は$L_F=1$となるので，式 (2.34) が成り立つ(3.7.2項参照)。

帯域フィルタではSNR最大化の観点から，$B_n\tau$は経験的に$1 \sim 1.2$に取ることが推奨されており，この場合$L_F \gtrsim 1$となるので$(S_o/N_o)_{MF}$と$(S_o/N_o)_{PF}$の値の差は大きくはない。帯域フィルタで帯域幅が最適に取られた場合には両者の差は$0.5 \sim 1$dB程度[3]である。

上で比較した2種のフィルタ（a）帯域フィルタと（b）マッチドフィルタについて，それぞれのSNR算定値$(S_o/N_o)_{PF}$と$(S_o/N_o)_{MF}$の相対的大小関係を**図2.15**に示す。マッチドフィルタは7.3節で説明するように動作原理が帯域フィルタと異なることから，二つの基準フィルタの間では単にパラメータの設計値を変更するだけで他方に変われるわけではないので，二つの基準フィルタのレベル図は二つの区画に分けて示してある。

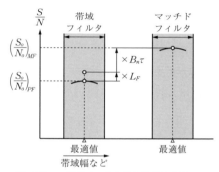

$(S_o/N_o)_{PF}$：帯域フィルタ出力信号のSNR
$(S_o/N_o)_{MF}$：マッチドフィルタ出力信号のSNR
（注）図は$B_n\tau$が1より大の場合の概念図

図2.15 $(S_o/N_o)_{PF}$と$(S_o/N_o)_{MF}$の相対的大小関係

次に，ともにマッチドフィルタ出力を基準とした（b）項の式 (2.27) に示される$(S_o/N_o)_{MF}$と（c）項の式 (2.30) に示される$(S_o/N_o)_{MF''}$を比較する。この場合は，数式上は単にL_mがC_Bに置き換わっただけであるが，両補正係数の内容はまったく異なっている。

帯域幅補正係数C_Bは上記（c）項で問題点として挙げたように，帯域フィルタ用の実験式に基づく値を採用している。この結果，3.7.4項に示すようにB_nが最適値を取って$B_n\tau=\alpha$になると$C_B=1$となり，$(S_o/N_o)_{MF''}=(S_o/N_o)_{MF}$となって理想的なマッチドフィルタに等しくなる。しかし，$B_n\tau=\alpha$はマッチドフィルタ成立の十分条件ではないため，明らかに誤りである。しかし，このレーダ方程式は『レーダハンドブック[9]』に長年にわたり収録されてきたこ

ともあって標準的に広く使用されてきた。この場合，前記矛盾点は別途システム損失の中で吸収するなどして対応できる。

一方，マッチング損失 L_m は帯域フィルタ使用時にも拡張使用できるとしているものの，L_m のデータとしては限定した条件に対してしか報告されていない。特に，マッチドフィルタの構成条件の一つである伝達関数の位相条件についてはほとんど触れられていない。

以上取り上げた3式のレーダ方程式，すなわち，帯域フィルタの出力に基づく式 (2.25)，またマッチドフィルタ出力に基づく式 (2.29) および式 (2.32) のいずれを採用したとしても，そのレーダ方程式に対応する SNR を上記3式に共通の基準値であるディテクタビリティファクタ $D_0 = (S_o/N_o)_{min}$ と比較して目標検出を行うことに変わりはない。この目標検出基準値であるディテクタビリティファクタ D_0 は IEEE の標準として定義されており（4.1.3項参照），それについては4章（目標信号の検出基準）で取り上げる。

上記のレーダ方程式に導入した補正係数 L_F，L_m，C_B については 3.7 節（フィルタの特性とその損失補正）で解説する。

2.4 確率に基づく目標検出基準の導入

2.3.2項で目標検出の基準値は SNR によるのが適切としたが，その値を各種の条件に対しあらかじめ計算しておくことができれば，対象システムに適合する条件の $(S_o/N_o)_{min}$ 値を参照することによりレーダ方程式によるシステム性能の予測と評価が容易になる。この目標検出基準値を計算で求めるためには，まず中間周波増幅部出力端と包絡線検波器出力端における信号と雑音の電圧変化の姿を把握し，その上で目標検出基準値の規定方法を定める必要がある。

2.4.1 目標検出の確率的判定の必要性

目標信号の検出はつねに雑音の存在の下で行われる。この雑音は雑音単独の場合はもちろん，目標信号とともに存在する場合にも信号に重畳されることと

なり，ビデオ電圧はつねに不規則に変動する．この結果，出力信号電圧に基準となる一線を引いて目標信号の有無を判定する場合，判定に誤りが入り込むことが容易に予想される．このしきい値検出 (threshold detection) による目標検出時の動作を正しく理解するために，初めに検波器前後の雑音と信号がどのような姿になっているかを見ておこう．

図 2.16 (a) に検波器前後のブロック図を，同図 (b) に中間周波増幅器出力端における雑音電圧（時刻 t_i）と（信号＋雑音）電圧（時刻 t_j）の波形を，また同図 (c) に検波器出力端における同様の電圧波形を概念図で示す．検波器としては包絡線検波器を想定しているので，検波後の直流ビデオ信号は中間周波信号の包絡線に比例する波形となる．同図 (b)，(c) に示した信号波形は複数のスイープを重ねて描いた図なので，これらの波形は重畳した雑音に振られて矢印で示したようにある値の周りで変動する．

図 2.16 (d) は，雑音と（信号＋雑音）のそれぞれのビデオ信号電圧 v の出現頻度を相対頻度曲線として概念的に描いたグラフである．目標信号の検出

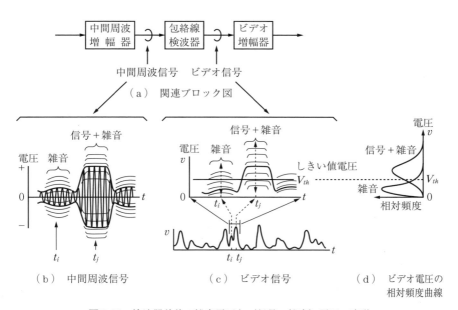

図 2.16 検波器前後の雑音電圧と（信号＋雑音）電圧の変動

は，このように変動するビデオ信号がしきい値電圧 V_{th} を越えたと判定されたときに行われる。なお，両曲線とも，それぞれのビデオ電圧 v の全範囲にわたる曲線と v 軸との間の面積は1となるように規格化されている。

以上述べた信号と雑音の変動状況から，信号検出の定量的評価は図2.16（d）に示された電圧の確率分布（相対頻度分布）に基づいて行うことが適切である。

2.4.2 確率的目標検出基準の算定手順

図2.16（d）の相対頻度曲線は，多数のサンプル測定値に基づいて描かれた場合は，近似的に電圧 v を確率変数とする確率密度関数とみなすことができる。この2本のグラフを雑音電圧と（信号＋雑音）電圧の確率密度関数として**図2.17**に書き直して話を進めよう。

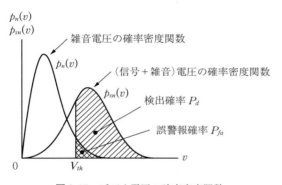

図2.17 ビデオ電圧の確率密度関数

図2.16（d）のビデオ信号電圧に目標信号検出のために設定したしきい値電圧 V_{th} は，図2.17では横軸上の V_{th} がしきい値電圧である。同図の雑音電圧の確率密度関数から雑音しか存在しない場合であっても電圧が V_{th} を越えれば目標信号が存在するとみなされ，また，（信号＋雑音）電圧の確率密度関数から目標信号が存在する場合であっても，電圧が V_{th} 以下ならば検出は行われないことがわかる。したがって，しきい値 V_{th} の設定値いかんで目標信号検出時の誤りの程度が変わってくることになる。

図2.17の雑音の確率密度関数 $p_n(v)$ において，V_{th} の右側の交差斜線部分の面積が雑音を目標信号とみなす確率を表し，誤警報確率（false-alarm probability）P_{fa} と呼ばれる。また，（信号＋雑音）の確率密度関数 $p_{sn}(v)$ で

2.4 確率に基づく目標検出基準の導入

V_{th} の右側の斜線部分（交差斜線部分も含む）の面積は目標信号の存在が検出される確率を表し，検出確率（detection probability）P_d と呼ばれる。この逆の V_{th} より左側の面積 $(1-P_d)$ は，目標信号が存在するにもかかわらず検出されない確率を表し，見逃し確率（miss probability）と呼ばれる。

以上を準備として，目標検出の条件設定の方法を検討する。上記の説明から確率的にばらつく信号の検出には必ず2種類の誤り，すなわち「雑音を目標信号として検出してしまうことによる誤り」と「目標信号を見逃してしまう誤り」が付随する。目標信号の検出においては両誤りを0にすることはできないので，この誤りの確率的許容値を設定して，それに基づいて検出条件を定めるのが適切である。

以下，図2.17に示した確率密度関数を参照しながら，目標検出条件の設定から目標検出基準値 $(S_o/N_o)_{\min}$ の決定までの論理的ステップを，順を追って示す。

① レーダシステムとして許容できる誤警報確率 P_{fa} を設定する。この値はレーダ情報の利用目的などから，システム設計の一環として設定できる。

② 前①項で定めた誤警報確率 P_{fa} の許容値から，雑音の確率密度関数を参照して目標検出のしきい値 V_{th} を算定する。

③ レーダシステムとして確保したい検出確率 P_d を設定する。この値は，①項の場合と同様にシステムとしての必要性から定めることができる。

④ 前③項で P_d が定まると，②項で定めた V_{th} に対してその P_d を与える（信号＋雑音）電圧の確率密度関数を，信号強度を適切に定めることにより決定できる。その結果として，所要のSNRが定まる。

以上の①～④のステップにより，指定した P_d と P_{fa} の条件に対し，目標検出のためのしきい値電圧と所要のSNRを算定することができる。これらビデオ信号としての雑音と信号の大きさは，使用する検波器の種類に応じて検波前の中間周波増幅部出力端における雑音と信号の包絡線電圧の大きさと1対1に対応しているので，レーダ方程式の中で信号検出基準として必要な中間周波増幅部における信号対雑音比 $(S_o/N_o)_{\min} = D_0$ が定まる。

P_d と P_{fa} を与えて具体的に D_0 を求めるためには，確率密度関数に基づく複

雑な数値計算を行う必要があるが，これらの数値については計算結果が図表などの形で広く報告されている。本書では4章で $(S_o/N_o)_{min} = D_0$ の算定式と計算結果の概要について取り上げ，物理的な意味のいっそうの明確化を図る。ここでは，「単一の反射パルス波だけで目標信号の検出を行うとした場合，D_0 の値はおよそ 10 〜 15 dB の範囲にある」という記述にとどめる。

これまでの説明では，単一のレーダパルスが目標を照射するとした場合の目標検出能力を考えてきた。しかし，実用レーダにおける目標検出では，通常，連続する複数のパルスが同一目標を照射するようにシステムが設計されており，目標検出性能の向上が図られている。この複数の反射パルス信号の蓄積処理による目標検出性能の向上は，レーダでは積分処理（integration）と呼ばれる。この技術は，レーダに限らず各種計測装置において計測性能の向上を図る上で非常に大きな意味を持っている。

2.4.3　PPI表示における目視検出の一端紹介

前項で述べた目標信号の検出が，PPI 表示器を用いたオペレータの目視検出による場合はどのように行われているのか，その概要の一端を紹介しよう。

一般に表示器には目標信号のほか，大地を含むいろいろな反射物体からの不要信号や雑音が同時に表示される。レーダは1目標を複数回パルス波で照射するので，それら複数の目標反射信号による輝点が残光性によって画面上の同一点に積み上がり，雑音だけの輝点の積み上がりとの間にある程度安定した差を生じ，目視検出を容易にする。これが CRT 表示器における積分効果である。

これらの輝点を画面上にどのレベルまで表示するかは，オペレータが表示器へのビデオ信号入力レベルをボリュームなどで調整することにより定められる。熟練したオペレータは目標と雑音の識別能力が優れており，目標の見逃しを少なくするため表示基準を低くして雑音も一緒に表示することが多い。しかし，最大探知距離付近の微弱な信号を対象とする場合には，雑音が多いと雑音を目標信号と見誤ることにもなる。オペレータのこの高い目標識別能力は，上記の CRT の積分効果によるほか，目標反射信号には位置的な相関があるのに

対し，雑音には相関がないことなどの性質を判断しているからと思われる。

　オペレータによる目標検出の場合は，各種の目標検出の条件を定量的に抑えづらいという課題があって，定量的評価は難しいのが実情である。単一パルスによる目標信号の検出の場合には，オペレータの検知能力を評価することは，データも乏しくさらに難しい面がある。しかし，複数回のパルス照射を前提とする遠距離捜索レーダで，データ処理によらない裸のレーダ性能を評価する目的で，小目標の探知の限界をオペレータの目視検出で行うなど，レーダシステムの評価で実際に使用される場合もある。

　電気的な自動検出機能のなかったレーダ開発の初期の頃は，オペレータによるＡスコープなどの目視により膨大なデータが集積され，レーダ方程式の基本データとして用いられた。今日の趨勢としては，最近のディジタル技術の発達に伴い，大勢は自動検出に移行している。

引用・参考文献

[1] E. M. Purcell："The Radar Equation", Chap. 2 in Radar System Engineering, L. N. Ridenour, ed., McGraw-Hill (1947)

[2] M. I. Skolnik：Introduction To Radar Systems, 2nd ed., McGraw-Hill (1980)

[3] D. K. Barton：Radar Equations for Modern Radar, Artech House (2013)

[4] D. O. North："An Analysis of the Factors Which Determine Signal/Noise Discrimination in Pulsed-Carrier Systems", RCA Tech. Rept., No. PTR-6C (June 1943) (Reprinted in Proc. IEEE, Vol. 51, pp. 1016-1027 (July 1963))

[5] K. A. Norton and A. C. Omberg："The Maximum Range of a Radar Set", Operational Research Group Report ORG-P-9-1 (Fab. 1943) (Reprinted in Proc. IRE, Vol. 35, No. 1, pp. 4-24 (Jan. 1947))

[6] W. M. Hall："Prediction of Pulse Radar Performance", Proc. IRE, Vol. 44, No. 2, pp. 224-231 (Feb. 1956)

[7] L. V. Blake：Radar Range Performance Analysis, Lexington Books (1980)

[8] D. K. Barton：Modern Radar System Analysis, Artech House (1988)

[9] L. V. Blake："Prediction of Radar Range", Chap. 2 in Radar Handbook, 2nd ed., M. I. Skolnik, ed., McGraw-Hill (1990)

3 レーダ方程式のパラメータ

2章の基本レーダ方程式に現れた物理的パラメータについて，本章で定義や意味を明確にする。レーダ方程式における目標信号の検出基準については4章で掘り下げ，最後に5章で各種損失を取り上げてまとめを行う。

3.1 送信パルス波諸元

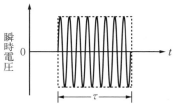

（a）送信高周波パルス電圧波形

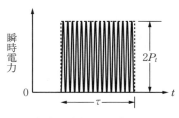

（b）瞬時送信電力波形

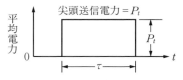

（c）パルス内平均送信電力波形

図 3.1 送信パルス波形と尖頭送信電力

送信パルス波の諸元は，レーダの送信から信号検出までの一連の動作のすべての部分で性能に影響を及ぼすパラメータである。送信パルス波形は**図 3.1**（a）に示すように，レーダの送信高周波信号を矩形パルス波で振幅変調した波であり，同図の縦軸は電圧である。基本レーダ方程式に直接現れる送信パルス波関連のパラメータは，尖頭送信電力とパルス幅なので，まず同図（a）の瞬時電圧波形を瞬時電力波形に描き変えると，周波数が2倍の同図（b）の波形となる。さらに，パルス内の平均電力で表されるパルス電力波形として描くと同図（c）となる。パルスレーダでいう尖頭送信電力は，同図（c）のパルス内平均電力 P_t のことを指す。一方，パルス幅は図 3.1（a）～（c）で同一値の τ である。

尖頭送信電力の大きさとしては，自動車用レーダの 10 mW レベルから遠距離レーダの MW レベルまでの幅広いレベルが存在する。一方，パルス幅 τ は，通常 ns のオーダから数 ms の範囲にある。

次に，送信パルス列について見ると，ファンビームの捜索レーダでは**図 3.2**に示されるように，同一諸元のパルス波が同一周期 T_p で繰り返されるパルス列が基本である。毎秒のパルス数はパルス繰返し周波数（PRF：pulse repetition frequency）f_p と呼ばれ，T_p とは $f_p = 1/T_p$ の関係で結

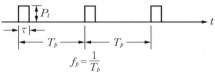

図 3.2 パルス列のパラメータ

ばれている。パルス間隔 T_p は，2.1.2 項で述べたように，レーダの最大探知距離を R_{max} として，通常次の条件を満たす範囲で設定される。

$$T_p \geq \frac{2R_{max}}{c} \tag{3.1}$$

ここに，c は光速であり，右辺は距離 R_{max} までの電波の往復時間である。遠距離レーダやおもにペンシルビームを走査する電子走査レーダの場合には，パルス間隔は一般に不等間隔となるが，パルス波送信ごとに式 (3.1) に従う必要があることに変わりはない。

パルス繰返し周波数は，次に示すようにレーダの平均送信電力を決定する要素となるだけでなく，アンテナの 1 回転で同一目標を何回照射するかを決定する要因でもある。なお，この照射の回数は 4.2 節で扱う探知性能向上のための受信パルス波の積分処理で意味を持ってくるパラメータである。

パルスレーダの総合的な効率に関連する平均送信電力 P_{av} は，パルス諸元を使って次式で表される。

$$P_{av} = P_t \tau f_p = \frac{P_t \tau}{T_p} = P_t \cdot \overline{DC} \tag{3.2}$$

ここに，$\overline{DC}$ はデューティサイクル（duty cycle），またはデューティファクタ（duty factor）と呼ばれ，パルス波が送信されている時間的割合として定義さ

れ，次の関係式が成立する。

$$\overline{DC} = \frac{\tau}{T_p} = \tau f_p = \frac{P_{av}}{P_t} \tag{3.3}$$

3.2 アンテナ諸元

レーダと空間とのインタフェースの役割を果たすアンテナ諸元の内，レーダの基本性能を左右する放射特性を中心に取り上げる。

3.2.1 レーダ用アンテナの一般的性質

レーダ用アンテナの放射特性としては，基本的に狭ビームの指向性が要求される。その理由は，① 目標の存在する方位をなるべく精度良く測定するためと，② 送信電力を集束させてビーム指向方向への送信電力を実効的に増大させるためである。

この狭ビームを形成するために，アンテナとしては通常放射開口の大きな開口面アンテナが用いられる。初期の頃には八木・宇多アンテナが用いられた例もあるが，ビーム幅を十分に絞るのが難しく限界がある。開口面アンテナは，基本的にビームの指向する方向に直交する面内で2次元の広がりを持ったアンテナであり，パラボラアンテナがその代表例であるが，面配列のアレーアンテナも主ビーム形成に関しては同様の性能を持つ。この開口面上で電波の波源である電流や電界，磁界ベクトルをそれぞれ同一方向，同位相となるように励振することにより，狭ビームの放射パターンが効率よく形成される。航空管制用レーダなどの遠距離捜索レーダのアンテナに見られるように，アンテナの下部を湾曲させることにより形状を単純なファンビームから変形して形成するアンテナもあるが，その場合でも主ビーム部分は垂直面内に少し広い狭ビームである。

このようなアンテナのビーム指向特性を解析・設計するためには，厳密には開口面上の波源を積分するなどの計算が必要となる。しかし，レーダシステム

設計の観点から主として必要となるのは，空間と送受信される電波に対するアンテナの放射特性に対し要求仕様をどう定めるかという問題であるため，電磁界理論を用いて細部解析に入ることは必ずしも必要ではない。

また，以下の検討では送信アンテナについて考察しているが，送受信アンテナの可逆性により，受信アンテナとしての指向特性は送信アンテナと同一であることから，受信アンテナの特性について改めて検討する必要はない。

以下，利得などのアンテナ放射特性を中心に見ていこう。

3.2.2 アンテナビーム幅

ビーム幅はレーダ方程式には直接現れないが，空間における送信電力の集束の度合いを直接的に表しており，したがってアンテナ利得を決定する主たる要素となっている。開口上の波源ベクトルの向きが同一，かつ同位相で励振されたアンテナでは，開口面に垂直の方向にビームが形成され，開口長を D とするとビーム幅 Θ（電力半値幅）は，波長を λ として D/λ に反比例し，一般に次式で与えられる。

$$\Theta = \frac{k_B}{D/\lambda} \; [\mathrm{rad}] = \frac{k_B \lambda}{D} \times \frac{180}{\pi} \; [\mathrm{deg}] \tag{3.4}$$

ここに，k_B は開口励振分布の形状により定まるビーム幅補正係数であり，開口分布の関数形に応じて，その厳密解から数値が求められている。**表3.1**にいくつかの代表的開口分布の例に対するビーム幅補正係数 k_B の値が，ビーム幅 Θ の欄の式中に記されている。一般に，サイドローブを低く抑えるためには開口両端の電力を小さい値とすることが必要となるが，この場合，開口長は等価的に小さくなり，k_B の値は大きくなってビーム幅が広くなり，同時に利得が低下する。また，円形開口の場合には，均一分布であっても中央に近付くにつれ放射源の幅が広くなるので，中央部が強く励振された開口分布に等価となり，矩形開口に比べてビーム幅が広がって利得が減少するとともに，サイドローブレベルが低下する。

図3.3に波長で規格化した開口長 D/λ とビーム幅 Θ の関係をビーム幅補正

表 3.1 開口励振分布と放射パターンのパラメータ[1]

座標形	開口形状	開口励振分布（電界）			パラメータ	開口効率 η_a	半値電力幅 $\Theta = k_B \dfrac{\lambda}{D}$ [rad]	第1サイドローブのレベル [dB]
		x 軸方向		y 軸方向				
	矩形	(一様 1, D)		(一様)	—	1	$0.88\dfrac{\lambda}{D}$	-13.2
		$f(x)=1-(1-\Delta)\left(\dfrac{x}{D/2}\right)^2$			Δ 1.0	1	$0.88\dfrac{\lambda}{D}$	-13.2
					0.5	0.970	$0.97\dfrac{\lambda}{D}$	-17.1
					0.0	0.833	$1.15\dfrac{\lambda}{D}$	-20.6
		$f(x)=\cos^n\left(\dfrac{\pi x}{D}\right)$			n 0	1	$0.88\dfrac{\lambda}{D}$	-13.2
					1	0.810	$1.2\dfrac{\lambda}{D}$	-23
					2	0.667	$1.45\dfrac{\lambda}{D}$	-32
	円形	$h(r)=\left(1-\left(\dfrac{r}{D/2}\right)^2\right)^p$			p 0	1	$1.02\dfrac{\lambda}{D}$	-17.6
					1	0.75	$1.27\dfrac{\lambda}{D}$	-24.6
					2	0.56	$1.47\dfrac{\lambda}{D}$	-30.6

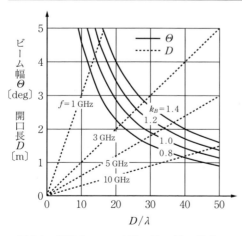

図 3.3 規格化アンテナ開口長 D/λ に対するビーム幅 Θ の変化

係数 k_B をパラメータとしてグラフで示す。現実のレーダにおけるシステム設計に当たっては，電気的な条件だけでなく，アンテナの大きさに対して許容される風圧などの物理的な制約条件を考慮する必要がある。

3.2.3 アンテナ利得

アンテナ利得はレーダ方程式に直接現れるパラメータであり，空間における電力伝送を考える上で重要なアンテナのパラメータである。アンテナ利得 (antenna gain) G_a は，一般には，① アンテナ放射ビームの空間的集束によるプラスの寄与部分と，② アンテナ内部の各種損失によるマイナスの寄与部分とから成る。アンテナの放射特性である ① のみによるアンテナの利得は，指向性利得（directivity）と呼ばれる。アンテナ利得 G_a と指向性利得 G_d の関係は，アンテナ内部の損失を L_A（≧1）で表すと，次式となる。（図 3.4 参照）

$$G_a = \frac{G_d}{L_A} \quad (3.5)$$

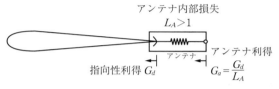

（a）損失のあるアンテナのアンテナ利得

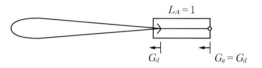

（b）無損失アンテナのアンテナ利得

図 3.4　アンテナ利得と指向性利得の関係

アンテナ内部の損失 L_A としては，導体の抵抗性損失やアンテナ内線路のインピーダンス不整合による反射損失，モード変換損失，反射鏡の場合のスピルオーバー損失などがある。レーダ方程式では，最終的にはこのアンテナ利得を用いる必要がある。

2.2.2 項の基本レーダ方程式の中の G_t と G に関しては，アンテナは無損失と仮定してきたので $L_A = 1$ であり，アンテナ利得は指向性利得 G_d に等しい。

ここで，指向性利得の近似式をビーム幅から導出する。断面が楕円形で直交する 2 面の半値ビーム幅が Θ_1〔rad〕と Θ_2〔rad〕のペンシルビームを，この角度の四角錐で近似するものとする。またアンテナからの放射電力の全体を P とすると，指向性利得の定義式 (2.3) の分子「最大指向方向への放射電波の電力密度（単位立体角当り）」は近似的に $P/(\Theta_1 \Theta_2)$ となり，また分母「無指向性アンテナの放射電波の電力密度（単位立体角当り）」は $P/4\pi$ となる。指向

性利得 G_d について,その定義式 (2.3) の分母・分子に上記電力密度を代入した上,式 (3.4) の関係式を用いると,式 (3.6) が得られる。

$$G_d \cong \frac{4\pi}{\Theta_1 \Theta_2} = \frac{4\pi}{\lambda^2}\left(\frac{D_1}{k_{B1}} \cdot \frac{D_2}{k_{B2}}\right) \tag{3.6}$$

ここに,D_1,D_2 はそれぞれ Θ_1,Θ_2 を含む面内のアンテナ開口長,k_{B1},k_{B2} はそれぞれ開口長 D_1,D_2 の開口分布に対するビーム幅補正係数($\geqq 1$)である。式 (3.6) の D_1/k_{B1},D_2/k_{B2} は,それぞれ Θ_1 と Θ_2 面内の開口分布から決まる実効開口長 D_{1e} と D_{2e} と考えてよく,さらに実効開口面積を A_e とすると式 (3.6) は次式となる。

$$G_d \cong \frac{4\pi D_{1e} D_{2e}}{\lambda^2} \cong \frac{4\pi A_e}{\lambda^2} \tag{3.7}$$

実効開口面積 A_e は,アンテナの幾何学的開口面積を A_{act} とし,アンテナ開口の励振分布から決まる開口効率 η_a を用いると $A_e = \eta_a A_{act}$ となるので,式 (3.7) は次式で表すことができる。

$$G_d \cong \frac{4\pi A_{act} \eta_a}{\lambda^2} = G_{d0} \eta_a \tag{3.8}$$

ここに,G_{d0} は均一励振分布の開口の指向性利得である。

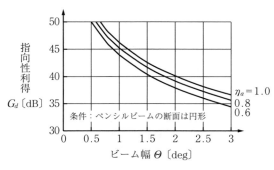

図 3.5 指向性利得対ビーム幅

各種開口分布に対する開口効率 η_a の値は前出の表 3.1 に数値が示されているが,サイドローブに対する条件などから開口周辺部で励振電力を小さくする必要があり,実用レーダアンテナの場合 0.6～0.8 程度となる。図 3.5 は,ペンシルビームの場合の指向性利得とビーム幅の関係を示すグラフであり,式 (3.6) で $\Theta_1 = \Theta_2 = \Theta$ と置いて計算されている。なお,図の各指向性利得 G_d に対する開

口長は，Θ を介して図3.3から読み取ることができる．

3.2.4 偏　　　波[2]

電波の偏波は，**図 3.6**（a）に示すように，その伝搬方向に直交する面内における電界ベクトルの向きのことをいい，一般には同図（b）に示すように直交する2方向のベクトル和で表すことができる．偏波に関しては，レーダ方程式には直接的には現れないが，送受信間で同一の偏波を用いることは通常は前提条件である．送受信アンテナ間で偏波が異なると効率の良い反射波の受信が難しくなるからであるが，通常のモノスタティックレーダ（送受信で同一のアンテナを使用）ではこの条件はほとんどの場合自動的に満たされている．

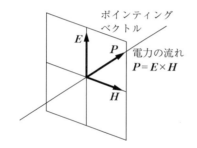
（a）電波の電磁界と電力の伝搬方向

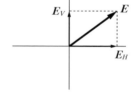
（b）電界ベクトルの直交2成分への分解

図 3.6　電波の偏波

偏波の形態をレーダにおける応用の観点から分類すると，次のようになる．

①　水平偏波　　水平偏波は電波の電界ベクトルが水平面内にだけある偏波であり，直線偏波の一形態である．図3.6（b）で垂直偏波成分 E_V がつねに0で，水平偏波成分 E_H だけが存在する場合である．

②　垂直偏波　　垂直偏波は電波の電界ベクトルが垂直面内だけにある偏波であり，直線偏波の一形態である．図3.6（b）で水平偏波成分 E_H がつねに0で，垂直偏波成分 E_V だけが存在する場合である．

③　円偏波（右旋，または左旋）　　電波の進行方向に直交する一定の大きさの電界ベクトルが，観測点を固定した場合，時間とともに回転する偏波であ

る。図3.6(b)に示したように，任意の向きの電界ベクトルは直行する2方向の電界ベクトルにより合成できることから，同一強度の直交する二つの電界の間に±π/2の位相差を与えることにより円偏波を発生させることができる。電波の進行する方向に直交する平面上で電界ベクトルを観察すると，ベクトルの先端の軌跡は円となる。

④　楕円偏波　　電解ベクトルが回転するという点では円偏波と同じであるが，楕円偏波ではベクトルの先端の軌跡は楕円を描く。直交する2偏波成分の振幅が異なる場合や位相差が±π/2以外の場合に相当する。

円偏波について，電界ベクトルの回転を**図 3.7**に示す右旋円偏波を例に取ってもう少し詳しく説明する。同図は図の右手前方に向かって伝搬中の電波について，時間をある瞬間に固定して伝搬軸上各点の電界ベクトルを描いた図である。O点で考えると，x軸方向の電界 E_x ($= E_0 \cos\omega t$) に対し，下向きのy軸方向の電界 E_y ($= E_0 \cos(\omega t - \pi/2) = E_0 \sin\omega t$) は$\pi/2$だけ位相が遅れている場合が示されている。さらに E_x, E_y 両成分の空間的合成電界ベクトルが，伝搬軸の各点の周りに回転する太い矢印で描かれている。

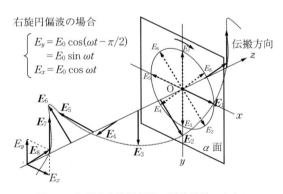

図 3.7　伝搬中右旋円偏波の瞬時電界ベクトル

この円偏波を伝搬軸上のある一点，例えば図のO点でz軸に直交する平面α上の電界ベクトルを電波の進行方向（z軸の正方向）を向いて観察すると，時間の経過とともに電界ベクトルは時計方向に回転する。この右回りの円偏波

3.2 アンテナ諸元

が右旋円偏波と呼ばれる。y軸方向の電界E_yの位相を上記とは逆に$\pi/2$だけ進ませた場合には，同様の合成電界は反時計方向に回転するので左旋円偏波と呼ばれる。また，直交電界成分の振幅が異なる大きさの場合や位相差が$\pm\pi/2$からずれた場合には，電界ベクトル先端部の軌跡は楕円となり，楕円偏波が発生される。円偏波の回転の方向に関しては，物理学の分野では上記とは逆に，電波の発生源の方向を向いて電界ベクトルの回転を観察することとしている場合があるため，この場合は右旋と左旋の定義が逆になるので注意を要する。

ここで，レーダ動作上の偏波選定の影響を考える。偏波により影響が異なるのは，物体の反射特性が偏波により異なることと，反射体が伝搬路上のどの部分にどういう形で介在するかによって物体の反射特性が変わるからである。

この観点から，偏波のレーダへの影響を次の3ケースに分けて考える。

① レーダ目標そのものの反射特性による影響　レーダ目標は，その大きさや形状によって照射電波の偏波により反射波の大きさや位相が変わるという特性を有し，この結果，レーダの反射波受信レベルの変化や偏波面が回転するという変化が生ずる。

② 電波伝搬路における地表面の反射による影響　大地や海面の反射特性に偏波による差異があり，図3.8（a），（b）に示すようにレーダの探知範囲（覆域）や目標検出能力に影響が出る。問題となる反射には二つの場合があり，電波の入射方向へ戻る反射（後方散乱；back scatter）と前方への反射（前方散乱；forward scatter）である。前者は同一距離にある目標の検出を難しくする。また，後者は直接波との干渉により仰角面の放射パターンに山と谷を生じ，探知能力に仰角による差異を生じる。なお，後方散乱に関しては9.1節で，また前方散乱に関しては6.5節で再度取り上げる。

③ 電波伝搬路における障害物の反射特性　電波伝搬路上に雨滴で代表される直接的障害物がある場合，図3.8（c）に示すように次の二つの影響が発生する。

・障害物からの反射波の中に目標反射波が埋もれ，目標探知が難しくなる。

・障害物による電波の散乱により前方へ向かう電波が減衰し，目標探知能力

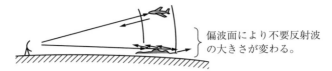

（a） 地表面の後方散乱特性

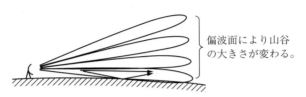

（b） 地表面の前方散乱特性

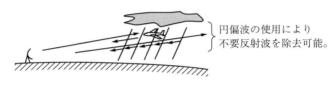

（c） 雨滴などの後方散乱特性

図 3.8　偏波の選定がレーダ動作に及ぼす影響

が低下する。

　障害物が雨滴の場合，円偏波を送信することにより球形の雨滴からの反射波は逆旋となる。この性質を利用して，レーダが受信する降雨時の雨滴反射波の軽減を図り，降雨の中の目標検出性能改善を図ることが行われている。本件に関しては 7.2.2 項で再度取り上げる。

3.2.5　その他のアンテナ諸元

〔1〕　サイドローブレベル

　上記のほか，アンテナの重要な性能を表すパラメータとしてサイドローブレベルがある。このパラメータはレーダ方程式には現れないが，次に示すように誤警報の原因となるため，アンテナ設計では低減のため多大な努力が払われている。

実用アンテナでは主ビーム以外の方向に必然的にサイドローブが形成される。サイドローブレベルは，主ビーム最大点のアンテナ利得に対し，最大サイドローブの極大点が何 dB 低下しているかで表される。レーダの場合，このレベルは通常 −20 〜 −35 dB 程度，特に低サイドローブが要求される場合 −35 〜 −45 dB 程度までである。

サイドローブレベルが大きいと，図 3.9 に例示するように方向 A に大きな目標が存在するとサイドローブにより検出されることがある。この場合，レーダとしては主ビームの方向 B に目標が存在すると認識するため，この検出は誤警報となる。この目標は，アンテナが回転して主ビームが方向 A を指向した時点で正しく検出されることになるが，1 目標が二つの方向 A と B で検出されるため 2 目標が存在すると認識されることになる。

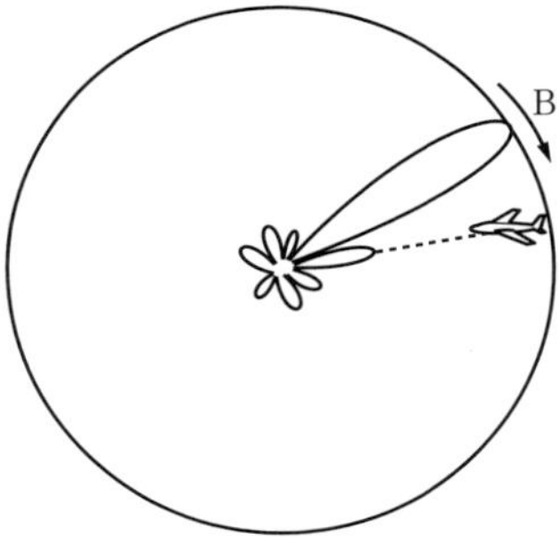

このためサイドローブレベルは低いことが望ましいが，一般にはサイドローブレベルを下げるとアンテナの開口効率が下がってビーム幅が拡大し利得の低下を招くなど，設計上の制約がある。また，低サイドローブの場合，特にアンテナに厳しい寸法精度の確保が要求され，製造上の制約も課されることになるため，実用上の妥当性を考慮した設計とすることが必要である。

図 3.9 サイドローブによる誤警報の発生

〔2〕 ビーム形状

ビーム形状はレーダ覆域の効率良い形成に影響を与えるため，アンテナの一つの性能として仕様設定される。捜索レーダでは，主ビームの形状を水平面内が狭く，垂直面内が広い楕円形のファンビームとしたアンテナが広く採用されている。さらに，不要な電波放射を抑えシステム効率をいっそう向上するために，特に指定した形状のファンビームの形成が要求される場合もある。

一例としては,航空管制用のレーダでは航空機の飛行高度が一定高度以下であることから,この範囲を効率良く覆うことを意図して,仰角に対しコセカント2乗形状のファンビームが採用されている。本件に関しては7.2.1項でアンテナパターンの最適設計の一環として取り上げる。

3.3 アンテナ利得・開口積

基本レーダ方程式 (2.11) の中でアンテナに関わるパラメータはアンテナ利得・開口積 $G_t A_r$ であり,この式には周波数は明示的には現れてはいない。しかし,利得とアンテナ実効開口面積との間の関係式 (2.8) を使って変形した式 (2.12)〜(2.15) には波長 λ が現れている。このため,レーダ方程式の周波数依存性は式によって見掛け上変わり,誤解を生むことがあるため関連項の周波数依存性について本節で整理する。

3.3.1 利得・開口積の周波数依存性の定式化

関連するパラメータは GA_e, G, A_e, および f であるが,レーダ方程式においてレーダの動作上本質的なパラメータは電波発射時のアンテナ利得 G_t と受信時の実効開口面積 A_r の積として決まる $G_t A_r$ である。

以下の解析ではレーダは通常のモノスタティックレーダ(monostatic radar)として考察する。このレーダは同一のアンテナを送受信に用いるためアンテナ特性も送受信間で同一となり,$G_t = G_r = G$ および $A_t = A_r = A_e$ となる。

この結果,式 (2.8) と $G_t A_r$ は次式に変形できる。

$$G = \frac{4\pi}{\lambda^2} A_e = \frac{4\pi}{c^2} f^2 A_e \tag{3.9}$$

$$GA_e = \frac{c^2}{4\pi} \frac{G^2}{f^2} = \frac{4\pi}{c^2} f^2 A_e^2 \tag{3.10}$$

ここに,c は光速である。

いま,中心周波数を f_0 とし,f_0 におけるアンテナ利得を G_0,アンテナ実効

開口面積を A_{e0} として，式 (3.10) に代入すると次式を得る。

$$G_0 A_{e0} = \frac{c^2}{4\pi} \frac{G_0^2}{f_0^2} = \frac{4\pi}{c^2} f_0^2 A_{e0}^2 \tag{3.11}$$

ここで，GA_e，G，A_e のそれぞれを中心周波数における値で規格化するため，式 (3.10) の各辺を式 (3.11) の対応する辺で割ると次式を得る。

$$\frac{GA_e}{G_0 A_{e0}} = \frac{(G/G_0)^2}{(f/f_0)^2} = \left(\frac{f}{f_0}\right)^2 \left(\frac{A_e}{A_{e0}}\right)^2 \tag{3.12}$$

上式から，規格化した3種の項 $GA_e/G_0 A_{e0}$，G/G_0，および A_e/A_{e0} の内の一つの値を決めると，他の項の値が決まることがわかる。この3種の項の中で目に見える物理量であるアンテナ実効開口面積 A_e に着目して，A_e/A_{e0} を周波数とともに次式に従って変化させることを考える。

$$\frac{A_e}{A_{e0}} = \frac{1}{(f/f_0)^n} \tag{3.13}$$

ここに，n は任意の実数とする。式 (3.13) を式 (3.12) に代入すると，他の二つの項は次式で与えられる。

$$\frac{G}{G_0} = \left(\frac{f}{f_0}\right)^{2-n} \tag{3.14}$$

$$\frac{GA_e}{G_0 A_{e0}} = \left(\frac{f}{f_0}\right)^{2(1-n)} \tag{3.15}$$

レーダの最大探知距離 $R_{\max}$ についても，式 (3.13) に基づいて同様に周波数特性として表すことを考える。中心周波数における $R_{\max}$ を R_0 と置き，式 (3.15) を式 (2.11) に代入すると次式を得る。

$$\frac{R_{\max}}{R_0} = \left(\frac{f}{f_0}\right)^{\frac{1-n}{2}} \tag{3.16}$$

3.3.2 最大探知距離の周波数特性

式 (3.13) ～ (3.15) における n の値は論理的にはすべての実数を取り得るが，レーダシステム設計上興味があるのは，いずれかの式が周波数依存性を持たなくなる $n = 0$，1，2 となる場合である。以下，n のそれぞれの場合につい

て，各項の周波数特性を図にして考察する。

① $n=0$：アンテナ実効開口面積 A_e を一定に保つ場合

式 (3.13)～(3.16) で $n=0$ と置くと，次式を得る。

$$\left.\begin{array}{c}\dfrac{A_e}{A_{e0}}=1 \\ \dfrac{G}{G_0}=\left(\dfrac{f}{f_0}\right)^2 \\ \dfrac{GA_e}{GA_{e0}}=\left(\dfrac{f}{f_0}\right)^2\end{array}\right\}$$
(3.17)

$$\dfrac{R_{\max}}{R_0}=\sqrt{\dfrac{f}{f_0}}$$
(3.18)

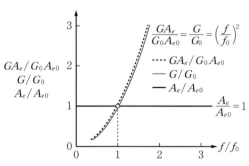
（a） 開口面積 A_e を f に対し一定とした場合（① $n=0$）

式 (3.17) の周波数特性を**図 3.10**（a）に示す。アンテナ実効開口面積を周波数によらず一定に保つことにより，アンテナ利得 G は式 (3.17) に従い，周波数 f の 2 乗に比例して増大し，その結果，GA_e も f^2 に比例して増大する。

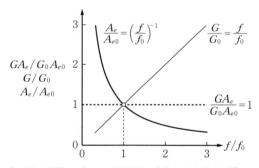
（b） 開口面積 A_e を f に反比例で変化させた場合（② $n=1$）

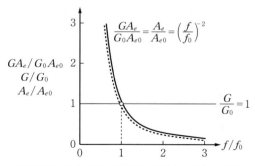
（c） 開口面積 A_e を f^2 に反比例で変化させた場合（③ $n=2$）

図 3.10 各種条件における利得・開口積の周波数特性

レーダ方程式 (2.15) で $A_e=A_{e0}$ と一定値に保つ場合に相当し，最

大探知距離の周波数依存性は式 (3.18) で表される。$R_{\max}/R_0$ の変化をグラフで示すと **図 3.11** のグラフ ① となる。同一開口のアンテナを使用して周波数を変化させる場合の $R_{\max}$ の変化は，式 (3.18) で近似される。

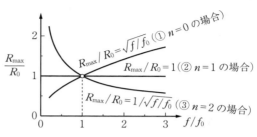

図 3.11 各種条件における最大探知距離 $R_{\max}$ の周波数特性

② $n=1$：アンテナ利得・開口積 GA_e を一定に保つ場合

式 (3.13) ～ (3.16) で $n=1$ と置くと，次式を得る。

$$\left.\begin{array}{l} \dfrac{A_e}{A_{e0}} = \dfrac{1}{f/f_0} \\[6pt] \dfrac{G}{G_0} = \dfrac{f}{f_0} \\[6pt] \dfrac{GA_e}{G_0 A_{e0}} = 1 \end{array}\right\} \tag{3.19}$$

$$\frac{R_{\max}}{R_0} = 1 \tag{3.20}$$

式 (3.19) の周波数特性を図 3.10（b）に示す。式 (3.19) に従い，アンテナ実効開口面積 A_e を f に反比例して減少させることにより，アンテナ利得 G は f に比例して増加するため，両者の積 GA_e は一定値となる。

レーダ方程式 (2.11) で $G_t A_r = G_0 A_{e0}$ と一定に保つ場合に相当し，最大探知距離の変化は式 (3.20) に従い，周波数によらず一定値となり，$R_{\max}/R_0$ は図 3.11 のグラフ ② となる。この場合は前項 ① と次項 ③ の中間に当たり，周波数増加に対してアンテナ実効開口は減少し利得は増大する場合である。

③ $n=2$：アンテナ利得 G を一定に保つ場合

式 (3.13) ～ (3.16) で $n=2$ と置くと，次式を得る。

$$\left.\begin{aligned}\frac{A_e}{A_{e0}} &= \frac{1}{(f/f_0)^2} \\ \frac{G}{G_0} &= 1 \\ \frac{GA_e}{GA_{e0}} &= \frac{1}{(f/f_0)^2}\end{aligned}\right\} \quad (3.21)$$

$$\frac{R_{\max}}{R_0} = \frac{1}{\sqrt{f/f_0}} \quad (3.22)$$

式 (3.21) の周波数特性を図 3.10 (c) に示す。アンテナ利得を周波数によらず一定に保つためには，式 (3.21) からアンテナ実効開口面積を f^2 に反比例して小さくする必要があり，この場合，GA_e も f^2 に反比例して減少する。

レーダ方程式 (2.14) で $G=G_0$ と一定に保つ場合に相当し，最大探知距離の周波数依存性は式 (3.22) となり，$R_{\max}/R_0$ の変化は図 3.11 のグラフ ③ となる。この場合は，アンテナ利得は一定に保たれるものの，反射波受信時の実効開口面積が周波数とともに f^2 に反比例して減少するため，最大探知距離は式 (3.22) に従って減少する。

上に取り上げた ① ～ ③ では，A_e，G，GA_e のいずれかが周波数により変化せず一定値を保持する場合を取り上げたが，一般には f の変化に対し A_e の大きさを適切に変化させることにより，着目した一つの量をかなり自由に変化させることも論理的には可能である。

本項の結論をまとめると次のとおりである。目標探知距離に直接影響を及ぼすレーダ方程式の中の利得・開口積 GA_e は，レーダ方程式の見掛けの周波数依存性とは独立に，理論上はアンテナ開口面積の周波数による変化量の設定いかんで，かなりの自由度を持って f の変化に対し，増大にも，一定にも，また減少にも変化させることができる。しかし，通常のレーダでは周波数の変化に対してアンテナ開口面積は一定に保たれるため，上記の ① $n=0$ のケースが当てはまり，この結果，最大探知距離の周波数特性は図 3.11 ① に示されるように基本的に $\sqrt{f}$ に比例して変化する。

3.4 レーダ断面積

3.4.1 レーダ断面積の工学的解釈

レーダ断面積の定義については 2.2.1 項の基本レーダ方程式の導出で扱った。しかし,一般的にその値は目標の投影面積とは異なることから,感覚的に理解しづらい面があるので,ここでは実用上の物理的な意味について考える。

いま,目標へ到来する電波の入射軸に直交する平面への目標の幾何学的投影面積を A として,式 (2.5) を次式に変形する。

$$p_{ant} = \frac{p_{tgt}A}{4\pi R^2} \cdot \frac{\sigma}{A} = \frac{(p_{tgt}A)G_\sigma}{4\pi R^2} \tag{3.23}$$

$$G_\sigma = \frac{\sigma}{A} \tag{3.24}$$

ここに,上式により G_σ を導入した。式 (3.23) は G_σ をアンテナ利得と考えることにより,等価的に図 3.12 に示す無線伝送系として描き表すことができる。すなわち,「電波伝搬路にある物体がその投影面積 A で遮った全電力をアンテナで送り返すと考えたとき,そのアンテナ利得 G_σ は面積比 σ/A に等しく,一様散乱した場合に比べて $G_\sigma = \sigma/A$ 倍の強さで受信アンテナ方向へ反射する」と解釈できる。受信アンテナ側から見ると,物体が電波を遮った面積 A が σ/A 倍の σ となって電波を送り返してよこしたと考えることができる。

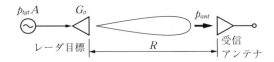

図 3.12 目標から受信アンテナまでの等価無線伝送系

3.4.2 レーダ断面積の角度依存性

レーダ方程式に関するこれまでの説明では,σ は目標ごとにある一定の値を取るとして扱ってきた。しかし,現実の σ は目標を見る角度により大きく変

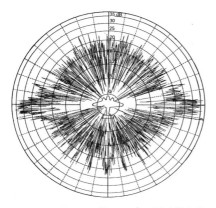

図3.13 プロペラ機のレーダ断面積変化の実測[3],[4] 例（3 GHz）

動する特性を持っている。σの変動の様子を，図3.13に示す航空機の例で見てみよう。図は『MIT Radiation Laboratory Series』[3],[4]に報告されているプロペラ機のσの全周にわたる実測値である。角度的に非常に細かいピッチで30 dB以上に及ぶ大きな値の変化が見られる。この急激で大きな変化は，航空機のような複雑な形状の目標は，多数の小さな反射点の集合体として構成されているためであり，それらの多数の反射点からの反射波が干渉して複雑なパターンを形成する。

同種の干渉特性を，2個の金属球から構成される複合体のレーダ断面積の計算例から見てみよう。図3.14（a），（b）は，二つの金属球がそれぞれ1波長および5波長離して設置された複合体の，360°にわたるレーダ断面積の変化を

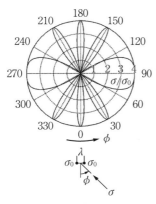

（a） 1波長間隔の場合

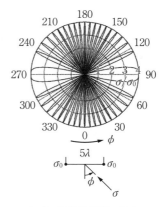

（b） 5波長間隔の場合

σ：2個の複合体のレーダ断面積
σ_0：単体の金属球のレーダ断面積

図3.14 2個の金属球から成る複合体のレーダ断面積の変化

示している。1波長から5波長への球間隔の拡大により，干渉パターンの角度が急激に細かくなっていくことがわかる。また，同図の変化の山の方向では，2個の球に反射された電界強度が加算されるため電界強度は2倍，電力では4倍の強度となり，また，谷の方向では二つの電界強度が打ち消し合うため強度0となる。したがって，山と谷の差は非常に大きく激しい変化となる。

このような簡単なモデルの場合に比べ，現実のレーダ目標はさらに複雑で反射レベルの異なる多数の反射点から構成されるため，σは図3.13に示されるように激しい変化を呈することになる。さらに，航空機の場合にはレーダとの相対位置が時々刻々変化するため，レーダから見た航空機の見込角も変化し，この結果レーダ断面積の急激な時間変動が現れることになる。このσの時間変動はレーダの探知能力にも影響を及ぼすことになるが，その影響については4.3節で取り上げる。

3.4.3　単純形状物体のレーダ断面積

複雑な現実のレーダ目標のσを正確に計算することには難しい面があるが，モデル化による近似計算は多数試みられている。ここでは，単純な形状の反射物体について，解析結果のいくつかを紹介しよう。

〔1〕　金属球体のレーダ断面積

金属球体を取り上げ，その半径をaとする。投影面積πa^2で規格化した球のレーダ断面積が，波長で規格化した球の外周の変化に対してどのように変化するかを**図3.15**のグラフで示す。球の外周$2\pi a$が約1/2波長より小さくなるとσは急激に小さくなるが，約1/2波長より大きくなるにつれて増大し，約1波長の共振点で最大値を取る。さらに球が大きくなると，σは球の投影面積πa^2の周りで振動を始め除々にπa^2に収束する。$2\pi a \gg \lambda$の領域では，球を照射した電力のすべてが球の周りに一様に散乱されたとした場合の電力密度で到来方向に電波が反射される。一般に，物体のσは見掛けの投影面積とは異なるが，波長に比べ十分大きな球の場合には，σの値はその見掛けの投影面積であるπa^2にほぼ等しくなる。

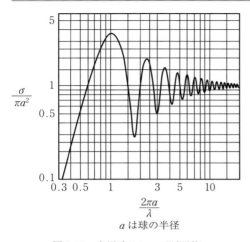

図 3.15 金属球のレーダ断面積
(規格化値)[3],[5]

金属球は空間的に完全な対象性を持つことから，球を見込む角度によらず σ は一定値を示すという特長を持つ．したがって，σ を一定に保つためにレーダとの相対角度を気にする必要がないため，他の物体のレーダ断面積測定時の比較用標準器としても用いられる．

反射波の偏波に関しては，入射波が直線偏波の場合には反射波も同面内の直線偏波となるが，円偏波の場合には，反射波は入射波とは逆旋回の円偏波となる．この特性は雨滴の場合にも当てはまるので，雨滴からの反射波の除去に応用されている．

〔2〕 **金属平板のレーダ断面積**

波長に比べ大きな面積 A の金属平板を考える．いま，この金属板が入射波に対し垂直に置かれているとすると，鏡の場合と同様に，波源の方向に向かって電波が大きく反射される．この場合の反射波の強さは，均一に励振された開口面アンテナからの放射と等価と考えることができるので，σ の定義式 (2.5) と $G=4\pi A_e/\lambda^2$ を用いると，σ は次式で表すことができる．

$$\sigma = A \times (面積 A の均一分布アンテナの利得)$$

$$= \frac{4\pi A^2}{\lambda^2} \tag{3.25}$$

金属平板は，見掛けの面積 A に比べ非常に大きな σ を容易に与えることができるが，その向きをつねに入射波に垂直に保つ必要がある．

〔3〕 **コーナーリフレクタのレーダ断面積**

金属平板に関する前項の考え方は，拡張してコーナーリフレクタに適用することができる．コーナーリフレクタは**図 3.16** に示す二つの形状が基本であり，

いずれも 3 枚の金属平板を直交させた構造となっている。コーナーリフレクタでは，入射波がその入射角に応じて 1 ～ 3 回反射を受けることにより，反射波がつねに波源の方向に向かって反射される特

図 3.16 コーナーリフレクタの基本形状

性を持っている。したがって，その反射強度は入射波に対し，垂直に置かれた金属平板の場合と同様となる。ただし，その面積としては A の代わりに入射波の方向から見たコーナーリフレクタの投影面積 A' を用いる必要があるが，σ の計算式としては式 (3.25) を用いることができる。

コーナーリフレクタは，球と同様に見込み角によらずほぼ一定の σ 値を示すとともに，物理的な大きさに比べはるかに大きな σ 値を与えることができる。このため，レーダ断面積の比較用標準器として用いられるほか，海上のブイや小型船舶に搭載して，レーダによる探知を容易にする目的でも用いられている。

表 3.2 マイクロ波帯におけるレーダ断面積 (σ) の参考値[5]

レーダ目標	$\sigma\,[\mathrm{m}^2]$
小型単発航空機	1
小型戦闘機	2
大型戦闘機	6
中型ジェット旅客機	20
大型ジェット旅客機	40
ジャンボジェット機	100
小型レジャーボート	2
キャビンクルーザ	10
自動車	100
人　間	1

〔4〕 レーダ断面積の大きさの目安

最後に現実の目標の σ についての目安を示す目的で，マイクロ波帯におけるレーダ断面積の参考値を**表 3.2** に示す。ただし，この表の σ 値は変化幅の記載のない一つの値としてしか示されていないこともあり，参考値として捉えるのが適切である。

3.5　受信機雑音

受信機雑音はレーダシステム全体に関わる各種雑音の中の一つであるが，通常のレーダ設置環境の下では主要な部分を占める雑音である。また，受信機を構成する増幅器の発生する雑音の記述方法は，システム雑音を扱う上の基本と

なることから，次節のシステム雑音に先立って受信機雑音を本節で取り上げる。

一般に増幅器は，外部から入力される雑音を増幅すると同時に，その内部でも雑音を発生し，両者の和の雑音を出力する。この節で扱う雑音は，後者の増幅器内部で発生する雑音である。受信機はトランジスタなどの能動素子により信号の増幅を行うが，その動作のために素子電流が流れるため必然的に雑音を発生する。受信機内で発生する雑音の大きさを表す指標としては，雑音指数が定義され，用いられている。雑音指数は増幅器やミキサなどの能動素子を持つ回路だけでなく，伝送線路など受動素子についても用いられるが，ここでは雑音指数の代表的適用例である増幅器を取り上げて説明する。なお，増幅器による雑音の大きさは理論的な計算で求めるのは一般には難しいため，通常は雑音指数を実測により求めている。

受信機の内部発生雑音については，本節で導入する雑音指数を使って 3.6.2 項で解説する。

3.5.1 増幅器の雑音指数

雑音指数（noise figure，または noise factor）F_n は，増幅器入力端子に温度 $T_0 = 290$ K の抵抗の発生する雑音を入力した次の 2 種類の増幅器の出力電力の比 U/V として定義[6]される。

U：増幅器の出力雑音電力

V：雑音特性以外は同一性能を持ち，内部雑音発生のない理想的な増幅器の出力雑音電力

上記二つの増幅器における入出力雑音電力の関係を図で示すと，それぞれ**図 3.17**（a），（b）となる。同図において，N_i は入力雑音電力，ΔN は増幅器内部で発生する雑音電力，N_o と $N_{o,\,ideal}$ はそれぞれ現実の増幅器と理想的増幅器の出力雑音電力，また G は増幅器の利得である。

上記雑音指数の定義に従って図 3.17（a），（b）の出力雑音電力の比を取ると次式を得る。

$$F_n = \frac{N_o}{N_{o,ideal}}$$

$$= \frac{N_i G + \Delta N}{N_i G}$$

$$= 1 + \frac{\Delta N}{N_i G} \tag{3.26}$$

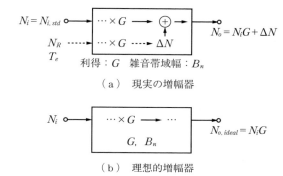

(a) 現実の増幅器

(b) 理想的増幅器

図 3.17 増幅器における雑音発生と入出力雑音電力

雑音指数 F_n は，上式から明らかなように，入力雑音電力 N_i の大きさにより値が変わってしまうため，F_n 値を普遍的な値として定義するために，基準となる N_i 値を定めておく必要がある。この入力雑音電力の基準値としては，IEEE が絶対温度 $T_0 = 290$ K の抵抗の発生する熱雑音の最大伝達電力として定めており，この定義が一般に採用されている。標準入力雑音電力を $N_{i,std}$ と記すものとすると，上記温度条件の抵抗が発生する雑音電力の負荷側への最大伝達電力は，$kT_0 B_n (= N_{i,std})$ となることから（コラム 3.1〔補足解説〕参照）

$$N_{o,ideal} = N_{i,std} G = k T_0 B_n G \tag{3.27}$$

となる。ここに，k はボルツマン定数 1.38×10^{-23} J/K であり，また B_n は雑音帯域幅（3.7.1 項参照）である。この結果，式（3.26）は次式となる。

$$F_n = 1 + \frac{\Delta N}{N_{i,std} G} = 1 + \frac{\Delta N}{k T_0 B_n G} \tag{3.28}$$

次に図 3.17 を参照して，増幅器の内部発生雑音電力 ΔN に対応する増幅器への仮想的な等価入力雑音電力 N_R とその雑音温度 T_e を導入し，$N_R = k T_e B_n = \Delta N / G$ を用いると式（3.28）は次式となる。

$$F_n = 1 + \frac{N_R}{N_{i,std}} = 1 + \frac{T_e}{T_0} \tag{3.29}$$

上式から，N_R と T_e は雑音指数 F_n を用いてそれぞれ次の式で表すことができる。

$$N_R = N_{i,std}(F_n - 1) = k T_0 B_n (F_n - 1) \tag{3.30}$$

コラム3.1〔補足解説〕抵抗の発生する熱雑音と最大伝達電力

熱雑音はジョンソン雑音とも呼ばれ，抵抗の中の自由電子が熱により励起されて不規則運動をする結果，抵抗器の両端に雑音電圧となって現れる。この雑音電圧は，きわめて多数の電子が発生する確率変数としての電圧の和であることから，その確率分布は中心極限定理によりガウス分布となり，その期待値は0となる。また，雑音電圧は個々の電子の運動に起因するため超短パルスの集合となるので，周波数スペクトルがほぼ一様の白色雑音となる。

熱雑音はベル研究所のJohnson（1928年）により実験的に初めて深く研究され，並行してNyquist[7]（1928年）により理論面が固められた。その結論によれば[8],[9]，温度 T〔K〕の抵抗 R〔Ω〕の発生する熱雑音を図1の等価回路で表すものとすると，通過帯域幅を B とした場合，雑音電圧 v の2乗平均値，すなわち平均雑音電力は次式となる。

$$\overline{v^2} = 4kTRB$$

ここに，k はボルツマン定数で，1.38×10^{-23} J/K である。この式から，周波数スペクトルは一定値 $4kTR$ となり，この雑音は白色雑音であることがわかる。このスペクトル分布には上限があるが，周波数 10^{13} Hz のオーダまで一定値として維持されるので実効上は白色雑音と考えて支障はない。

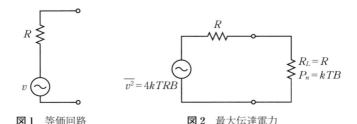

図1 等価回路　　図2 最大伝達電力

上記の熱雑音の内，負荷に伝達できる最大伝達電力 P_n は，図2に示すように負荷抵抗 R_L が雑音発生源の抵抗値 R に整合した $R_L=R$ となる場合に達成される。そのとき P_n は

$$P_n = \frac{\overline{v^2}}{4R} = kTB$$

となる。

$$T_e = T_0(F_n - 1) \tag{3.31}$$

雑音指数は雑音電力に関わる指数として定義されたことから，ここまでは雑音電力の間の関係を検討した．

次に，増幅器の入出力信号電力をそれぞれ S_i, S_o として，式 (3.26) の分母・分子に S_o を掛け，$S_o = S_i G$ の関係と式 (3.27) を用いると，次式を得る．

$$F_n = \frac{S_i / N_{i,std}}{S_o / N_o} \tag{3.32}$$

この式から，「雑音指数 F_n は，増幅器の入出力端における SNR の比（劣化度）を表している」と解釈することができる．ただし，この場合の入力雑音は，290 K の抵抗の発生する標準雑音電力 $N_{i,std} = kT_0 B_n$ である．

3.5.2 多段増幅器の雑音指数

一般の受信系の構成に対応する縦続接続された多段増幅器を取り上げ，その雑音指数の表示式を導く．図 3.18 は，図 3.17 (a) と同様に多段増幅器における内部発生雑音電力と入出力雑音電力を示した図である．初めに，出力雑音電力 N_o を標準入力雑音電力 $N_{i,std}$ と内部発生雑音電力 ΔN_1, ΔN_2, … を用いて書き表すと

$$\begin{aligned} N_o &= N_{i,std} G_R + \left(\Delta N_1 \cdot \frac{G_R}{G_1} + \Delta N_2 \cdot \frac{G_R}{G_1 G_2} + \cdots + \Delta N_m \right) \\ &= N_{i,std} G_R + \Delta N \end{aligned} \tag{3.33}$$

となる．ここに ΔN は各増幅器で発生する雑音出力の総和である．この関係式

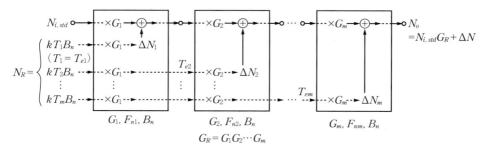

図 3.18　多段増幅器における内部発生雑音電力と入出力雑音電力

を雑音指数 F_n の定義式 (3.26) に代入した上，式 (3.28) の関係を用いて個々の増幅器の雑音指数 F_{n1}, F_{n2}, … で表すと，次式を得る．

$$F_n = \frac{N_o}{N_{o,ideal}} = 1 + \frac{\Delta N}{N_{i,std} G_R}$$

$$= 1 + \frac{\Delta N_1}{N_{i,std} G_1} + \frac{\Delta N_2}{N_{i,std} G_1 G_2} + \cdots + \frac{\Delta N_m}{N_{i,std} G_R}$$

$$= F_{n1} + \frac{F_{n2}-1}{G_1} + \frac{F_{n3}-1}{G_1 G_2} + \cdots + \frac{F_{nm}-1}{G_1 G_2 \cdots G_{m-1}} \tag{3.34}$$

さらに，上式を式 (3.31) の関係式を用いて雑音温度の関係式に書き換えると，次式を得る．

$$T_e = T_{e1} + \frac{T_{e2}}{G_1} + \frac{T_{e3}}{G_1 G_2} + \cdots + \frac{T_{em}}{G_1 G_2 \cdots G_{m-1}} \tag{3.35}$$

式 (3.34) と式 (3.35) は実用上重要な意味を持っており，$G_1 \gg 1$ の場合，次の近似式が成立する．

$$F_n \cong F_{n1} \tag{3.36}$$
$$T_e \cong T_{e1} \tag{3.37}$$

この 2 式から，受信系の初段に高利得増幅器を用いる場合には，受信系全体の雑音指数と等価入力雑音温度は，それぞれ初段増幅器の雑音指数と初段増幅器の等価入力雑音温度で近似される．現在，レーダ用には高利得で雑音指数 1 dB 程度の低雑音増幅器が市場で容易に入手できるので，受信機の初段に高利得低雑音増幅器を設けることが普通に行われている．このような受信機には式 (3.36)，(3.37) が適用可能である．

3.5.3 雑音指数の測定法

能動機能部品の雑音指数は実測によってしか得られないため，その測定方法を取り上げる．式 (3.28) を見ると，k と T_0 は既知の量なので ΔN と $B_n G$ の値を求めることができれば，F_n の値は計算できることがわかる．一方，図 3.17 (a) から，これらの値と出力雑音電力 N_{oj} との間には次の関係が成立している．

$$N_{oj} = N_i G + \Delta N = k T_j B_n G + \Delta N \tag{3.38}$$

ここに，添え字 j は，上式が入力雑音温度 T_j に対する関係式であることを示す。

この式から，異なる入力雑音温度 T_1 および T_2 において出力雑音電力の測定を 2 回行えば，二つの未知数 ΔN と $B_n G$ が同式より定まるので，式 (3.28) に代入すれば F_n を求めることができる。さらに，測定時の雑音温度の一つ T_1 を $T_1 = T_0$ に取ると，雑音指数 F_n の計算式は簡略化されて，次式となる。

$$F_n = \frac{T_2/T_0 - 1}{Y - 1} \tag{3.39}$$

ここに，$Y = N_{o2}/N_{o1}$ と置いた。この式は雑音指数の測定において広く用いられている式である。

式 (3.39) に従い，雑音温度を T_2 と常温 T_0 に設定して増幅器に雑音を入力し，それらの出力電力の比 Y を求めれば，式 (3.39) により雑音指数が計算できる。この場合，常温 T_0 での測定は増幅器入力端子に整合負荷を接続して行えばよく，また温度 T_2 での測定は雑音温度 T_2 に校正された雑音源を用いて行えばよい。また，レーダシステムの運用中に同種の測定を行うため，試験機能の一環として組み込むことも行われている。

3.6 システム雑音

3.6.1 システム雑音電力

2.3.4〔1〕項でシステム雑音を導入し，その意味と構成要素について概説した。本項では，システム雑音についてその構成要素ごとに解説する。また，レーダ方程式の検討では高周波系の各種損失は省略して進めてきた。しかし，雑音の発生に関して，抵抗性損失から発生する雑音は，後から導入することによる煩雑さを回避するためここで考慮する。

図 3.19 は，受信系全体について抵抗性損失がある場合の雑音発生源の分布と入出力雑音電力を示す図である。このように雑音源が分布している場合，シ

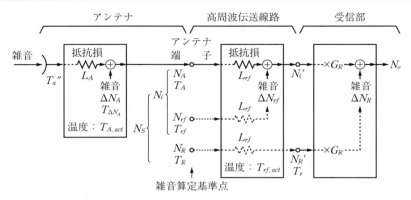

図 3.19 レーダ受信系における雑音発生源の分布と入出力雑音電力

システム雑音 $N_S(=N_i+N_R)$ を伝送線路のどの点を基準点として書き表すかについては，理論的にはアンテナ端子から受信部入力点の間のどの点に取ってもよいという自由度があるが，ここでは多くの文献で採用されているアンテナ端子を基準点として取る。

基準点におけるシステム雑音，および同式に対応する雑音温度は，図 3.19 を参照して次式となる。

$$N_S = kT_S B_n$$
$$= N_A + N_{rf} + N_R$$
$$= k(T_A + T_{rf} + T_R)B_n \tag{3.40}$$
$$T_S = T_A + T_{rf} + T_R \tag{3.41}$$

ここに，k：ボルツマン定数 1.38×10^{-23} J/K

B_n：受信部の雑音帯域幅

N_A, T_A：アンテナ端子から受信部側へ入力する雑音電力，およびその等価雑音温度

N_{rf}, T_{rf}：線路損失 L_{rf} が発生する熱雑音をアンテナ端子における入力値に換算した等価入力雑音電力，およびその等価雑音温度

N_R, T_R：受信部内部で発生する雑音をアンテナ端子における入力値に換算した等価入力雑音電力，およびその等価雑音温度

以下，式(3.40)と式(3.41)の中の各雑音項について次項以降で取り上げる。

3.6.2 受信部の等価入力雑音電力

受信部内部で発生する雑音について，図3.19のアンテナ端子および受信部入力端子における等価入力雑音電力をそれぞれ N_R および $N_R{}'$，またそれらの雑音電力に対応する等価雑音温度をそれぞれ T_R および T_e とする。

このとき，伝送線路損失 L_{rf} は N_R を $1/L_{rf}$ 倍へと減衰させる効果を持つので，アンテナ端子における受信部の等価入力雑音電力 N_R は，$N_R{}'$ と T_e を用いて次のように表せる。

$$N_R = kT_R B_n = L_{rf} \cdot N_R{}' = L_{rf}(kT_e B_n) \tag{3.42}$$

さらに式(3.31)により雑音指数 F_n と $T_0 = 290\,\mathrm{K}$ を用いると，アンテナ端子における等価雑音温度 T_R は次式となる。

$$T_R = L_{rf} T_e = L_{rf} T_0 (F_n - 1) \tag{3.43}$$

3.6.3 伝送線路の等価入力雑音電力

伝送線路の抵抗損が発生する雑音について，図3.19の伝送線路出力端における線路雑音電力を ΔN_{rf} とし，また同図のアンテナ端子における等価入力雑音電力とその等価雑音温度をそれぞれ N_{rf} および T_{rf} とする。このとき，伝送線路損失 $L_{rf}(\geq 1)$ は式(3.42)の場合と同様の減衰効果を与えるので，アンテナ端子における伝送線路の等価入力雑音電力 N_{rf} は次式となる。

$$N_{rf} = kT_{rf} B_n = L_{rf} \cdot \Delta N_{rf} \tag{3.44}$$

一般に，熱平衡状態にある損失線路は線路に入力する雑音電力と同量の雑音電力を出力することから，損失のある伝送線路が発生する熱雑音 ΔN_{rf} は，伝送線路の物理的温度を $T_0\,\mathrm{[K]}$ として，次式で与えられる（コラム3.2〔補足解説〕参照）。

$$\Delta N_{rf} = kT_0 B_n \left(1 - \frac{1}{L_{rf}}\right) \tag{3.45}$$

式(3.44)に式(3.45)を代入すると，等価入力雑音電力 N_{rf} と等価雑音温度

コラム 3.2 〔補足解説〕損失のある伝送線路の発生する雑音電力

伝送系のアクティブ素子の発生する雑音電力は，一般には理論的解析で求めるのは非常に難しく，雑音指数などの実測によるのが普通である．一方，本コラムで扱うパッシブ素子の場合は，素子の損失が既知であれば，その素子の発生する雑音電力や雑音指数を容易に求めることができる．

以下 Blake[8]（1980 年）に従い，図 1 に示すパッシブ素子から構成される伝送線路の雑音発生について検討する．伝送線路の損失を $L(\geq 1)$，線路内部で発生する雑音電力を ΔN とし，ΔN に対応する等価入力雑音電力を N_e，等価雑音温度を T_e とする．

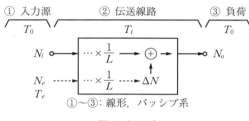

図1 伝送系

初めに入力雑音電力 N_i について考えると，入力源の温度は一様に T_0 であることから，インピーダンス整合の取れた ② の入力端への入力雑音電力はコラム 3.1 の結論に従って $N_i = kT_0B$ となる．

次に，② の温度を $T_t = T_0$ に設定すると，② の出力端から左を見た系はすべて同一温度 T_0 の 1 系となり，入力端から左を見たときと同一となる．したがって，出力端から整合の取れた負荷側へ伝達される最大電力は ② への入力電力と等しくなり，次式となる．

$$N_o = N_i = kT_0B$$

さらに，この電力の内，入力電力に起因する電力は N_i/L であるから，上式からこの項を差し引くことにより内部発生雑音電力 ΔN は次式となる．

$$\Delta N = N_i\left(1 - \frac{1}{L}\right) = kT_0B\left(1 - \frac{1}{L}\right)$$

等価入力雑音電力 N_e と等価雑音温度 T_e は，上式を用いると次式で与えられる．

$$N_e = \Delta N L = N_i(L-1)$$

$$T_e = T_0(L-1)$$

雑音指数 F_n は，$T_0 = T_t$ のとき F_n の定義に従って次式により求めることができる．

$$F_n = \frac{N_o}{N_i/L} = \frac{N_i}{N_i/L} = L$$

T_{rf} は次式となる。

$$N_{rf} = kT_0 B_n (L_{rf} - 1) \tag{3.46}$$

$$T_{rf} = T_0 (L_{rf} - 1) \tag{3.47}$$

この式により，アンテナ端子における等価雑音温度 T_{rf} は，線路損失 L_{rf} と線路の絶対温度 T_0〔K〕とから求めることができる。なお，式(3.47)を3.5.1項で扱った雑音指数の定義に照らして式(3.31)を参照すると，$F_n = L_{rf}$ である。

3.6.4　アンテナ雑音電力

アンテナ雑音 (N_A) の算出に当たっては，伝送線路の場合と同様にアンテナ内部の抵抗損を考慮するものとし，抵抗損の値としてはアンテナ全体の損失によって近似するものとする。図3.19に示すようにアンテナ損失を L_A，アンテナの物理的温度を $T_{A,act}$〔K〕，またアンテナ外から電波として入力した雑音の雑音温度を T_a'' とする。

以下，主として Blake[8],[10] に基づきアンテナ雑音について説明する。T_a'' は，図3.20 に示す次の3要素から構成される。

① 宇宙雑音（cosmic noise）
　宇宙の銀河系から放射される雑音
② 大気吸収雑音（atmospheric absorption noise）
　地球を取り巻く大気が発生する雑音

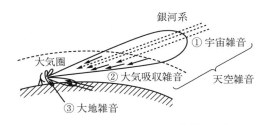

図3.20　アンテナへ到来する各種の雑音

③ 大地雑音 (ground noise)　　地球の大地が発生する雑音

上記の内，天空からアンテナに到来する雑音 ① と ② の和は天空雑音（スカイノイズ：sky noise）と呼ばれ，その雑音温度 T_a' のグラフがビーム指向仰角 θ をパラメータとして報告されている。そのグラフを図3.21に示す。図中，① と付された左上から右下へ急速に減少する直線部分とその右下への外挿直線（図には描かれていない）は宇宙雑音 ① の大きさを示し，周波数が上がる

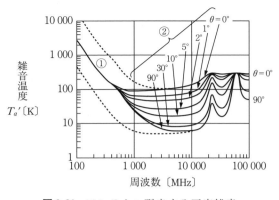

図 3.21 アンテナへ到来する天空雑音
（雑音温度）の周波数による変化

と急激に小さくなることを示している。宇宙雑音を表す直線部の上と下に描かれた2本の点線の内，上の点線は銀河系の中心方向を指向した場合の雑音温度を示し，下の点線は銀河系の極方向を指向したときの値である。一方，周波数がマイクロ波帯以上になると大気吸収雑音 ② の寄与が大きくなり，グラフはほぼ水平になる（② と付された部分）。ビーム指向方向が水平方向（$\theta = 0°$）の場合には地球の接線方向に厚い大気の層を通ることから雑音温度は大きくなり，天頂方向（$\theta = 90°$）の場合には最小となる。

大地雑音 ③ は，アンテナビームの一部（サイドローブ，バックローブ）が大地を指向するためにアンテナに入る雑音である。この雑音の寄与については，天空雑音からビームが大地を見込む分を差し引いた上，大地の寄与分を加算するという形で考慮される。代表的モデルとして図 3.21 とともに報告されている例[8],[10] では，空間の全立体角 4π の内，サイドローブおよびバックローブが大地を見込む立体角を π，また，その平均利得を 0.5（$-3\,\mathrm{dB}$）と仮定している。この場合，アンテナへの入力雑音の雑音温度 T_a'' は，図 3.21 による天空雑音の雑音温度を T_a' として，次式で与えられる。

$$T_a'' = T_a'\left(1 - \frac{1}{8}\right) + \frac{290}{8}$$
$$= 0.876\,T_a' + 36 \tag{3.48}$$

次に，アンテナ内部の抵抗損が発生する熱雑音は，式 (3.45) で表された損失線路の雑音と同様の考え方により，そのアンテナ端子における雑音温度を $T_{\Delta N_A}$ とすると次式で与えられる。

$$T_{\Delta N_A} = T_{A.act}\left(1 - \frac{1}{L_A}\right) \tag{3.49}$$

以上より，アンテナ端子におけるアンテナ雑音温度 T_A は，式 (3.48) で表されたアンテナ入力雑音温度 T_a'' がアンテナ内損失 L_A により減衰を受けた項と，式 (3.49) のアンテナ内部雑音温度 $T_{\Delta N_A}$ の和として，次式で与えられる．

$$\begin{aligned} T_A &= \frac{T_a''}{L_A} + T_{\Delta N_A} \\ &= \frac{0.876\, T_a' + 36}{L_A} + T_{A.act}\left(1 - \frac{1}{L_A}\right) \end{aligned} \tag{3.50}$$

上式は，アンテナの温度が $T_{A.act} = 290\,\mathrm{K}$ の場合には次式となる．

$$T_A = \frac{0.876\, T_a' - 254}{L_A} + 290 \tag{3.51}$$

実用的な探知距離計算表[10]では式 (3.51) を用いる場合が多いが，マイクロ波帯では図 3.21 から読めるように T_a' の値は 50 ～ 100 K であり，アンテナ雑音温度 T_A のシステム雑音全体への寄与は受信機雑音に比べ小さい．

3.7 フィルタの特性とその損失補正

3.7.1 雑音帯域幅

2.3.4 項で熱雑音に関連して導入した雑音帯域幅の定義を取り上げる．通常，フィルタなどの通過帯域幅としては，**図 3.22**（a）に示すように伝達関数の最大値から 3 dB 下がったレベルの幅で定義される半値帯域幅を用いることが多い．これに対し雑音帯域幅 B_n は，電力伝達関数（power transfer function）$|H(f)|^2$ に基づいて次式により定義される．

$$B_n = \frac{\int_{-\infty}^{\infty} |H(f)|^2 df}{|H(f_0)|^2} \tag{3.52}$$

この式による B_n は，図 3.22（b）に示す電力伝達関数の総面積（曲線と x 軸との間の全面積）に等しい面積を持つ電力利得 1 の矩形フィルタの仮想的通過

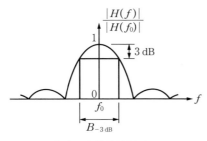

（a） 半値帯域幅 $B_{-3\text{dB}}$

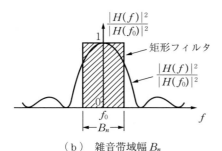

（b） 雑音帯域幅 B_n

図 3.22 フィルタの帯域特性と帯域幅の定義

帯域幅を表している。この雑音帯域幅を定義して用いることにより，熱雑音等一様な周波数特性を持つ白色雑音（white noise）の通過電力を電力伝達関数の積分によらず B_n との積により簡便に表すことができる。雑音帯域幅は数値的には通常用いているフィルタの 3 dB 帯域幅に近い値であり，実用上は後者で近似できる場合が多い。

3.7.2 帯域フィルタの損失補正
〔1〕 通過帯域幅の変化に対する SNR の変化

　帯域通過フィルタの通過帯域幅を変化させると，フィルタに入力された矩形パルス信号は図 2.14 に示したように，帯域幅が狭い場合パルス幅が広がって頭がつぶれたひずんだ波形となって出力される。このように，通過帯域幅が狭くなると出力パルス波形はひずみ，さらに出力パルス電力と出力雑音電力の変化を伴うため SNR も変化し，その結果 SNR が最大となる最適帯域幅が存在することが期待される。ここでは，フィルタ帯域幅の変化に対する SNR の変化の概略を簡便な方法で近似的に検討し，最適帯域幅の存在を確認する。

　いま，帯域フィルタに入力するパルス信号を**図 3.23**（a）に示す電圧 V_i でパルス幅 τ の直流矩形パルスとする。このパルスの周波数スペクトルは，入力パルスのフーリエ変換により図 3.23（b）に示す形状となる。一方，帯域フィルタは周波数 $0 \sim B$ に通過帯域を持つ伝達関数が 1 の理想的な低域通過フィルタと仮定する。

　初めに，フィルタの帯域幅が入力パルス信号の周波数スペクトルに比べて十

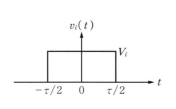
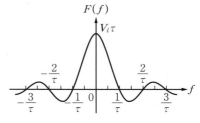

(a) 入力矩形パルス信号　　(b) 入力パルス信号のスペクトル

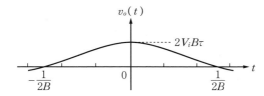

(c) 狭帯域フィルタ通過後の信号波形（$B \ll 1/\tau$ の場合）

図 3.23 狭帯域フィルタの入出力信号

分小さい $B \ll 1/\tau$ の場合を考える．この場合，フィルタ帯域内の入力信号のスペクトル強度を図3.23（b）を参照して近似的に一定値 $F(f) \cong F(0) = V_i\tau$ と置くと，フィルタの出力信号電圧 $v_o(t)$ の時刻 $t=0$ における値 $v_o(0)$ は，逆フーリエ変換により次式で与えられる．

$$v_o(0) = \int_{-B}^{B} F(f)df$$
$$\cong 2\int_0^B V_i\tau df = 2V_iB\tau \tag{3.53}$$

このとき，出力信号の概形は図3.23（c）となり，$t=0$ 点における出力信号電力 S_o は次式となる．

$$S_o = 4V_i^2 B^2 \tau^2 \tag{3.54}$$

なお，図3.23（c）は図2.14（a）の出力波形に対応する波形であるが，帯域幅は図2.14（a）と同一の±区間に換算すると $2B$ となる．

次に，B がパルス信号の占有帯域幅に比べて十分大きい $B \gg 1/\tau$ の場合を考えると，出力信号波形は入力波形と同一となり，パルス内平均電力は次式に示す一定値となる．

$$S_o \cong V_i^2 \tag{3.55}$$

式 (3.54) と式 (3.55) から B に対する S_o の変化は**図 3.24** の S_o のグラフとなる。ここに，B が $1/\tau$ の近傍から上の点線のグラフは図 3.23（b）のスペクトル分布に基づいて計算したグラフであり，出力パルスにリップルが発生するため波打っている。一方，雑音電力 N_o は通過帯域幅 B に比例して増加するので，同図に一例を示したように直線のグラフとなる。

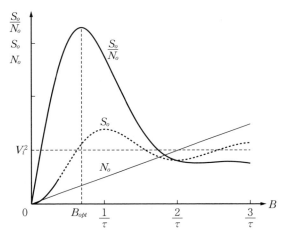

図 3.24 フィルタ帯域幅に対する信号対雑音比 S_o/N_o の変化

上記 S_o と N_o のグラフから S_o/N_o の変化をグラフに描くと図 3.24 に示すように上に凸な形となることから，S_o/N_o の最大値を与える最適帯域幅 B_{opt} が存在することが理解される。なお，$B\tau \sim 1$ 付近から上の S_o のグラフが，式 (3.55) の V_i^2 を漸近値として取ると捉えて，S_o が波打つことなく一定値 V_i^2 を取るとしても，S_o/N_o に最大値が存在することに変わりはない。

〔2〕 **帯域フィルタの帯域幅損失係数**

2.3.4 項（実用レーダ方程式）において図 2.14 を参照しながら，狭帯域フィルタの通過帯域幅が十分広くない場合はフィルタの出力電力は入力信号レベルより低下することを説明し，この電力低下分を「帯域幅損失係数 L_F」を導入

3.7 フィルタの特性とその損失補正

して表すこととした。

また前〔1〕項において，狭帯域フィルタからの出力パルスの $t=0$ における電力が，フィルタの帯域幅の変化に対しどのように変化するかについて定性的に検討し，次の結論を得た．すなわち，パルスの中央点である $t=0$ における出力電力は，フィルタ帯域幅が B が $1/\tau$ 程度より小さいときは，パルス幅内で最大値を取り，B の増加とともに B^2 に比例して単調に増大する．しかし，B が $1/\tau$ 程度より大きくなると，電力レベルは振動を始め，やがて入力パルスの電力へ収束する．この振動の原因は，信号の周波数スペクトルのサイドローブがフィルタ帯域幅の変化に伴って逆フーリエ変換の積分値に正または負の値として取り込まれるためである．したがって，出力パルス上の一点に着目して電力を見ると，B が $1/\tau$ 程度より大きい領域では，フィルタの帯域幅の変化に対して電力レベルは波打つように変化するため，L_F をこの値に基づいて定義することは適切ではない．

この問題を回避するために，B が $1/\tau$ 程度より大きい領域ではパルス全体で平均化された量であるエネルギー損失に着目して，帯域幅損失係数 L_F を定義することを考える．$B \sim 1/\tau$ より大きい領域ではパルス幅はほぼ一定値 τ となることが期待され，(パルスエネルギー/τ) は近似的にパルス幅内の平均的な電力と考えることができるので，この電力損失により L_F を定義する．

以下，上記の L_F の定義を数式で明確にしながら，帯域幅 B に対する L_F 値を計算する．帯域フィルタでは，入力信号に対してフィルタ方式と帯域幅を与えると帯域幅損失係数 L_F が定まり，また同時に雑音レベルも定まるので，前〔1〕項に示したように SNR に与えるフィルタ帯域幅の影響が総合的に定まる．

L_F の算定に当たり，フィルタへの入力信号を図 3.25 に示す式 (3.56) の矩形パルス変調正弦波 $v_i(t)$ とする．

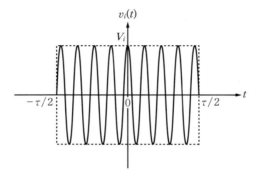

図 3.25 帯域フィルタへの入力信号

$$v_i(t) = \begin{cases} V_i \cos 2\pi f_0 t & \left(|t| \leq \dfrac{\tau}{2}\right) \\ 0 & \left(|t| > \dfrac{\tau}{2}\right) \end{cases} \tag{3.56}$$

上式をフーリエ変換して入力信号の周波数スペクトル $F(f)$ を求めると,次式となる。

$$\begin{aligned} F(f) &= \int_{-\tau/2}^{\tau/2} v_i(t) e^{-j\omega t} dt \\ &= \frac{V_i \tau}{2} \left\{ \frac{\sin \pi \tau (f - f_0)}{\pi \tau (f - f_0)} + \frac{\sin \pi \tau (f + f_0)}{\pi \tau (f + f_0)} \right\} \end{aligned} \tag{3.57}$$

図 3.26(a)に入力信号の周波数スペクトル $F(f)$ のグラフを,また同図(b)にエネルギースペクトル $|F(f)|^2$ のグラフを示す。

一方,L_F の計算で用いるフィルタは,**図 3.27** に電力伝達関数 $|H(f)|^2$ を示す 112 ページの ① ~ ③ の 3 種類の帯域フィルタとする。同図の横軸の周波数は,フィルタの中心周波数 f_0 との差分を雑音帯域幅 B_n で規格化した $(f-f_0)/B_n$ に取って表示してあり,また負側のグラフは図示されていないが,中心周波数を $-f_0$ とする以外は正側のグラフと同一形である。

3.7 フィルタの特性とその損失補正　　111

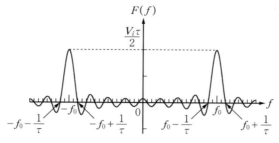

（a） 入力信号の周波数スペクトル

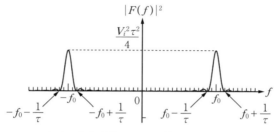

（b） 入力信号のエネルギースペクトル

図 3.26　フィルタへの入力信号のスペクトル

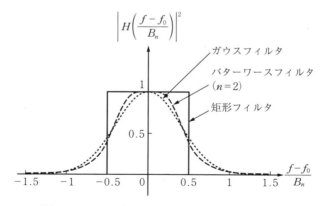

図 3.27　L_F の計算に用いるフィルタの電力伝達関数

① 理想矩形フィルタ

$$|H(f)|^2 = \begin{cases} 1 & \left(\left|\dfrac{f-f_0}{B_n}\right| \leq \dfrac{1}{2}\right) \\ 0 & \left(\left|\dfrac{f-f_0}{B_n}\right| \geq \dfrac{1}{2}\right) \end{cases} \tag{3.58}$$

② バターワースフィルタ ($n=2$)

$$|H(f)|^2 = \dfrac{1}{1+\left(\dfrac{\pi}{\sqrt{2}} \cdot \dfrac{f-f_0}{B_n}\right)^4} + \dfrac{1}{1+\left(\dfrac{\pi}{\sqrt{2}} \cdot \dfrac{f+f_0}{B_n}\right)^4} \tag{3.59}$$

③ ガウスフィルタ

$$|H(f)|^2 = \exp\left\{-\left(\dfrac{1.772(f-f_0)}{B_n}\right)^2\right\} + \exp\left\{-\left(\dfrac{1.772(f+f_0)}{B_n}\right)^2\right\} \tag{3.60}$$

帯域幅損失係数 L_F は,上記入力信号のスペクトル $F(f)$ とフィルタの伝達関数 $H(f)$ を用いて次式により定義される。

初めに,$B_n\tau \lesssim 1$ に対する帯域幅損失係数 L_F は,出力パルスの中央点 $t=0$ における電力 $v_o(0)^2/2$ に基づく $L_{F,p}(B_n\tau)$ として次式により計算される。

$$L_F = L_{F,p}(B_n\tau) = \dfrac{V_i^2/2}{v_o(0)^2/2} = \dfrac{V_i^2}{\left[\int_{-\infty}^{\infty} F(f)H(f)df\right]^2} \quad (B_n\tau \lesssim 1) \tag{3.61}$$

次に,$B_n\tau \gtrsim 1$ に対する L_F は,出力パルスのエネルギー $E_o(B_n\tau)$ に基づく $L_{F,e}(B_n\tau)$ として次式により計算される。

$$L_F = L_{F,e}(B_n\tau) = \dfrac{V_i^2\tau/2}{E_o(B_n\tau)} = \dfrac{V_i^2\tau/2}{\int_{-\infty}^{\infty} |F(f)H(f)|^2 df} \quad (B_n\tau \gtrsim 1) \tag{3.62}$$

上記 ① 〜 ③ の帯域フィルタについて,雑音帯域幅 B_n の関数として帯域幅損失係数 L_F を計算して図3.28に示す。ここに,同図の横軸は,雑音帯域幅 B_n をパルス幅から決まる帯域幅 $1/\tau$ で規格化した $B_n\tau$ で表示した。矩形フィルタとバターワースフィルタでは,それぞれの場合式 (3.61) の $L_{F,p}(B_n\tau)$ と式

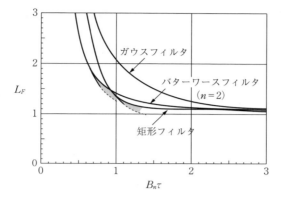

図 3.28 帯域幅損失係数 L_F の規格化雑音帯域幅 $B_n\tau$ に対する変化

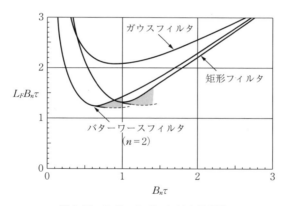

図 3.29 $L_F B_n\tau$ の $B_n\tau$ に対する変化

(3.62) の $L_{F,e}(B_n\tau)$ とは $B_n\tau$ が 1 の近傍で交差しており，L_F としてはそれらの交点を境にして値の大きい方のグラフを採用した．一方，ガウスフィルタ使用の場合には，$B_n\tau$ の小さい領域で出力信号のパルス幅の拡大が大きいため，両グラフの交差は $B_n\tau \cong 2.5$ 付近まで発生しない特異な性質を示す．

一方，フィルタの帯域幅が SNR に与える効果は，式 (2.23) の分母にある $L_F B_n$ に集約されていることがわかる．$L_F B_n$ の内，L_F は $B_n\tau$ が小さい領域におけるパルス電力の帯域制限とパルス幅の拡大に伴うパルス強度低下による

SNR の劣化を表し，また B_n は $B_n\tau$ の増加に伴う雑音の増大による SNR の劣化を表している。

B_n の変化に対する $L_F B_n$ の変化を考察するに当たって，図 3.28 において L_F のグラフは $1/\tau$ で規格化された $B_n\tau$ に対し描かれたことを考慮すると，$L_F B_n$ についても同様に規格化して $L_F \cdot B_n\tau$ を $B_n\tau$ に対して描くのが適切である。このようにして描いた $L_F \cdot B_n\tau$ のグラフを**図 3.29** に示す。このグラフから，前〔1〕項で概念的に示した SNR を最大化する B_n の値が，$1/\tau$ の近傍に存在することがわかる。

3.7.3 マッチドフィルタのマッチング損失

レーダ方程式がその基礎を置く SNR の算定式について，2.3.4〔2〕項で帯域フィルタ出力を基準とする場合とマッチドフィルタ出力を基準とする場合について説明した。その後者を基準とする場合については，理想的なマッチドフィルタが実現されない場合の損失を考慮するためにマッチング損失 L_m が定義され，SNR 算定式には式 (2.27) において，また，レーダ方程式には式 (2.29) において導入された。

この L_m の値に関しては，矩形パルス変調正弦波の受信にマッチドフィルタではなく，帯域フィルタが使用された場合の損失値が報告されている。Barton[11] は $B_n\tau$ （雑音帯域幅・パルス幅積）の変化に対する L_m の変化をグラフで示しており，Taylor[12] は $B_n\tau$ の最適値に対し L_m の値を示している。それらのデータの中から一例を引用して次に示す。

① 矩形パルス送信 → 矩形帯域通過フィルタ使用による受信の場合：
 $B_{-3\mathrm{dB}}\tau = 1.37$, $L_m = 0.85$ dB
② 矩形パルス送信 → ガウス型帯域通過フィルタ使用による受信の場合：$B_{-3\mathrm{dB}}\tau = 0.74$, $L_m = 0.51$ dB

上記 L_m と等価な値は，式 (2.23) と式 (2.27) の比較により $(B_n\tau)L_F$ であることから，図 3.28 の L_F に $B_n\tau$ を乗じて L_m として用いることもできる。

$B_n\tau \gg 1$ のパルス圧縮方式（7.4 節，および 8 章参照）では実際にマッチド

フィルタが使用されるが，反射パルス波のひずみや目標の運動に伴うドップラー周波数の発生によって理想的マッチドフィルタからのずれが生ずるため，マッチング損失が発生する．

3.7.4 帯域幅補正係数

2.3.4〔2〕項（SNR 表示式とレーダ方程式）の（c）マッチドフィルタ出力を基準とするレーダ方程式〔2〕において導入された帯域幅補正係数 C_B には，そのまま用いた場合，理論的には不整合もあることはすでに述べた．しかし，実用上は誤差が許容範囲にあり広く使用されてきたこともあるので，ここでその意味を中心に解説する．

C_B 導入の背景には，3.7.2〔1〕項に示したように「帯域フィルタにはパルス幅に適合した最適帯域幅が存在し，帯域幅が最適値と異なる値を取ったときには SNR が劣化する」という認識が当時からあった．この劣化度を表す係数については，古く前大戦時に NRL（米国海軍研究所）により A スコープの目視観察により実験式が求められ，次の実験式[13]として報告された．

$$C_B = \frac{B_n \tau}{4\alpha}\left(1 + \frac{\alpha}{B_n \tau}\right)^2 \tag{3.63}$$

ここに，τ は矩形パルスのパルス幅，B_n はフィルタの雑音帯域幅であり，α は上記の実験結果等から 1～1.2 程度の値を取るとされる定数である．

式 (3.63) においては，$B_n \tau = \alpha$ のとき，最小値 $C_B = 1$ を取る．このとき，最適雑音帯域幅 $B_{n,opt}$ は，次式で表される．

$$B_{n,opt} = \frac{\alpha}{\tau} \tag{3.64}$$

式 (3.64) の α を式 (3.63) に代入すると，式 (3.63) は次式となる．

$$C_B = \frac{1}{4}\frac{B_n}{B_{n,opt}}\left(1 + \frac{1}{B_n/B_{n,opt}}\right)^2 \tag{3.65}$$

上式により $B_n/B_{n,opt}$ に対する C_B の変化をグラフに描くと**図 3.30** となる．この図から，B_n が最適帯域幅 $B_{n,opt}$ に等しくなったとき，C_B は α の値によらず最小値 1 となる．

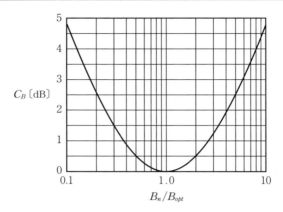

図 3.30 帯域幅補正係数 C_B

一方，$B_{n,opt}$ はパルス幅 τ と定数 α を介して式 (3.64) の関係式で結ばれている。α の値は当初から実験データ主体で $1\sim1.2$ とされていたが，実験データの見直しなどにより現在は $\alpha\cong1$ が適切と報告されている。しかし，図3.30に見られるように C_B は B_n の最適値近傍では広範囲にわたり平坦(へいたん)な特性を示すため，実効上は α の値を厳密に考える必要はなく，この値が若干変わったとしても C_B の値に大きな影響は与えない。

引用・参考文献

[1] S. Silver, ed.: Microwave Antenna Theory and Design, Vol. 12 in MIT Radiation Laboratory Series, McGraw-Hill (1949)
[2] 電子通信学会編，アンテナ工学ハンドブック，オーム社 (1980)
[3] L. N. Ridenour, ed.: Radar System Engineering, Vol. 1 in MIT Radiation Laboratory Series, McGraw-Hill (1947)
[4] D. E. Kerr, ed.: Propagation of Short Radio Waves, Vol. 13 in MIT Radiation Laboratory Series, McGraw-Hill (1951)
[5] M. I. Skolnik: Introduction To Radar Systems, 2nd ed., McGraw-Hill (1980)
[6] IEEE Standard Dictionary of Electrical and Electronics Terms, ANSI/IEEE Std 100-1984, 3rd. ed.
[7] H. Nyquist: "Thermal Agitation of Electric Charge in Conductors, Pysical

Review", Vol. 32 (July 1928)

[8]　L. V. Blake : Radar Range Performance Analysis, Lexington Books (1980)

[9]　M. Schwartz : Information Transmission, Modulation, and Noise (3rd ed.), McGraw-Hill (1981)

[10]　L. V. Blake : "Prediction of Radar Range", Chap. 2 in Radar Handbook, 2nd ed., M. I. Skolnik, ed., McGraw-Hill (1990)

[11]　D. K. Barton : Radar Equations for Modern Radar, Artech House (2013)

[12]　J. W. Taylor, Jr. : "Receivers", Chap. 3 in Radar Handbook, 2nd ed., M. I. Skolnik, ed., McGraw-Hill (1990)

[13]　A. V. Haeff : "Minimum Detectable Radar Signal and Its Dependence on Parameters of Radar Systems", Proc. IRE, Vol. 34 (1946) (Originally published as a Naval Research Laboratory report in 1943)

4 目標信号の検出基準

　レーダ方程式における目標検出条件は確率的に規定するのが適切であることを 2.4.1 項で説明した。本章ではこれを受けて，レーダ方程式における SNR による目標検出基準値の確率的規定方法を検討する。検討に当たり，中間周波増幅部の狭帯域フィルタとして帯域フィルタ（2.3.3 項参照）の使用を前提として進めるが，後述するように導出結果はマッチドフィルタ使用時にも変換係数を乗ずるだけで適用できる。したがって，$(S_o/N_o)_{min}$ とマッチドフィルタ出力を基準として定義されたディテクタビリティファクタ D_0（4.1.3 項参照）とは両者を区別せずに用いていく。

　初めに，雑音電圧と雑音の重畳された信号電圧の確率密度関数を導出して，単一反射パルス波による確率的目標検出基準値を求める。次いで，目標検出性能を向上させる複数反射パルス波の積分処理について検討を行い，改善された確率的目標検出基準値を求め，最後にレーダ断面積が刻々変化する目標について目標検出基準値を求める。

　ここで扱う理論は，前大戦からその後の 1970 年頃までに基礎が確立され，工学的理論としてレーダのシステム設計で広く使用されてきた。しかし，その動作理論はレーダ設計者にとって必ずしもわかりやすいとはいえない面があることから，ここでは図を参照しながら，信号の流れに沿って物理的な動作と数式導出の道筋を明確にするように努めた。ただし，後半の数式誘導では閉じた形の数式表示ができない場合があり，その場合には数値計算に委ねることとした。

4.1　単一反射パルス波による目標検出と目標検出基準

　信号検出系における雑音電圧と雑音の重畳された信号電圧（以後，「(信号＋雑音) 電圧」と記す）の確率密度関数を信号の流れに沿って順に考察し，最終的に目標検出部位における確率密度関数に基づいて，単一反射パルス波により

4.1 単一反射パルス波による目標検出と目標検出基準

目標検出を行う場合の確率的目標検出基準を求める。

4.1.1 雑音と信号に関わる確率分布

レーダ受信系の中で目標信号検出に関わる部分の系統図を**図4.1**に示す。同図中の中間周波数帯の狭帯域フィルタは，中間周波数に比べ狭い通過帯域を持ち，信号成分はできるだけ多く通過させながら雑音はできるだけ多く阻止するために挿入される。このフィルタは，2.3.4〔1〕項で述べたように，帯域特性の設定いかんで出力信号レベルを変化させるため，信号検出性能に大きな影響を及ぼす構成要素である。**図4.2**～**図4.4**は図4.1のA～D点における雑音と（信号＋雑音）電圧波形と，それら電圧の確率密度関数を概念的に描いた図である。それらの物理量をどこまでどのように数式で表現できるかが，以下の各項の主要課題である。

狭帯域フィルタ通過後の雑音の確率分布と反射パルス波の検出条件については，前大戦中から戦後にかけてNorth[1]（1943年），Rice[2]（1945年），Marcum[3],[4]（1947年）らにより先駆的な研究がなされた。ここでは目標検出

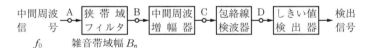

図4.1 信号検出系統図

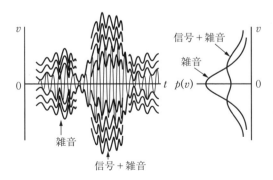

図4.2 A点における電圧波形 v とその確率密度関数 $p(v)$

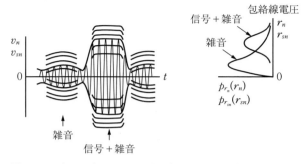

図 4.3 B 点，C 点における電圧波形 v_n, v_{sn} と包絡線電圧の確率密度関数 $p_{r_n}(r_n)$, $p_{r_{sn}}(r_{sn})$

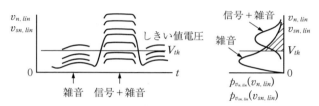

図 4.4 D 点における電圧波形 $v_{n,lin}$, $v_{sn,lin}$ とその確率密度関数 $p_{v_{n,lin}}(v_{n,lin})$, $p_{v_{sn,lin}}(v_{sn,lin})$

に関連する確率分布について，後の Cooper & McGillem[5]（1986 年）に従って導出の道筋を解説する。

〔1〕 雑音の確率分布[5], [6]

A 点における雑音電圧の考察から始めよう。この雑音電圧 v は，基本的にレーダ外からアンテナを経て入力した雑音とレーダ内部で発生する多数の独立な雑音の和から構成されている。したがって，中心極限定理[7]（central limit theorem）の示すところにより，雑音振幅の分布はガウス分布（Gaussian distribution，正規分布）となる。各時点でガウス分布する雑音電圧 v の確率密度関数は次式で表される。

$$p(v) = \frac{1}{\sqrt{2\pi N}} e^{-\frac{v^2}{2N}} \tag{4.1}$$

ここに，N は平均雑音電力であり，雑音電圧 v の分散に等しい。

この雑音は周波数帯域内で一様に分布した周波数特性を持っており，準白色

雑音と考えることができる。その雑音電圧の波形と確率密度関数の概念図を図4.2に示す。雑音の確率密度関数は電圧0Vの両側に広がった釣り鐘状の形となる。同図には，後出の（信号＋雑音）電圧についても同様の図が示されている。

　上記準白色雑音が狭帯域フィルタを通過してB点に至ると，中間周波数の周りに帯域制限された有色雑音となる。この後，雑音は中間周波増幅器を経てC点に至り，C点では増幅を受けた分だけ電圧が高くなってB点の雑音電圧に比例する値となる。したがって，C点における雑音波形はB点における波形に相似であり，またC点における確率密度関数はB点と同一の関数形となる。

　以下，ステップを踏んでD点における雑音の確率密度関数を求める。

ステップ①　ガウス分布雑音の数式表示　図4.1のA点において狭帯域フィルタに前述の平均値0のガウス分布準白色雑音が入力されると，B点に出力される雑音は帯域制限された平均値0のガウス分布の雑音となる。この狭帯域雑音電圧を数式表示するために，雑音電圧を**図4.5**に示すように時間軸上で時間幅 T だけ切り取り，この時間幅を繰返し周期とするフーリエ級数展開により雑音電圧を表す。ただし，周期 T は，後に極限を取って∞とする。

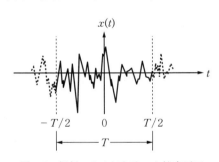

図4.5　解析のため切り取った雑音電圧

この考え方に従い，雑音電圧 $x(t)$ を次式のフーリエ級数により表す。

$$x(t) = \sum_{n=1}^{\infty} \left(x_{cn} \cos n\omega_T t + x_{sn} \sin n\omega_T t \right) \tag{4.2}$$

ここに，$\omega_T = 2\pi/T$ であり，また，フーリエ係数 x_{cn} と x_{sn} は次式により与えられる。

$$\left. \begin{array}{l} x_{cn} = \dfrac{2}{T} \displaystyle\int_{-T/2}^{T/2} x(t) \cos n\omega_T t \, dt \\[6pt] x_{sn} = \dfrac{2}{T} \displaystyle\int_{-T/2}^{T/2} x(t) \sin n\omega_T t \, dt \end{array} \right\} \tag{4.3}$$

上式において $x(t)$ は平均値 0 のガウス分布であることから，x_{cn} と x_{sn} も平均値 0 のガウス分布となる。

ステップ ②　中間周波数 f_0 周りの狭帯域雑音の数式表示　　図 4.1 の狭帯域フィルタの中心周波数は中間周波数 $f_0 = \omega_0/2\pi$ に等しく，また帯域幅を B とすると，B 点に出力される雑音電圧は，中間周波数 f_0 の周りの $\pm B/2$ の範囲に帯域制限された平均値 0 のガウス分布雑音となる。

式 (4.2) は，$n\omega_T = (n\omega_T - \omega_0) + \omega_0$ を代入して変形すると，次式により表すことができる。

$$x(t) = x_c(t)\cos\omega_0 t - x_s(t)\sin\omega_0 t \tag{4.4}$$

ここに

$$\left. \begin{array}{l} x_c(t) = \sum_{n=1}^{\infty}\left\{x_{cn}\cos(n\omega_T - \omega_0)t + x_{sn}\sin(n\omega_T - \omega_0)t\right\} \\ x_s(t) = \sum_{n=1}^{\infty}\left\{x_{cn}\sin(n\omega_T - \omega_0)t + x_{sn}\cos(n\omega_T - \omega_0)t\right\} \end{array} \right\} \tag{4.5}$$

である。式 (4.5) は狭帯域フィルタを通過した ω_0 近傍の電気信号の係数であることから，右辺は緩やかに変動する項だけから成り，したがって右辺の項の中で実際に残るのは周波数 0 の近傍項だけとなる。$x_c(t)$ と $x_s(t)$ は，式 (4.5) により期待値 0 のガウス分布の確率変数の和であることから，期待値 0 のガウス分布となる。また，その分散 σ_{ct}^2 と σ_{st}^2 は，式 (4.5) を用いて $x_c^2(t)$ と $x_s^2(t)$ の期待値を取り，さらに $T \to \infty$ の極限を取るなどの演算を行うことにより次式として得られる。

$$\left. \begin{array}{l} E\{x_c(t)\} = E\{x_s(t)\} = 0 \\ \sigma_{ct}^2 = \sigma_{st}^2 = \sigma_x^2 \end{array} \right\} \tag{4.6}$$

ここに，σ_{ct}^2，σ_{st}^2，σ_x^2 はそれぞれ $x_c(t)$，$x_s(t)$，$x(t)$ の分散であり，また $x_c(t)$ と $x_s(t)$ とは統計的に独立である。以上より，狭帯域フィルタから出力される帯域制限されたガウス雑音の表示式は式 (4.4) として書き表すことができ，また，その係数は式 (4.6) の期待値と分散を持ったガウス分布する確率変数となる。

ステップ ③　雑音電圧包絡線の確率分布　　図4.1のB点とC点における狭帯域の雑音電圧は，中間周波増幅器により一定の増幅を受けるだけで比例関係にあるので，C点においてもステップ ② の結論をそのまま適用できる。したがって，C点における雑音電圧 v_n を中間周波数 $f_0 = \omega_0/2\pi$ を用いて次式に書き表すことから始める。

$$v_n(t) = A(t)\cos\omega_0 t + B(t)\sin\omega_0 t \tag{4.7}$$

ここに，$A(t)$ と $B(t)$ は，前ステップ ② の結論から中間周波数 $f_0 = \omega_0/2\pi$ に比べて緩やかに $\pm B/2$ の範囲で変動し，雑音電圧 $v_n(t)$ と同様に各時刻 t において期待値0でガウス分布する確率変数である。その確率密度関数 $p_A(A)$，$p_B(B)$ は，雑音電力を $N = \overline{v_n(t)^2}$（雑音電圧 $v_n(t)$ の2乗平均値）として次式により書き表すことができる。

$$\left.\begin{aligned} p_A(A) &= \frac{1}{\sqrt{2\pi}\,\sigma_n} e^{-\frac{A^2}{2\sigma_n^2}} = \frac{1}{\sqrt{2\pi N}} e^{-\frac{A^2}{2N}} \\ p_B(B) &= \frac{1}{\sqrt{2\pi}\,\sigma_n} e^{-\frac{B^2}{2\sigma_n^2}} = \frac{1}{\sqrt{2\pi N}} e^{-\frac{B^2}{2N}} \end{aligned}\right\} \tag{4.8}$$

ここに，σ_n^2，σ_A^2，および σ_B^2 はそれぞれ v_n，A，および B の分散であり

$$N = \sigma_n^2 = \sigma_A^2 = \sigma_B^2 \tag{4.9}$$

である。この場合，$A(t)$ と $B(t)$ の結合確率密度関数は両確率変数が統計的に独立であることから，次式となる。

$$p_{A,B}(A,B) = p_A(A)p_B(B) = \frac{1}{2\pi N} e^{-\frac{A^2+B^2}{2N}} \tag{4.10}$$

次に，雑音電圧の包絡線の表示式を求めるため，式 (4.7) を包絡線電圧 $r_n(t)$ を含む次式に変形する。

$$v_n(t) = r_n(t)\cos\{\omega_0 t - \varphi_n(t)\} \tag{4.11}$$

ここに，$(A(t), B(t))$ と $(r_n(t), \varphi_n(t))$ の関係式は次のとおりである。

$$\left.\begin{aligned} r_n(t) &= \sqrt{A^2(t) + B^2(t)} \\ \varphi_n(t) &= \tan^{-1}\left(\frac{B(t)}{A(t)}\right) \end{aligned}\right\} \tag{4.12}$$

$$\left.\begin{array}{l} A(t) = r_n(t)\cos\varphi_n(t) \\ B(t) = r_n(t)\sin\varphi_n(t) \end{array}\right\} \tag{4.13}$$

包絡線電圧 $r_n(t)$ の変動の周波数は式 (4.5) より $\pm B/2$ の範囲にあり，f_0 に比べ緩やかである。C 点における雑音電圧波形と，その包絡線の確率密度関数の概念図を図 4.3 に示す。

包絡線電圧 $r_n(t)$ の確率密度関数は，式 (4.10) において (A, B) の確率変数の組を極座標 (r_n, φ_n) の組へ変数変換することにより導くことができる。このためには，式 (4.13) の関係式に基づき，ヤコビアンを用いる重積分の変数変換定理を式 (4.10) に適用すればよい。

ヤコビアン行列式は $J(r_n, \varphi_n(t)) = r_n$ となるので，変数変換後の結合確率密度関数は次式となる。

$$\begin{aligned} p_{r_n, \varphi_n}(r_n, \varphi_n) &= p_{A,B}(r_n\cos\varphi_n, r_n\sin\varphi_n) J(r_n, \varphi_n) \\ &= \frac{r_n}{2\pi N} e^{-\frac{r_n^2}{2N}} \quad (0 \leq r_n) \end{aligned} \tag{4.14}$$

次に，r_n と φ_n の周辺確率密度関数を求めると，次式を得る。

$$p_{r_n}(r_n) = \frac{r_n}{N} e^{-\frac{r_n^2}{2N}} \quad (0 \leq r_n) \tag{4.15}$$

$$p_{\varphi_n}(\varphi_n) = \frac{1}{2\pi} \quad (0 \leq \varphi_n \leq 2\pi) \tag{4.16}$$

式 (4.15) より包絡線電圧 r_n の確率密度関数はレイリー分布であり，その平均値 $\overline{r_n}$，平均電力 $\overline{r_n^2}$，および分散 σ_r^2 は次式で与えられる。

$$\left.\begin{array}{l} \overline{r_n} = \sqrt{\dfrac{\pi N}{2}} \\ \overline{r_n^2} = 2N \\ \sigma_r^2 = \left(2 - \dfrac{\pi}{2}\right) N \end{array}\right\} \tag{4.17}$$

ステップ ④　検波後雑音電圧の確率分布　図 4.1 の D 点における雑音のビデオ電圧波形は検波器の特性により変わる。直線検波器を用いる場合には，

ビデオ電圧は中間周波増幅部における式 (4.11) の包絡線電圧 $r_n(t)$ に比例する電圧となり，一般には α を定数としてビデオ雑音電圧 $v_{n,lin}(t)$ と $r_n(t)$ の関係は $v_{n,lin}(t)=\alpha r_n(t)$ となるが，式を簡単とするため $\alpha=1$ とする．この結果，雑音電圧 $v_{n,lin}(t)$ の確率密度関数は，式 (4.15) で $r_n(t)$ を $v_{n,lin}(t)$ に置換することにより次式のレイリー分布として得られる．

$$p_{v_{n,lin}}(v_{n,lin}) = \frac{v_{n,lin}}{N} e^{-\frac{v_{n,lin}^2}{2N}} \quad (0 \leq v_{n,lin}) \tag{4.18}$$

ここに，N は式 (4.17) に等しく

$$N = \frac{\overline{r_n^2(t)}}{2} = \frac{\overline{v_{n,lin}^2(t)}}{2} \tag{4.19}$$

である．図 4.4 は検波後の雑音電圧とその確率密度関数の形を概念的に示した図である．

次に，検波器として 2 乗検波器を用いる場合，一般には β を定数としてビデオ雑音電圧 $v_{n,sq}(t)$ と包絡線電圧 $r_n(t)$ との関係は

$$v_{n,sq}(t) = \beta r_n^2(t) \tag{4.20}$$

となるが，式を簡単とするため $\beta=1/2$ と置いて式 (4.15) について変数変換を行う．この結果，雑音電圧 $v_{n,sq}$ の確率密度関数 $p_{v_{n,sq}}(v_{n,sq})$ は，次式の指数分布として得られる．

$$p_{v_{n,sq}}(v_{n,sq}) = \frac{1}{N} e^{-\frac{v_{n,sq}}{N}} \quad (v_{n,sq} \geq 0) \tag{4.21}$$

ここに，N は式 (4.17) の第 2 式に等しく，その式の $r_n(t)$ に式 (4.20) を代入すると

$$N = \frac{\overline{r_n^2(t)}}{2} = \overline{v_{n,sq}(t)} \tag{4.22}$$

となる．

〔2〕 (信号＋雑音) の確率分布[5], [6]

A 点に中間周波数の正弦波信号が入力されると，信号に前〔1〕項で述べた雑音が重畳された波形となる．その電圧波形と確率密度関数の概形を図 4.2 に示す．

その信号は，続いて狭帯域フィルタを通りB点を経て中間周波増幅器を通りC点に至る。中間周波増幅器は線形動作の範囲で考えているので，B点とC点における信号と雑音は前〔1〕項の場合と同様に比例関係にあるだけであり，確率密度関数の関数形は両点において同一である。したがって，入力信号について狭帯域フィルタの影響だけを考慮すれば十分なので，ステップ③のC点から検討を進める。

ステップ ③ （信号＋雑音）電圧包絡線の確率分布 C点における雑音が重畳された信号電圧 $v_{sn}(t)$ は，式 (4.7) に正弦波信号 $V_s\cos\omega_0 t$ を加えることにより，次式として書き表すことができる。

$$v_{sn}(t) = \{V_s + A(t)\}\cos\omega_0 t + B(t)\sin\omega_0 t$$
$$= A'(t)\cos\omega_0 t + B(t)\sin\omega_0 t \tag{4.23}$$

ここに，$A'(t) = V_s + A(t)$ である。また，$A(t)$ と $B(t)$ は各時点で式 (4.8) および式 (4.9) と同じ確率密度関数を持つ確率変数であり，その結合確率密度関数を再掲すると次のとおりである。

$$p_{A,B}(A, B) = \frac{1}{2\pi N} e^{-\frac{A^2 + B^2}{2N}} \tag{4.10}$$

式 (4.23) を参照して，$A'(t)$ と $B(t)$ の結合確率密度関数 $p_{A',B}(A', B)$ を考えると，$A'(t) = V_s + A(t)$ であることから式 (4.10) の関数を A 軸のプラス方向に V_s だけ平行移動した形状になることがわかる。したがって，式 (4.10) の A に $A' - V_s$ を代入すれば，$p_{A',B}(A', B)$ が次式として得られる。

$$p_{A',B}(A', B) = \frac{1}{2\pi N} e^{-\frac{(A' - V_s)^2 + B^2}{2N}} \tag{4.24}$$

ここで，$v_{sn}(t)$ の包絡線の確率分布を求めるため，式 (4.23) を次式に変形する。

$$v_{sn}(t) = r_{sn}(t)\cos\{\omega_0 t - \varphi_{sn}(t)\} \tag{4.25}$$

ここに，上式の包絡線電圧 $r_{sn}(t)$ と位相 $\varphi_{sn}(t)$ の組と式 (4.23) の係数との関係式は，式 (4.26)，(4.27) のとおりである。

4.1 単一反射パルス波による目標検出と目標検出基準

$$\left.\begin{array}{l}r_{sn}(t)=\sqrt{A'^{2}(t)+B^{2}(t)}=\sqrt{(V_s+A(t))^2+B^2(t)}\\ \varphi_{sn}(t)=\tan^{-1}\dfrac{B(t)}{A'(t)}=\tan^{-1}\dfrac{B(t)}{V_s+A(t)}\end{array}\right\} \quad (4.26)$$

$$\left.\begin{array}{l}A'(t)=r_{sn}(t)\cos\varphi_{sn}(t)\\ B(t)=r_{sn}(t)\sin\varphi_{sn}(t)\end{array}\right\} \quad (4.27)$$

ここで，式 (4.24) の確率密度関数に式 (4.26) と式 (4.27) の関係式を用いて確率変数 $(A'(t), B(t))$ を $(r_{sn}(t), \varphi_{sn}(t))$ に式 (4.14) の場合と同様に変数変換すると，変換後の結合確率密度関数は次式となる。

$$p_{r_{sn},\varphi_{sn}}(r_{sn},\varphi_{sn})=\dfrac{r_{sn}}{2\pi N}e^{-\dfrac{r_{sn}^2-2V_s r_{sn}\cos\varphi_{sn}+V_S^2}{2N}} \quad (0\leq r_{sn}) \quad (4.28)$$

次に，式 (4.28) から r_{sn} と φ_{sn} の周辺確率密度関数を求めると，次式を得る。

$$p_{r_{sn}}(r_{sn})=\dfrac{r_{sn}}{N}e^{-\dfrac{r_{sn}^2+V_s^2}{2N}}I_0\left(\dfrac{r_{sn}V_s}{N}\right) \quad (0\leq r_{sn}) \quad (4.29)$$

$$p_{\varphi_{sn}}(\varphi_{sn})=\dfrac{1}{2\pi}$$

$$(0\leq\varphi_{sn}\leq 2\pi) \quad (4.30)$$

ここに，I_0 は 0 次の第 1 種変形ベッセル関数であり，その関数のグラフは**図 4.6** に示すとおりである。式 (4.29) で目標信号が存在しない $V_s=0$ の場合を考えると，図 4.6 から $I_0(0)=1$ となるので，式 (4.29) は式 (4.15) に一致することが読み取れる。式

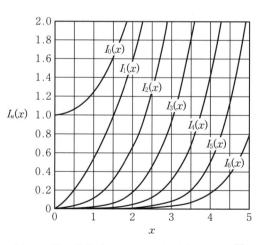

図 4.6 第 1 種変形ベッセル関数 $I_n(x)$ のグラフ[9]

(4.29) の確率密度関数は図 4.3 に示す形状である。

ステップ ④　検波後の（信号＋雑音）電圧の確率分布　次に，中間周波信号 $v_{sn}(t)$ が包絡線検波器（直線検波器）で検波されると，D 点におけるビデ

オ信号電圧 $v_{sn,lin}(t)$ は中間周波信号の包絡線電圧 $r_{sn}(t)$ に比例する波形となる。ここで，前〔1〕項のステップ ④ と同様に式の簡単化のため比例係数を1と置くこととし，式 (4.29) において $r_{sn}(t)$ を $v_{sn,lin}(t)$ に置換すると，検波後の（信号+雑音）電圧の確率密度関数は次式で与えられる。

$$p_{v_{sn,lin}}(v_{sn,lin}) = \frac{v_{sn,lin}}{N} e^{-\frac{v_{sn,lin}^2 + V_s^2}{2N}} I_0\left(\frac{v_{sn,lin} V_s}{N}\right) \quad (0 \leq v_{sn,lin}) \tag{4.31}$$

ここに，N と V_s はそれぞれ式 (4.19) と式 (4.23) における値と同じである。式 (4.31) の分布はライス分布と呼ばれており，その形は図4.4 および後出の**図4.7**に示されるとおりである。

検波器として2乗検波器を用い，式 (4.21) の場合と同様に係数を1/2に取って $v_{sn,sq}(t) = r_{sn}^2(t)/2$ と置くと，（信号+雑音）電圧 $v_{sn,sq}$ の確率密度関数 $p_{v_{sn,sq}}(v_{sn,sq})$ は，次式となる。

$$p_{v_{sn,sq}}(v_{sn,sq}) = \frac{1}{N} e^{-\frac{2v_{sn,sq} + V_s^2}{2N}} I_0\left(\frac{\sqrt{2v_{sn,sq}} V_s}{N}\right) \quad (v_{sn,sq} \geq 0) \tag{4.32}$$

〔3〕 **雑音の重畳した信号の確率密度関数の形状**[1],[4]

式 (4.31) のグラフの形を考察するために，次に示す規格化した変数を代入して同式を書き換える。

$$x = \frac{v_{sn,lin}}{\sqrt{N}} \tag{4.33}$$

$$a = \frac{V_s}{\sqrt{N}} \tag{4.34}$$

x と a は，それぞれ（信号+雑音）電圧と信号電圧の振幅値を雑音の RMS 値（2乗平均の平方根）で規格化した値である。なお，式 (4.34) の a と SNR とは次の関係式で結ばれている。

$$\frac{S}{N} = \frac{V_s^2}{2N} = \frac{a^2}{2} \tag{4.35}$$

式 (4.31) を上記の変数 x と a を用いて変数変換すると次式を得る。

$$p_x(x) = xe^{-\frac{x^2 + a^2}{2}} I_0(ax) \tag{4.36}$$

この式に従い，確率密度関数 $p_x(x)$ を a をパラメータとしてグラフで示すと図

4.7となる。

ここで，図4.7を信号と雑音の関わり合いという観点から見てみよう。信号電力が雑音電力に比べ大きい場合を考えると，この条件は式(4.36)において$a \gg 1$の場合に相当する。この場合，I_0の漸近展開を適用すると，式(4.36)の確率密度関数は次の近似式で表すことができる。

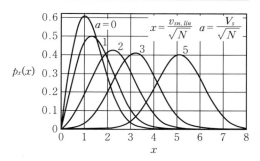

図4.7 規格化したビデオ電圧xの確率密度関数$p_x(x)$

$$p_x(x) \cong \frac{1}{\sqrt{2\pi}} e^{-\frac{(x-\sqrt{1+a^2})^2}{2}} \quad (a \to \infty) \tag{4.37}$$

この式は，$a \to \infty$で確率変数xはガウス分布に近付くことを示しており，期待値$\bar{x}$と分散σ^2は次式となる。

$$\bar{x} \cong \sqrt{1+a^2} \cong a + \frac{1}{2a} \tag{4.38}$$

$$\sigma^2 = 1 \tag{4.39}$$

また，その確率密度関数の最大値は次の値となる。

$$p(\bar{x}) = \frac{1}{\sqrt{2\pi}} \cong 0.399 \tag{4.40}$$

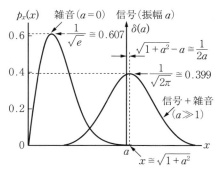

図4.8 雑音と信号のビデオ電圧の確率密度関数

$a \gg 1$の場合，式(4.37)の確率密度関数は信号の大きさaが変わっても最大値は式(4.40)の値のまま変わらず，ガウス分布の中心軸の位置が左右に移動するだけである。

式(4.37)を式(4.38)，(4.40)とともに示すと図4.8となる。同図には，$a=0$で雑音だけが存在する場合の分布と，雑音が存在せず目標信

号 a だけが存在する場合の確率密度関数が δ 関数で示してある．同図は，上記の雑音と信号が中間周波増幅部で加算されると，その加算された信号の包絡線の分布と包絡線検波（直線検波）後のビデオ信号電圧の分布は，$a \gg 1$ のときはともに同図に示されるガウス分布となることを示している．このとき，ガウス分布の中心軸は信号の振幅 a から近似的に $1/2a$ だけ右へ移動している．a の増大につれて，ガウス分布の中心軸（期待値）は信号だけが存在する場合の $x=a$ の値へ接近していくことがわかる．

4.1.2　誤警報確率設定値に対応する信号検出しきい値

誤警報確率 P_{fa} と検出確率 P_d を与えて $(S_o/N_o)_{min}$ 値を求める場合の手順については，2.4.2項でステップ ① ～ ④ として示した．本項では，前項で求めた雑音の確率分布を用いて，上記手順 ② の「P_{fa} を与えてしきい値 V_{th} を定める」ことを行う．

検波器としては直線検波器を用いるものとすると，雑音のビデオ電圧の確率密度関数は式 (4.18) で与えられる．誤警報確率 P_{fa} は図 2.17 の交差斜線部または図 4.4 の斜線部の面積で与えられるから，P_{fa} は式 (4.18) を用いて次式で表される．

$$P_{fa} = \int_{V_{th}}^{\infty} p_{v_{n,lin}}(v_{n,lin}) dv_{n,lin}$$
$$= \int_{V_{th}}^{\infty} \frac{v_{n,lin}}{N} e^{-\frac{v_{n,lin}^2}{2N}} dv_{n,lin} = e^{-\frac{V_{th}^2}{2N}} \tag{4.41}$$

この式を逆に解くと，V_{th} が次式として得られる．

$$V_{th} = \sqrt{2N \ln\left(\frac{1}{P_{fa}}\right)} \tag{4.42}$$

ここで，式 (4.34) の場合と同様に，しきい値 V_{th} を雑音電圧実効値で規格化して b と置く．

$$b = \frac{V_{th}}{\sqrt{N}} \tag{4.43}$$

上式の V_{th} に式 (4.42) を代入すると，b は

4.1 単一反射パルス波による目標検出と目標検出基準　　　131

$$b = \sqrt{2\ln\left(\frac{1}{P_{fa}}\right)} \tag{4.44}$$

により与えられる。上式から，誤警報確率 P_{fa} を与えることにより，規格化したしきい値 b が容易に計算できる。

4.1.3 目標検出確率設定値に対応する目標検出基準値

前項に引き続き 2.4.2 項のステップ ④ へ進み，式 (4.31) および前項で求めた V_{th} に基づいて，検出確率 P_d を与えて $(S_o/N_o)_{\min}$ を求めよう。P_d は図 2.17 に示した曲線 $p_{sn}(v_{sn})$ の V_{th} より大きい斜線部分の面積を求めることにより行われる。この計算に当たって式の一般化と簡略化のため，式 (4.36) の $p_x(x)$ と規格化されたしきい値 $b=V_{th}/\sqrt{N}$（式 (4.43)）を用いて P_d を書き直すと，次式となる。

$$P_d = \int_b^\infty x e^{-\frac{x^2+a^2}{2}} I_0(ax) dx \tag{4.45}$$

上式により，信号電圧の規格化振幅値 $a=V_s/\sqrt{N}$（式 (4.34)）を与えて P_d を計算することが可能であり，したがって，逆に P_d を与えて a を求めることができる。さらに，最終的に目的とする $(S_o/N_o)_{\min}$ の値は，この a から式 (4.35) の関係式 $S/N=a^2/2$ を用いて計算することができる。

計算に当たって式 (4.45) の積分を数式的に解くことは難しいため，普通は数値計算による。**図 4.9** に，P_{fa} をパラメータとして P_d と $(S_o/N_o)_{\min}$ の関係について計算したグラフ[8] を示す。同図では，$(S_o/N_o)_{\min}$ に代えてそれと等価なディテクタビリティファクタ D_0 を用いて表示してある。D_0 の定義と意味については下に述べる。

図 4.9 から，P_d と P_{fa} を条件として与えて単一パルスで目標検出を行う場合の D_0 が求められる。最大探知距離を計算するためには，その D_0 の値を 2.3.4 項のレーダ方程式で用いればよい。

○ **ディテクタビリティファクタ**

ディテクタビリティファクタ（detectability factor）D_0 は，2.3.3 項で述べ

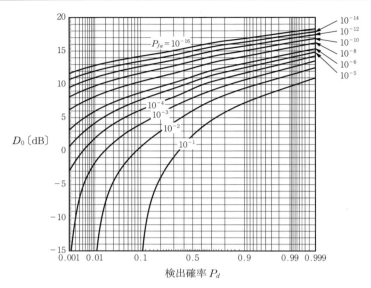

図 4.9 ディテクタビリティファクタ $D_0(=(S_o/N_o)_{min})$ 対検出確率 P_d [8]
（条件：単一パルス検出，目標フラクチュエーションなし，直線検波器）

たようにマッチドフィルタ出力を基準とする SNR で表した目標検出基準値である。D_0 は，IEEE の標準[10]で定義されており，その訳は次のとおりである（原文[†]は脚注に示す）。

「パルスレーダにおいて，指定された誤警報確率 P_{fa} に対し，所要の検出確率 P_d を与える単一パルスのエネルギー対単位周波数当りの雑音電力の比をディテクタビリティファクタ D_0 という。ここに，この値の評価点は中間周波増幅器の帯域内とし，単一パルスに整合した中間周波フィルタを使用し，後段

[†] Detectability Factor の定義文（IEEE Standard 100, 7th ed.（2000））：In pulsed radar, the ratio of single-pulse signal energy to noise power per unit bandwidth that provides stated probabilities of detection for a given false alarm probability, measured in the intermediate-frequency amplifier bandwidth and using an intermediate-frequency filter matched to the single pulse and followed by optimum video integration.
関連する用語として，Visibility Factor の定義文（ANSI/IEEE Std 100-1984, 3rd ed.）：The ratio of single-pulse signal energy to noise power per unit bandwidth that provides stated probabilities of detection and false alarm on a display, measured in the intermediate-frequency portion of the receiver under conditions of optimum bandwidth and viewing environment.

に最適ビデオ積分器が接続されているものとする」。

D_0 の上記の定義は，帯域フィルタを前提として 4.1.1 項で導いた検出基準値とは一見異なるように見えるが，マッチドフィルタ出力の次の二つの特性 ① および ② に基づいて，D_0 は帯域フィルタ出力を基準とする最小信号検出基準値 $(S_o/N_o)_{min}$ と等価である。

① マッチドフィルタ出力信号の最大点においては，信号は近似的に振幅一定の正弦波となる。ただし，この最大点の検出は電子的自動処理によらないと実現できない。一方，出力雑音は平均値 0 でガウス分布する狭帯域の準白色雑音である。したがって，これらの信号と雑音の確率分布は帯域フィルタからの出力信号と雑音の確率分布と同様の分布を示す。この結果，両フィルタからの出力に対する P_{fa} と P_d は共通の物理的意味を持つので，どちらのフィルタ出力であるかを区別する必要はない。

② D_0 はマッチドフィルタ出力を基準としているため信号対雑音エネルギー比として定義されているが，この値は P_{fa} と P_d を条件とする SNR であることに変わりはない。

結論として，フィルタ出力信号の最大 SNR 点を検出して目標信号検出のために基準値と比較する場合，その目標検出基準値が D_0 で指定されるか，$(S_o/N_o)_{min}$ で指定されるかには実効上の差異はない。

4.2 複数反射パルス波による目標検出と目標検出基準

同一目標からの反射パルス波を蓄積し，基本的には加算処理することにより目標検出性能の向上を図る処理が積分処理方式である。通常のアンテナ回転式の捜索レーダでは，ビームが回転して目標を照射する間に 10 回程度は同一目標をヒットするので，積分処理ではこれらの反射パルス波を有効利用している。この積分処理の一番初歩的な例は，オペレータが CRT 表示器を目視観察する場合であり，それについては 2.4.3 項で少し触れた。レーダ開発の初期には CRT の目視以外に有効な積分手段がなかったため，目視観察により実験

データが取られ広く活用されてきた(3.7.4項参照)。

この節では,電気的な方法で積分処理を行う場合の基本的方式であるコヒーレント積分とノンコヒーレント積分を取り上げ,それら各方式の動作原理と積分処理の結果として得られる改善された目標検出性能について解説する。

積分処理の有効性については North[1] (1943年) が理論的検討結果を報告し,続いて Marcum[3],[4] (1947年) が詳細な解析によりシステム設計に有効なデータをグラフで提示した。これらの研究はいずれも米国における戦時のレーダ開発の一環として実施され,1960年代に至ってようやく秘密指定が解かれ一般に公開された。その後,積分処理を扱ったレーダの技術書が多数出版されたが,その動作原理の本質を解説した書籍は少ない。

4.2.1 積分処理による目標検出性能の改善
〔1〕 積分処理方式の種類

レーダにおける積分処理の方式には基本的に「コヒーレント積分処理」と「ノンコヒーレント積分処理」の2方式がある。下記の〔2〕項と〔3〕項に示す例に見られるように,2方式の積分処理の動作原理は明確に異なっているので,その違いを認識して採用する必要がある。

(a) **コヒーレント積分処理** コヒーレント積分処理(coherent integration)は検波前積分処理(pre-detection integration)とも呼ばれ,受信信号が検波される前の位相情報が保持されている信号を同相で加算処理し,SNRを向上させることを意図した方式である。この方式によるSNRの改善度は大きいが,性能確保のための制約条件が多いため,実用上は採用されることは少ない。しかし,高速ディジタル技術の発達により今日では実用可能となり,その必要性のあるレーダではドップラー情報の取得と併せて採用されている。

(b) **ノンコヒーレント積分処理** ノンコヒーレント積分処理(non-coherent integration)は検波後積分処理(post-detection integration),またはビデオ積分処理(video integration)とも呼ばれる。レーダ信号が検波された後に平均処理を行うことにより,雑音の分散を縮小して所要SNRの低減を図

るものである.信号の位相情報が不要なため制約条件が少なく,また機器構成も簡単になるため広く実用されている.

一般に,計測した情報を蓄積処理することにより計測精度の向上を図ることは,各種の計測システムで広く行われている.身近な例としては,物体の重量を精度良く測定したい場合に,測定を繰り返して平均を取ることにより,精度の向上を図る方法がある.レーダにおけるノンコヒーレント積分処理も,基本的にこの例と同じ原理に基づいている.

〔2〕コヒーレント積分処理に相当する事例

2台の送信アンテナによる電力加算の思考実験を例として取り上げる.

位相が不安定でランダムに変化する高周波電力 P_0 を発生する送信機が利得 G_0 のアンテナに接続されているものとし,そのアンテナ2台を図 4.10(a)に示すように二つのアンテナ開口が同一平面上にあるように並べて設置する.この2台のアンテナの内の1台だけで送信したとき,受信アンテナ開口における電界強度を E,また受信電力を P_r とする.

この2台の送信機が同相となるように同期を取って送信すると,受信アンテナ開口における電界強度は2台分が同相で加算されるので2倍の $2E$ となり,受信電力はその2乗の $4E^2$ に比例するので $4P_r$ となる.

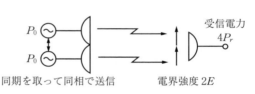

(a) 受信信号のコヒーレントな加算

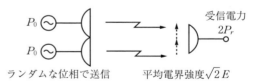

(b) 受信信号のノンコヒーレントな加算

図 4.10 2台のアンテナからの送信波の受信

これに対し,図 4.10(b)に示すように位相が不安定な送信機をそのまま同期を取らずに2台を並べて送信した場合には,受信点の電界は電力加算となるため電界強度は $\sqrt{2}\,E$ に,また受信電力は電界強度の2乗の $2E^2$ に比例して $2P_r$ になる.

この結果，図4.10（a）の場合と図（b）の場合で同一の電力を送信しているが，受信電力の間には2倍の開きが生ずることになる。前者の場合は信号のコヒーレント積分による加算に相当し，後者の場合は雑音の加算に相当する。両者ともに同一の電力 $2P_0$ を送信しているにもかかわらず，受信アンテナにおける信号の加算電力と雑音の加算電力の間に差異が生ずるため，SNRが改善される。

〔3〕ノンコヒーレント積分処理に相当する事例

ノンコヒーレント積分と同原理の例を，2物体の重量測定による重さ判定で見てみよう。いま，わずかに重さの異なる2物体の重量を，m_1, m_2 として，これらの重さを秤(はかり)で測ってその大小を判定するものとする。秤の測定精度が重さの差異に比べ不十分であるとすると，図4.11に示すように2物体の測定値は図の実線の分布曲線に従ってばらつく。この結果，個々の測定値だけではどちらが大きいかを誤る場合が多く発生する。しかし，複数回の実測値の平均を取るとその分散は小さくなるため，図の点線で示されるようにばらつきは

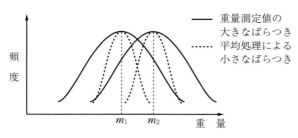

図4.11 重量測定値の平均処理による精度向上

小さくなり，2物体の重量の大小判定が容易に行えるようになる。この例は，レーダの受信信号をノンコヒーレント積分処理後に信号検出のしきい値と比較して大小判定を行う場合に相当する。

4.2.2 コヒーレント積分処理による目標検出

コヒーレント積分処理は，同一目標からの連続する反射パルス波が位相情報を保持している状態で，パルス列を同相で加算する積分処理方式である。この処理のためには，レーダ受信系にも位相の安定した参照信号が必要である。

〔1〕 動作原理と改善効果

目標が完全に静止しており，またレーダ内の基準信号（ローカル信号など）が十分安定しているものとすると，目標からの反射パルス波の中間周波信号の位相は送信波の位相に対して一定の位相差となり，この値は連続するパルス間で同一となる。したがって，この中間周波信号の引き続く m 個のパルス波を加算すると，**図 4.12** (a) に示すように電圧の振幅は m 倍となり，その結果，電力では m^2 倍となる。

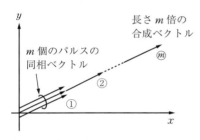
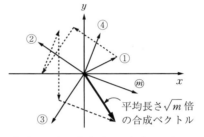

（a） m 個の同相電圧の合成ベクトル　　（b） m 個の雑音電圧の合成ベクトル

図 4.12 信号と雑音の各合成ベクトル

一方，雑音電圧の方は，引き続くパルス間で振幅も位相もまったくランダムとなるため，その雑音電圧を加算すると図 4.12 (b) に示すように電力加算となり，平均電力は m 倍，電圧は $\sqrt{m}$ 倍になる。この加算はパルスごとに独立な雑音電圧の加算であり，雑音電圧の和の分散は m 倍，標準偏差は $\sqrt{m}$ 倍になることに相当するものである。

上述の信号と雑音の加算結果から，m 個のパルスのコヒーレント積分処理による信号対雑音電力比 $(S_o/N_o)_m$ は次式に示すように m 倍に改善される。なお，次式の結果は，信号電圧と雑音電圧を平均処理した場合にもそのまま当てはまる。

$$\left(\frac{S_o}{N_o}\right)_m = \frac{m^2 S_o}{m N_o} = m \cdot \frac{S_o}{N_o} \tag{4.46}$$

ここに，S_o と N_o は，それぞれ中間周波増幅器出力端の積分前の単一パルスに

対する信号電力と雑音電力である。この結果，1パルスごとのSNRであるS_o/N_oから，コヒーレント積分処理後のSNRはm倍に増大し，大きなSNRの信号を受信したのと等価となるため，信号検出確率の増大を図ることができる。

以上，コヒーレント積分処理が理想的に行われた場合のSNR値の改善効果について述べた。

次に，雑音電圧，信号電圧，および（信号＋雑音）電圧の包絡線検波後の各確率密度関数が中間周波増幅部におけるコヒーレント積分処理の前後でどのように変化するのかを図示して考察する。

初めに，**図4.13**（a）に積分処理前の単一パルス信号について包絡線電圧の確率密度関数を示す。同図は基本的に図4.8と同様の図である。

次に，コヒーレント積分処理としてm個のパルス信号電圧を加算した後，

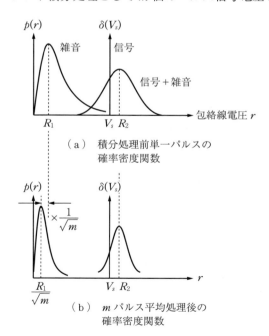

図4.13　コヒーレント積分処理による包絡線電圧の確率密度関数の変化

4.2 複数反射パルス波による目標検出と目標検出基準

m で除して平均処理を行い，その結果の確率密度関数を図 4.13（b）に示す。平均処理の結果，信号の包絡線電圧の平均値は処理前と変わらず V_s のままであるが，雑音は電力が $(1/m)$ 倍となるので，その包絡線電圧の実効値は $(1/\sqrt{m})$ 倍となる。

図 4.13（a）と図（b）の比較により，信号電圧の平均値は変わらないが，雑音電圧の平均値は $(1/\sqrt{m})$ 倍となっており，電力の比である SNR では m 倍の改善が図られていることがわかる。

〔2〕 **実用上の制約条件と利用状況**

最後に，コヒーレント積分が実用上有効となるための制約条件について整理する。この処理では反射パルス波の位相の安定性が必要条件であるため，すでに触れたようにレーダ内の基準信号が安定であることに加え，目標反射波の位相が安定していることが条件となる。このため，具体的には下記の各項を考慮することが必要であるが，条件が完全に満たされることはないため，現実には前〔1〕項で述べた理想的な改善度を得るのは難しい。

① 目標が完全に静止していること。この場合，揺らぎなどによるレーダ断面積の変化による反射波の位相変化がないこと。

② 目標が半径方向に移動する場合には，反射波にドップラー周波数による位相変化が発生するため，一般にはコヒーレント積分は難しく，小型高速のディジタル技術の発達前は特殊な場合を除き実用は困難であった。しかし現在では，アダプティブなディジタルフィルタを使用することにより，前項の制約条件を克服することが可能となった。しかしこの場合でも，高速目標が対象のときには，一般にその運動に伴うレーダ断面積の変化が発生して必然的に位相が大きく変化するため，十分な積分効果を得るのは難しい。

③ 高速目標を対象とする場合には，上記に加え，高速度で変化する位相に対応するため，パルス繰返し周波数を大きく取ることが必要となる。しかしその結果，レーダ覆域の最大距離設定に制約が課せられ（2.1.2 項参照），この制約を容認した場合には目標の距離情報が正しく得られない。

以上述べた制約条件から，コヒーレント積分処理は現状では一般の捜索レーダで採用されることは少なく，高機能・高性能が要求される特殊用途のレーダで採用される場合があるだけである。

4.2.3 ノンコヒーレント積分処理による目標検出

ノンコヒーレント積分処理は，受信パルス波が検波器を通過してビデオ信号となった後，連続するスイープ上の同一点からの反射パルス波を蓄積し，基本的には平均処理することにより行われる。したがって，前項のコヒーレント積分で問題となった反射波の位相変化は問題とならないため実用上の制約が少なく，また機器構成もコヒーレント積分の場合に比べ簡単となるので，広く採用されている。

〔1〕 動作原理と改善効果

ノンコヒーレント積分処理方式の動作原理は，4.2.1〔3〕項で述べたように，重量測定における平均処理による精度向上と同原理であって，積分処理による測定値のばらつき軽減効果を利用する方式であり，積分処理によってSNRの増大を図る前項のコヒーレント積分とはまったく異なっている。ノンコヒーレント積分では，積分処理によって雑音の分散を減少させることにより目標検出基準値のSNRを小さく設定することが可能となり，これにより小さなSNRの受信信号に対しても信号検出が可能となる。

図 4.14 を参照しながら動作原理を説明する。同図（a）に包絡線検波器通過後の雑音電圧 v_n と（信号＋雑音）電圧 v_{sn} の確率密度関数を示す。図 4.14（a）は，コヒーレント積分に関して用いた包絡線電圧の確率密度関数が図示された図 4.13（a）と同じ図である。v_n と v_{sn} の期待値と分散をそれぞれ $\overline{v_n}$，σ_n^2 および $\overline{v_{sn}}$，σ_{sn}^2 とする。同図には，雑音が重畳されていないパルスビデオ信号の確率密度関数もデルタ関数 $\delta(V_s)$ により示されている。

次に，図 4.14（b）に，m パルスの平均処理によるノンコヒーレント積分処理を行った後の確率密度関数を示す。同図（a）の雑音電圧 v_n および（信号＋雑音）電圧 v_{sn} の平均処理前の統計的に独立なサンプル電圧をそれぞれ $v_{n,i}$（i

4.2 複数反射パルス波による目標検出と目標検出基準

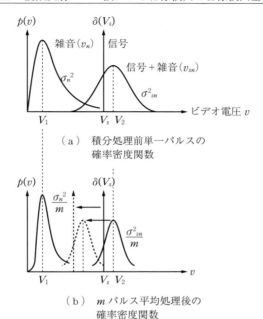

(a) 積分処理前単一パルスの確率密度関数

(b) m パルス平均処理後の確率密度関数

図 4.14 ノンコヒーレント積分処理によるビデオ電圧の確率密度関数の変化

$=1, 2, \cdots, m$)および $v_{sn,i}$($i=1, 2, \cdots, m$)とすると,それぞれの確率変数の平均値 $v_{n,av}$ および $v_{sn,av}$ は次式となる。

$$v_{n,av} = \frac{\sum_{i=1}^{m} v_{n,i}}{m} \tag{4.47}$$

$$v_{sn,av} = \frac{\sum_{i=1}^{m} v_{sn,i}}{m} \tag{4.48}$$

上記両者の期待値を $\overline{v_{n,av}}$ および $\overline{v_{sn,av}}$,分散を $\sigma_{n,av}^2$ および $\sigma_{sn,av}^2$ とすると,次式を得る。

$$\overline{v_{n,av}} = \frac{\sum_{i=1}^{m} \overline{v_{n,i}}}{m} = \overline{v_n} \tag{4.49}$$

$$\overline{v_{sn,av}} = \frac{\sum_{i=1}^{m} \overline{v_{sn,i}}}{m} = \overline{v_{sn}} \tag{4.50}$$

$$\sigma_{n,av}^2 = \overline{\left(\frac{\sum_{i=1}^{m} v_{n,i}}{m} - \overline{v_n}\right)^2} = \frac{\sum_{i=1}^{m} \overline{(v_{n,i} - \overline{v_n})^2}}{m^2} = \frac{\sigma_n^2}{m} \tag{4.51}$$

$$\sigma_{sn,av}^2 = \overline{\left(\frac{\sum_{i=1}^{m} v_{sn,i}}{m} - \overline{v_{sn}}\right)^2} = \frac{\sum_{i=1}^{m} \overline{(v_{sn,i} - \overline{v_{sn}})^2}}{m^2} = \frac{\sigma_{sn}^2}{m} \tag{4.52}$$

式 (4.49) ～ (4.52) から，電圧の平均値の期待値は単一パルスの電圧の期待値に等しく，分散は単一パルスの分散の (1/m) 倍となっている。

上記の関係を，図 4.14 (a) との対比において同図 (b) に示す。雑音電圧 v_n と（信号＋雑音）電圧 v_{sn} の期待値は積分処理後も変わらず，したがってコヒーレント積分処理のときに得られた SNR の改善が，ノンコヒーレント積分では得られないことがわかる。

式 (4.51) と式 (4.52) より，v_n と v_{sn} の標準偏差は積分処理前の値 σ_n と σ_{sn} の $(1/\sqrt{m})$ 倍となることから，同図 (b) における平均処理後の電圧のばらつきは同図 (a) に比べ狭くなっている。したがって，同図の破線の曲線のように，信号強度 V_s を小さくして v_{sn} の確率密度関数を左に寄せても，積分前と同一値の P_d と P_{fa} を確保することができるので，目標検出に必要とされる信号対雑音比 $(S_o/N_o)_{min}$ を小さくすることができる。

以上の説明によりノンコヒーレント積分の動作原理が，定性的ではあるが明確になった。次に，この積分処理の効果を定量的に $(S_o/N_o)_{min}$ の算定に反映させるためには，図 4.14 (b) の確率密度関数そのものを定量的に定める必要がある。その課題については次の〔2〕項で扱う。

〔2〕 ノンコヒーレント積分処理の数式検討[3],[4]

本項では，目標は静止しているとして，ノンコヒーレント積分処理後の雑音電圧と（信号＋雑音）電圧の確率密度関数を数式表示し，この結果に基づいて P_d と P_{fa} を与えたときの所要 SNR の計算方法について検討する。

4.2 複数反射パルス波による目標検出と目標検出基準

数式表示の検討に当たり，初めに検討のステップを順を追って示す。

ステップ①　中間周波増幅部出力端における単一パルス信号について，雑音電圧と（信号＋雑音）電圧の包絡線電圧の確率密度関数を数式表示する。これらの式は，4.1.1項において式 (4.15) と式 (4.29) として導出済みである。

ステップ②　検波器の種類を定めて，その入出力特性を明確にする。

ステップ③　ステップ①の単一パルス信号がステップ②の検波器により検波されて得られるビデオ信号について，その確率密度関数を数式表示する。これらの式は，雑音電圧については4.1.1項の式 (4.18) と式 (4.21) として，また（信号＋雑音）電圧については式 (4.31) と式 (4.32) として導出済みである。

ステップ④　ステップ③の結果を使って，同一反射体からの引き続く複数の反射パルス信号をノンコヒーレント積分処理（平均処理）した後の（信号＋雑音）電圧について，その確率密度関数を数式表示する。また，雑音のみの同様の確率密度関数も数式表示する。

ステップ⑤　誤警報確率 P_{fa} を与えて，ステップ④の雑音電圧の確率密度関数から「信号検出しきい値」を求め，続いて検出確率 P_d を与えて（信号＋雑音）電圧の確率密度関数から目標検出基準値としての $(S_o/N_o)_{\min}$ を求める。

上記のステップ①～③は4.1.1項の検討により既知なので，ステップ④から検討を始める。

ステップ④は言い換えると，確率密度関数が既知の母集団から複数個の確率変数を取り出したときに，その平均値の確率密度関数を求める問題に帰着される。この問題の解法には，確率密度関数の特性関数を使用する方法が用いられる。本項のレーダパルス波の積分問題では，この数式が既知の関数を用いて閉じた形で表示できるかどうかが，信号検出条件を計算する上で鍵となる。具体的には後述するが，結論的に，ステップ②で2乗検波器を使用する場合を除いて閉じた形の表示式は得られないため，その場合は数値計算により $(S_o/N_o)_{\min}$ を求めることになる。

ステップ ⑤ では，4.1.2項（信号検出しきい値）および4.1.3項（目標検出基準値）と同様の計算をステップ ④ の結果に基づいて行う。

以下，上記ステップ ④ に従って，m 個のビデオパルス信号の平均値について，確率密度関数が具体的にどのように数式表示されるかを示し，次にステップ ⑤ に従い $(S_o/N_o)_{\min}$ を求める。

1) 直線検波器の場合　初めにステップ ② の検波器として包絡線検波器（直線検波器）を使用する場合を取り上げる。ステップ ③ における単一パルスビデオ信号に対する確率密度関数は，雑音電圧 $v_{n,lin}$ については式 (4.18) により，また（信号＋雑音）電圧 $v_{sn,lin}$ については式 (4.31) によりすでに与えられている。

ステップ ④ のノンコヒーレント積分処理の確率密度関数の数式表示は，特性関数を使用する方法に従って進める。雑音電圧の確率密度関数 $p_{v_{n,lin}}(v_{n,lin})$ と（信号＋雑音）電圧の確率密度関数 $p_{v_{sn,lin}}(v_{sn,lin})$ の特性関数をそれぞれ $C_{n,lin,1}$ および $C_{sn,lin,1}$ とすると，それぞれの特性関数は式 (4.18) と式 (4.31) を用いて次式で表される。

$$C_{n,lin,1} = \int_0^\infty p_{v_{n,lin}}(v_{n,lin}) e^{j\omega v_{n,lin}} dv_{n,lin}$$

$$= \frac{1}{N} \int_0^\infty v_{n,lin} e^{-\frac{v_{n,lin}^2}{2N}} e^{j\omega v_{n,lin}} dv_{n,lin} \tag{4.53}$$

$$C_{sn,lin,1} = \int_0^\infty p_{sn,lin}(v_{sn,lin}) e^{j\omega v_{sn,lin}} dv_{sn,lin}$$

$$= \frac{1}{N} \int_0^\infty v_{sn,lin} e^{-\frac{v_{sn,lin}^2 + V_s^2}{2N}} I_0\left(\frac{v_{sn,lin} V_s}{N}\right) e^{j\omega v_{sn,lin}} dv_{sn,lin} \tag{4.54}$$

上記両式は，この式の段階で積分の数式的解法は困難となり，ここから先の解析は数値計算か複雑な近似計算が必要になる。形式的には，m 個の反射パルス波に対するノンコヒーレント積分処理（加算処理）後の雑音電圧と（信号＋雑音）電圧の確率密度関数，$p_{v_{n,lin,m}}(v_{n,lin,m})$ および $p_{v_{sn,lin,m}}(v_{sn,lin,m})$ は次式として表示できる。

4.2 複数反射パルス波による目標検出と目標検出基準

$$p_{v_{n,lin,m}}(v_{n,lin,m}) = \frac{1}{2\pi}\int_{-\infty}^{\infty}(C_{n,lin,1})^m e^{-j\omega v_{n,lin,m}}d\omega \tag{4.55}$$

$$p_{v_{sn,lin,m}}(v_{sn,lin,m}) = \frac{1}{2\pi}\int_{-\infty}^{\infty}(C_{sn,lin,1})^m e^{-j\omega v_{sn,lin,m}}d\omega \tag{4.56}$$

2） 2乗検波器の場合　ステップ②の包絡線検波器として2乗検波器を使用する場合を取り上げる。ステップ③における単一パルスビデオ信号に対する確率密度関数は，雑音電圧については式(4.21)により，また（信号＋雑音）電圧については式(4.32)によりすでに与えられている。

ステップ④はMarcum（1947年）に従い，直線検波器の場合と同様に，特性関数を使用する方法に従って検討を進める。雑音電圧 $v_{n,sq}$ の確率密度関数 $p_{v_{n,sq}}(v_{n,sq})$ と（信号＋雑音）電圧 $v_{sn,sq}$ の確率密度関数 $p_{v_{sn,sq}}(v_{sn,sq})$ の特性関数をそれぞれ $C_{n,sq,1}$ および $C_{sn,sq,1}$ とすると，特性関数は式(4.21)と式(4.32)を用いて次式で表される。

$$\begin{aligned}C_{n,sq,1} &= \int_0^\infty p_{v_{n,sq}}(v_{n,sq})e^{j\omega v_{n,sq}}dv_{n,sq} \\ &= \frac{1}{N}\int_0^\infty e^{-\frac{v_{n,sq}}{N}}e^{j\omega v_{n,sq}}dv_{n,sq}\end{aligned} \tag{4.57}$$

$$\begin{aligned}C_{sn,sq,1} &= \int_0^\infty p_{v_{sn,sq}}(v_{sn,sq})e^{j\omega v_{sn,sq}}dv_{sn,sq} \\ &= \frac{1}{N}\int_0^\infty e^{-\frac{2v_{sn,sq}+V_s^2}{2N}}I_0\left(\frac{\sqrt{2v_{sn,sq}}\,V_s}{N}\right)e^{j\omega v_{sn,sq}}dv_{sn,sq}\end{aligned} \tag{4.58}$$

ここに，I_0 は0次の第1種変形ベッセル関数である。

式(4.57)と式(4.58)を用いて m パルス積分処理後の雑音電圧 $v_{n,sq,m}$ と（信号＋雑音）電圧 $v_{sn,sq,m}$ それぞれの確率密度関数 $p_{v_{n,sq,m}}(v_{n,sq,m})$ と $p_{v_{sn,sq,m}}(v_{sn,sq,m})$ を求めると，積分を既知関数で表すことができて，次式となる。

$$\begin{aligned}p_{v_{n,sq,m}}(v_{n,sq,m}) &= \frac{1}{2\pi}\int_{-\infty}^{\infty}(C_{n,sq,1})^m e^{-j\omega v_{n,sq,m}}d\omega \\ &= \frac{1}{N(m-1)!}\left(\frac{v_{n,sq,m}}{N}\right)^{m-1}e^{-\frac{v_{n,sq,m}}{N}}\end{aligned} \tag{4.59}$$

$$p_{v_{sn,sq,m}}(v_{sn,sq,m}) = \frac{1}{2\pi}\int_{-\infty}^{\infty}(C_{sn,sq,1})^m e^{-j\omega v_{sn,sq,m}}d\omega$$

$$= \frac{1}{N}\left(\frac{2v_{sn,sq,m}}{mV_s^2}\right)^{\frac{m-1}{2}} e^{-\frac{v_{sn,sq,m}}{N} - \frac{mV_s^2}{2N}} I_{m-1}\left(\frac{\sqrt{2mv_{sn,sq,m}}\,V_s}{N}\right)$$

(4.60)

ここに, I_{m-1} は $(m-1)$ 次の第1種変形ベッセル関数であり, その関数のグラフは図4.6に示されている. 式 (4.60) で $V_s \to 0$ の極限を取ると信号の存在しない雑音だけがある場合の確率密度関数となり, 式 (4.59) に一致する.

ここで取り上げた2乗検波器の場合には, ビデオ信号電圧の確率密度関数は, 既知の特殊関数を含む式 (4.60) で表すことができた.

次にステップ ⑤ に進み, 最終目的である $(S_o/N_o)_{\min}$ を計算する方法について検討する. まず, P_{fa} を与えて, しきい値 $V_{th,m}$ を式 (4.59) を用いて次式から求める.

$$P_{fa} = \int_{V_{th,m}}^{\infty} p_{v_{n,sq,m}}(v_{n,sq,m})dv_{n,sq,m}$$

$$= \int_{V_{th,m}}^{\infty} \frac{1}{N(m-1)!}\left(\frac{v_{n,sq,m}}{N}\right)^{m-1} e^{-\frac{v_{n,sq,m}}{N}} dv_{n,sq,m} \quad (4.61)$$

この積分は単一パルスの場合のように単純な数式では表せないため, 複雑な近似式を使用した数値計算などにより求める必要がある.

次に, 検出確率 P_d を与えて $(S_o/N_o)_{\min}$ を求めるために, 上で求めたしきい値 $V_{th,m}$ を積分の下限として式 (4.60) を積分する.

$$P_d = \int_{V_{th,m}}^{\infty} p_{sn,sq,m}(v_{sn,sq,m})dv_{sn,sq,m} \quad (4.62)$$

この積分も既知の関数で表すことは困難であり, 近似式を用いるか, または数値計算することが必要であるが, この式により $S_o/N_o = V_s^2/2N$ を与えて P_d の値を計算することができる. したがって, 逆に計算値の中から所要の P_d に対応する S_o/N_o を求めれば, その値が $(S_o/N_o)_{\min}$ である.

〔3〕 ノンコヒーレント積分処理による目標検出基準値

Marcum[3],[4] は, 前〔2〕項に記した数式に従い, 膨大な数値計算を行い,

結果を多数のグラフで残した。その後，1960年代に入りコンピュータが広く使用できるようになると，後の研究者により上記の理論に基づいて各種のパラメータの場合について計算が実施された。ここでは，それらの結果から一例を紹介する。

初めに，図4.14（b）に定性的に示した積分処理後の確率密度関数が，定量的にどういう形状になっているかをMarcum[4]から引用して**図4.15**に示す。

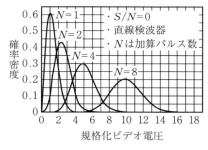
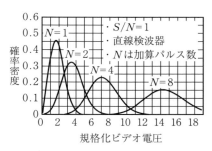

（a）雑音の積分処理による　　（b）（信号＋雑音）の積分処理による
　　確率密度関数の変化　　　　　　確率密度関数の変化

図4.15 ノンコヒーレント積分処理によるビデオ信号電圧の確率密度関数の変化[4]

図4.15（a）は，直線検波器に雑音パルスのみが入力された場合に，積分パルス数の増加につれて，そのビデオ出力としての雑音電圧の確率密度関数がどう変わっていくかを示している。図4.15（b）は，直線検波器に$S/N=1$の信号と雑音の和が入力されたときの，確率密度関数の形状を示している。二つの図を見比べると，積分パルス数の増加につれて（信号＋雑音）電圧と雑音電圧の分布の重畳の程度が小さくなって谷が深くなっていくのが見られ，積分効果が現れていることが読み取れる。なお，2乗検波器に対する同様のグラフについてはここでは省略するが，同様の効果が現れていることに変わりはない。

次に，この節の最終目的であるステップ⑤の目標検出基準値$(S_o/N_o)_{min}$に関し，直線検波器を使用する場合について，Blake[8]の計算結果を引用して**図4.16**に例示する。同図（a）は検出確率$P_d=0.5$の場合について，また同図（b）は$P_d=0.9$の場合について，誤警報確率P_{fa}をパラメータとして積分パル

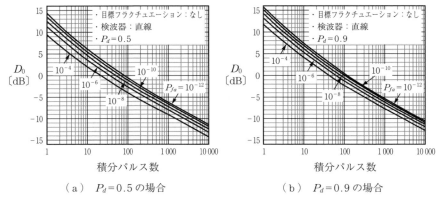

(a) $P_d=0.5$ の場合 　　　　(b) $P_d=0.9$ の場合

図 4.16 定常目標に対する所要 D_0 対積分パルス数[8]

ス数に対する所要 D_0 の変化がグラフとして示されている。それらのグラフから、積分パルス数の増大とともに所要 D_0 が大きく低減していく様子が見られる。

なお、ここでは直線検波器の場合の D_0 だけを示したが、2 乗検波器の場合の D_0 との差異については比較検討がなされており、その差は 0.1 dB 程度と小さいことが報告されている[4]。

ここでは D_0 のグラフは 2 枚を例示した。レーダシステム設計などでは、さらに各種のパラメータの組合せに対し D_0 のデータが必要となるが、必要な場合、詳しく計算された図表が公表されているので、そちらを参照していただきたい。

4.3 目標反射波の変動を考慮した目標検出基準

目標反射波が変動する場合に、レーダ断面積 σ の変動モデルと目標検出基準値算定における σ の変動の扱い方について、Marcum & Swerling[11]（1954 年）に基づいて解説する。

4.3.1 変動する目標反射波の扱い方

目標からの反射電波の変動(フラクチュエーション:fluctuation)は,基本的に目標がパルス波を反射するごとにレーダ断面積 σ が変化することから生ずる。3.4 節で述べたように,波長に比べて大きな目標のレーダ断面積は見込み角や周波数,偏波などにより通常大きく変動する。例外的に変動のない目標は,金属球や校正用の反射体など特殊な場合であり,通常のレーダ目標はレーダ断面積に変動があるとして目標検出を考えるのが適切である。

反射パルス波の変動は,目標検出の観点からは式 (4.23) における目標信号の振幅 V_s の変化として捉えることができる。この変化の状況を図 4.14 (a) で考えると,δ 関数で表された目標信号の確率密度関数が受信パルス波ごとにその位置を左右に変化させて,(信号+雑音)電圧の確率密度関数の広がりをさらに大きくすると考えることができる。

信号電圧の振幅 V_s の変動は,最終的に目標検出の判定に供される SNR の変動を雑音に加えて増大させる。この V_s の変動は次に示す σ の二つの変動特性に基づいていることから,σ の変動を目標検出基準値である $(S_o/N_o)_{\min}$ の算定に反映させることが必要である。

① σ 値の変動の確率密度関数　　目標検出における受信信号電力は σ に比例して変動し,その変動は σ の確率密度関数に従う。

② σ に比例する隣接反射パルス波間の時間相関性　　受信パルス波のノンコヒーレント積分により得られる効果は,時間相関性に依存する。

レーダ目標の上記 σ の特性を目標検出条件に反映させるためには,各目標変動モデルについてノンコヒーレント積分処理後の(信号+雑音)電圧の確率密度関数に上記特性を盛り込むことが必要である。盛込みの手順は具体的には 4.3.3 項で扱うが,単一パルスに対する特性関数から積分後の特性関数を求める演算の中で,σ の変動特性 ① と ② を盛り込んで特性関数の σ に関する期待値を求め,特性関数の逆変換により積分後の(信号+雑音)電圧の確率密度関数を得る。この際,σ の時間相関性によって演算のどの段階で特性関数の期待値を取るかが変わる。

確率的な目標検出基準は，上記の（信号＋雑音）電圧の確率密度関数と既出の雑音の確率密度関数に基づいて，すでに示した手順（4.2.3〔2〕項参照）に従い算定することができる。

4.3.2　目標フラクチュエーションモデル（変動モデル）

目標のレーダ断面積の変動モデルとして，Marcum & Swerling[11]（1954年）により表 4.1 に示す 4 種類のモデルが提案された。このモデルは標準変動モデルとして定着し広く使用されてきたことから，以下このモデルを取り上げて説明する。なお，その後このモデルを含む，さらに一般化された変動モデル[12]～[14]が報告されているので，興味ある読者はそれらを参照していただきたい。

表 4.1　フラクチュエーション目標の Swerling モデル

フラクチュエーションの速さ \ レーダ断面積 σ の確率密度関数	$p_{(1/2)}(\sigma) = \dfrac{1}{\bar{\sigma}} e^{-\frac{\sigma}{\bar{\sigma}}}$ 目標の構成：多数の同レベルの反射点から構成（例：各種航空機）	$p_{(3/4)}(\sigma) = \dfrac{4\sigma}{\bar{\sigma}^2} e^{-\frac{2\sigma}{\bar{\sigma}}}$ 目標の構成：一つの大きな反射点と多数の小さな反射点から構成
低速変動 （ビーム走査間で変動） 目標例：ジェット機	ケース 1	ケース 3
高速変動 （送信パルス間で変動） 目標例：プロペラ機	ケース 2	ケース 4

〔注〕$\bar{\sigma}$ は，σ の平均値を表す。

初めに，σ の確率分布モデルについて述べる。反射パルス強度に変動がある場合，図 4.14（a）に示される静止目標を表す確率密度関数 $\delta(V_s)$ は，反射物体の σ に応じた特定の確率分布に従って雑音のように左右に変動する。このとき，反射パルス波の電力は，基本的にレーダ断面積 σ の大きさに比例するので，その電力変動の確率分布は反射物体の σ の確率分布に等しい。目標の σ は，主として反射物体の形状，材質や姿勢などの物理的な条件と電波の照射条件により決まるので，目標モデルを設定すれば対応する確率分布を定めることができる。Swerling モデル（スワーリングモデル）では，この確率密度関数と

して表 4.1 に示した 2 種類のモデル $p_{(1/2)}(\sigma)$ （ケース 1 および 2 に適用）および $p_{(3/4)}(\sigma)$ （ケース 3 および 4 に適用）が提示されている。

次に，σ の時間相関性は，反射パルス波中の信号成分 V_s の時間相関性により表される。前 4.2 節までの検討では V_s は一定と仮定したので，隣接する反射パルス間には完全に時間的相関性があるとしてきた。しかし，現実の目標では，航空機のプロペラの回転や大型目標に対する見込み角の変化などによって隣接パルス間であっても相関がない場合が多いことから，表 4.1 の目標モデルとしては，パルス間に相関がある場合の低速変動モデルと相関がない場合の高速変動モデルの 2 種類の時間相関モデルが提示されている。一方，現実のレーダ目標は，この両モデルの中間の時間相関を持つ場合が多いと思われるが，この場合への対処方法としては，Swerling モデルを用いた上で別途積分損失などをレーダ方程式で考慮して補正することが多い。

上述の Swerling モデルは，表 4.1 においてレーダ断面積 σ の確率密度関数モデル 2 種類と，σ の時間相関性モデル 2 種類の組合せとして，4 種類に分類されている。モデルは表 4.1 に示されるように，フラクチュエーションモデルの Swerling ケース 1〜4 と呼ばれている。各モデルの特質は次のとおりである。

ケース 1　ケース 1 と 2 で用いられる σ の確率密度関数 $p_{(1/2)}(\sigma)$ は，目標が同レベルで独立に変動するいくつかの反射点から構成される複合反射体に対して，確率的に求められた次の指数分布の確率密度関数である。

$$p_{(1/2)}(\sigma) = \frac{1}{\bar{\sigma}} e^{-\frac{\sigma}{\bar{\sigma}}} \tag{4.63}$$

上式は個々の反射点の数が 4〜5 個程度から成立するとされており，大型航空機など多くのレーダ目標に当てはまる。

一方，σ の時間相関性については，1 回のアンテナ回転における目標照射時間内では σ は完全に相関があって同一値を示し，次回のアンテナ回転における目標照射時の σ との間には相関がないとしている。走査間変動（scan-to-scan fluctuation）または低速変動（slow fluctuation）と呼ばれている。パルス

間隔の小さなレーダに照射されたジェット機などがこのモデルに該当する。この時間相関性は，ケース1と3で共通に用いられる。

ケース2　σ の確率密度関数は，ケース1と同じ式 (4.63) で与えられる $p_{(1/2)}(\sigma)$ である。

σ の時間相関性については，σ が高速度で変化するためアンテナの1回転内であっても隣接する照射パルス間で相関がないとするモデルであり，パルス間変動（pulse-to-pulse fluctuation）または高速変動（fast fluctuation）と呼ばれている。プロペラ機やパルス間隔の大きなレーダに照射された目標がこのモデルに該当する。この時間相関モデルは，ケース2と4で共通に用いられる。

ケース3　ケース3と4で用いられている σ の確率密度関数 $p_{(3/4)}(\sigma)$ は，目標が一つの大きな反射点とその周りのいくつかの小さな反射点から構成される複合反射体に対して確率的に求められ，次式で与えられる。

$$p_{(3/4)}(\sigma) = \frac{4\sigma}{\sigma^2} e^{-\frac{2\sigma}{\sigma}} \tag{4.64}$$

σ の時間相関性については，ケース1と同じ低速変動モデルが適用され，1回のアンテナ回転内のパルス波照射では σ は変化しない。

ケース4　σ の確率密度関数はケース3と同じ式 (4.64) の $p_{(3/4)}(\sigma)$ で与えられ，σ の時間相関性はケース2と同一の高速変動モデルである。

4.3.3　変動する目標反射波に対する目標検出基準値[11]

変動する目標受信信号の解析では4.3.1項で示した σ の二つの条件，すなわち，① 各変動モデルに対応するレーダ断面積 σ の確率密度関数，および，② 積分処理に供されるパルス信号間の時間相関性を，積分処理後の確率密度関数の導出の中でどのように考慮するかが鍵となる。ここでは，式が相当に煩雑なこともあり，各モデルに基づく SNR の算定式の具体的な細部にまでは踏み込まず，上記2条件を算定式へ盛り込む場合の考え方を重点的に説明する。また，検波器としては数式が簡略となる2乗検波器を仮定する。

目標変動モデルは，表4.1に示したケース1～ケース4の4種のケースに分

4.3 目標反射波の変動を考慮した目標検出基準

類される．同表の中で変動を表す条件 ① の σ の確率密度関数は，縦方向のケース 1 と 2 に共通の $p_{(1/2)}(\sigma)$，およびケース 3 と 4 に共通の $p_{(3/4)}(\sigma)$ の 2 種に分類されており，また条件 ② の時間相関性は，同表横方向のケース 1 と 3 に共通の低速変動と，ケース 2 と 4 に共通の高速変動に分類されている．

図 4.17 は，上記ケース 1 ～ 4 の各モデルについて，単一パルス受信信号の確率密度関数から積分処理後の確率密度関数導出までの流れが示してある．4 種のモデルの最終的な確率密度関数の算定式はすべて異なるが，導出の考え方として大きく異なるのは，時間相関性の算定式への盛込み方法である．低速運動と高速運動の扱い方に差が生ずるのは，特性関数を用いる積分後の確率密度関数の導出段階においてである．

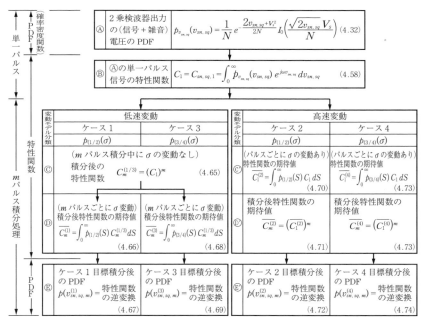

図 4.17 各フラクチュエーションモデルに対する確率密度関数導出方法の差異

ケース 1 および 3　　初めに，ケース 1 と 3 の低速変動モデルを取り上げ，図 4.17 の Ⓑ → Ⓒ → Ⓓ → Ⓔ の各ステップに沿って説明する．

まず，単一パルスに対する特性関数は，変動モデルによらず共通の（信号＋雑音）電圧に対する確率密度関数式 (4.32) に基づいて式 (4.58) としてすでに求められている．ケース1～4に共通のこの特性関数は，図4.17のステップ Ⓑ に示されているが，ここに再掲する．

$$C_1 = C_{sn,sq,1} = \int_0^\infty p_{v_{sn,sq}}(v_{sn,sq}) e^{j\omega v_{sn,sq}} dv_{sn,sq} \tag{4.58}$$

ここに，特性関数の添え字 $_{sn,sq}$ は「（信号＋雑音）電圧，2乗検波器」を意味するが，以下の式に何度も現れるのでこの添え字を省略し，C_1 と記す．

変動特性 ② の σ の時間相関性が低速変動の場合，アンテナの1回転内の隣接するパルス間では完全に時間相関が保持されて信号電圧 V_s は一定値となるため，C_1 は積分対象の m パルスで等しい．この結果，ケース1と3に対する m 個のパルスの積分後の特性関数 $C_m^{(1/3)}$（ステップ Ⓒ）は次式となる．

$$C_m^{(1/3)} = (C_1)^m \tag{4.65}$$

次にケース1の場合について，変動条件 ① の σ の確率分布を積分後の特性関数に盛り込む．信号電力 S は σ に比例するので，ケース1の σ の確率密度関数 $p_{(1/2)}(\sigma)$ を考慮した積分後の特性関数の σ に関する期待値 $\overline{C_m^{(1)}}$（ステップ Ⓓ）は次式となる．

$$\overline{C_m^{(1)}} = \int_0^\infty p_{(1/2)}(S) C_m^{(1/3)} dS \tag{4.66}$$

ここに，$p_{(1/2)}(S)$ は，ケース1とケース2に共通の σ の確率密度関数 $p_{(1/2)}(\sigma)$ において σ を信号電力 S に置換した確率密度関数である．

ケース1の m パルスのノンコヒーレント積分処理後の（信号＋雑音）ビデオ電圧 $v_{sv,sq,m}^{(1)}$（上付き添え字（1）は変動モデル1であることを示す．以下同じ）の確率密度関数（ステップ Ⓔ）は，式 (4.66) の特性関数に逆変換を行って次式として得られる．

$$p_{v_{sn,sq,m}^{(1)}}(v_{sn,sq,m}^{(1)}) = \int_{-\infty}^\infty \overline{C_m^{(1)}} e^{-j\omega v_{sn,sq,m}^{(1)}} d\omega / 2\pi \tag{4.67}$$

ケース3については，ケース1と同様に時間的変動が低速変動であることから，式 (4.66) に対応して積分後の特性関数（ステップ Ⓓ）は

4.3 目標反射波の変動を考慮した目標検出基準

$$\overline{C_m^{(3)}} = \int_0^\infty p_{(3/4)}(S) C_m^{(1/3)} dS \tag{4.68}$$

となる。

次に，σ の確率密度関数として $p_{(3/4)}(\sigma)$ を用いれば，ケース1の式 (4.67) に対応して確率密度関数 $P_{v_{sn,sq,m}^{(3)}}(v_{sn,sq,m}^{(3)})$ （ステップ Ⓔ）は次式として得られる。

$$p_{v_{sn,sq,m}^{(3)}}\left(v_{sn,sq,m}^{(3)}\right) = \int_{-\infty}^{\infty} \overline{C_m^{(3)}} e^{-j\omega v_{sn,sq,m}^{(3)}} d\omega/2\pi \tag{4.69}$$

ケース2および4 次に，ケース2と4の高速変動モデルを取り上げ，図4.17の Ⓑ → Ⓒ → Ⓓ → Ⓔ の各ステップに沿って説明する。

単一パルスに対する特性関数は，ケース1と3に対する場合と同じステップ Ⓑ の式 (4.58) である。受信信号の時間変動が高速変動である点が前ケースと異なるところであり，変動条件 ② の σ の時間相関性が高速変動の下ではアンテナの1回転内であっても，隣接パルス間で時間相関性がない。この結果，隣接パルス間で信号電圧 V_s は統計的に独立であるため，この条件を単一パルスの特性関数に取り込む必要がある。ケース2の場合，単一パルスに対する特性関数の σ に関する期待値 $\overline{C_1^{(2)}}$ （ステップ Ⓒ）は，変動条件 ① の σ の確率密度関数 $p_{(1/2)}(\sigma)$ を用いて次式により与えられる。

$$\overline{C_1^{(2)}} = \int_0^\infty p_{(1/2)}(S) C_1 dS \tag{4.70}$$

この特性関数の期待値 $\overline{C_1^{(2)}}$ は，1回のアンテナ回転内の m パルス間で等しいので，積分後の特性関数の期待値 $\overline{C_m^{(2)}}$ （ステップ Ⓓ）は次式となる。

$$\overline{C_m^{(2)}} = \left(\overline{C_1^{(2)}}\right)^m \tag{4.71}$$

ケース2の m パルスのノンコヒーレント積分処理後の（信号+雑音）ビデオ電圧 $v_{sn,sq,m}^{(2)}$ の確率密度関数（ステップ Ⓔ）は，式 (4.71) の特性関数の逆変換を取ることにより次式として得られる。

$$p_{v_{sn,sq,m}^{(2)}}\left(v_{sn,sq,m}^{(2)}\right) = \int_{-\infty}^{\infty} \overline{C_m^{(2)}} e^{-j\omega v_{sn,sq,m}^{(2)}} d\omega/2\pi \tag{4.72}$$

ケース4に対する同様の確率密度関数 $P_{v_{sn,sq,m}^{(4)}}(v_{sn,sq,m}^{(4)})$ は，式 (4.70) で σ の確率密度関数として $p_{(3/4)}(\sigma)$ を用いて $\overline{C_1^{(4)}}$ （ステップ Ⓒ）を求め，以下同様に

して次式として得られる.

$$\overline{C_m^{(4)}} = \left(\overline{C_1^{(4)}}\right)^m = \left[\int_0^\infty p_{(3/4)}(S) C_1 dS\right]^m \tag{4.73}$$

$$p_{v_{sn,sq,m}^{(4)}}\left(v_{sn,sq,m}^{(4)}\right) = \int_{-\infty}^{\infty} \overline{C_m^{(4)}} e^{-j\omega v_{sn,sq,m}^{(4)}} d\omega/2\pi \tag{4.74}$$

以上により4種の目標変動モデルに対し, m パルスのノンコヒーレント積分後の(信号+雑音)電圧の確率密度関数が論理上求まり, 目標変動の条件① σ の確率分布と条件② σ の時間相関性が式の導出の過程で盛り込まれた. しかし, (信号+雑音)電圧の確率密度関数は不完全ガンマ関数などを含む煩雑な式であり, この先の計算の大部分では数値計算が求められる.

上記の結果に基づき, P_{fa} と P_d を与えて目標検出基準値 $(S_o/N_o)_{min}$ を計算する方法は, 2.4.2項に示したステップに従い, まず式(4.59)の雑音の確率密度関数を用いて V_{th} を求め, 次いでこの項で求めた各ケースの確率密度関数を用いて, P_d を計算すればよい.

各変動モデルに関する $(S_o/N_o)_{min}$ の内, ここではケース1のモデルに対し2乗検波器を用いた場合について, $P_d=0.5$ と 0.9, $P_{fa}=10^{-4} \sim 10^{-12}$ の条件に対する計算結果を Blake からグラフ2枚を引用して図4.18に例示する. 各種

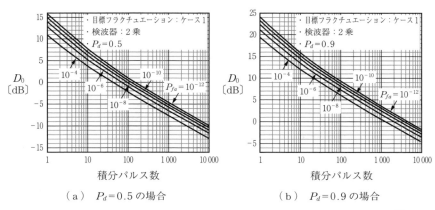

(a) $P_d=0.5$ の場合　　　(b) $P_d=0.9$ の場合

図4.18　ケース1フラクチュエーション目標に対する所要 D_0 対積分パルス数[8]

4.3 目標反射波の変動を考慮した目標検出基準

条件に対する $(S_o/N_o)_{min}$ の細部データが必要な場合は，計算結果が図 4.18 と同様の図として報告されているのでそれらを参照していただきたい。

最後に，上で検討した変動反射波に対する目標検出基準値 $(S_o/N_o)_{min}$ と静止目標に対する $(S_o/N_o)_{min}$ との間の差異を Blake[8] の図から読み取ってグラフに描

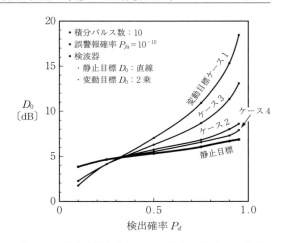

図 4.19　静止目標と変動目標に対する所要 D_0 の比較

き，図 4.19 に示す。同図のグラフでは，静止目標に対しては直線検波器使用のデータを，また変動目標に対しては 2 乗検波器使用のデータを用いているが，他のパラメータは両者に共通であり，パルスヒット数は 10，誤警報確率は $P_{fa} = 10^{-10}$ である。使用する検波器の種類が異なることに関しては，各検波器による $(S_o/N_o)_{min}$ の差異は微小であることが報告されているので，傾向を比較する上で大勢に影響はない。

図 4.19 の考察から，変動目標に対する $(S_o/N_o)_{min}$ は，$P_d \approx 0.35$ を境として P_d がこの値より大きい場合，変動目標に要求される $(S_o/N_o)_{min}$ は静止目標に要求される $(S_o/N_o)_{min}$ より大きく，P_d の増大につれてその差異も大きくなっている。また，$(S_o/N_o)_{min}$ が $P_d \approx 0.35$ よりも小さい場合には，逆に変動目標に要求される $(S_o/N_o)_{min}$ は小さくなる傾向が見られる。これは，変動目標では確率密度関数の分散が静止目標の同様の分散よりも大きくなっているためである。

引用・参考文献

[1] D. O. North : "An Analysis of the Factors Which Determine Signal/Noise Discrimination in Pulsed-Carrier Systems", RCA Tech. Rept., No. PTR-6C (June 25, 1943) (Reprinted in Proc. IEEE, Vol. 51, pp.1016-1027 (July 1963))

[2] S. O. Rice : "Mathematical Analysis of Random Noise", Bell System Tech. J., Vol. 23, No. 3, pp.282-332 (July 1944) and Vol. 24, No.1, pp.46-156 (Jan. 1945)

[3] J. I. Marcum : "Statistical Theory of Target Detection", RAND Research Memo., RM-754 (Dec. 1, 1947) (Reprited in IRE Trans. on IT, Vol. IT-6, No.2 (April 1960))

[4] J. I. Marcum : "Statistical Theory of Target Detection, Mathematical Appendix", RM-753 (July 1, 1948) (Reprinted in IRE Trans. on IT, Vol. IT-6, No.2 (April 1960))

[5] G. R. Cooper and C. D. McGillem : Modern Communications and Spread Spectrum, McGraw-Hill (1986)

[6] A. Papoulis : Probability, Random Variables, and Stochastic Processes, McGraw-Hill (1965)

[7] 清水良一：中心極限定理, 教育出版 (1976)

[8] L. V. Blake : "Prediction of Radar Range", Chap. 2 in Radar Handbook, 2nd ed., M.I. Skolnik, ed., McGraw-Hill. (1990)

[9] 森口繁一, 宇田川銈久, 一松 信：数学公式 Ⅲ (特殊関数), 岩波書店 (1960)

[10] IEEE Standard 100, The Authoritative Dictionary of IEEE Standards Terms, 7th ed., IEEE Press (2000)

[11] P. Swerling : "Probability of Detection for Fluctuating Targets", RAND Research Memo., RM-1217 (March 17, 1954) (Reprinted in IRE Trans. on IT, Vol. IT-6, No. 2 (April 1960))

[12] P. Swerling : "Radar Probability of Detection for Some Additional Fluctuating Target Cases", IEEE Trans. on AES, Vol. 33, No. 2, pp.698-709 (April 1997)

[13] M. I. Skolnik : Introduction To Radar Systems, 3rd ed., McGraw-Hill (2001)

[14] D. K. Barton : Radar Equations for Modern Radar, Artech House (2013)

5 目標探知性能算定のまとめ

本章では，2〜4章で検討してきたレーダ方程式で未検討であった損失項を補った後，代表的書籍に記載されたレーダ方程式について本質的な差異を明示して比較考察し，レーダ方程式使用時の一助とする。最後に，探知距離の計算例を示す。

5.1 レーダ方程式におけるシステム関連パラメータ

レーダ方程式において，これまで未検討の各種損失や大気中の電波伝搬特性など，システム関連パラメータが探知性能に与える影響について解説する。

5.1.1 レーダ方程式における損失項

3章におけるレーダ方程式のパラメータの検討では，レーダ構成要素の主要諸元に重点を置いた。このため，損失についてはレーダ方程式が煩雑になるのを避けるためシステム損失 L_S として一括して盛り込んだので，ここで個々の損失を取り上げる。なお，雑音発生源としての損失については，3.6節（システム雑音）でシステム雑音の一環として考慮済みである。

損失の考察に当たり，損失をその要因によって次の3種類に分類する。

損失分類 ① 受信信号を実際に減衰させる損失：レーダ内外の電力伝送路中にあって，信号電力を実際に減衰させる効果を持つ損失である。この損失は，一般には雑音の発生要因ともなっている。

損失分類 ② 受信信号処理が理想的には行えないため生ずる損失：各種の実行上の制約条件から，設計で仮定した理論的な最適処理が行えないことから生ずる損失である。

損失分類 ③ パラメータの不完全な設定や定義から生ずる損失：レーダ方程式で用いるパラメータの値としてある代表値を用いる場合などは，実際の条件を正確に表すものでないことがある．この損失は，これらの不完全さを補正するための補正値である．

システム損失 L_S が一括して盛り込まれたレーダ方程式(2.25)を次に再掲する．

$$R_{\max} = \left[\frac{P_t G_t A_r \sigma}{(4\pi)^2 k T_S B_n D_0 L_F L_S} \right]^{\frac{1}{4}} \tag{2.25}$$

システム損失 L_S は，その内訳である個々の損失の積として次式により表すことができる．

$$L_S = L_t L_a L_p L_\alpha (L_{rf}) L_{x_1} L_{x_2} \tag{5.1}$$

なお，上式中の個々の損失はいずれも1以上の値を取る．

以下，上記個々の損失について図5.1を参照しながら，送信から受信，検出，表示までの流れに沿って一つずつ取り上げる．

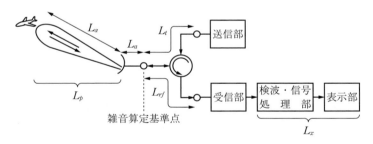

図5.1 送受信系統における各種損失

〔1〕 **送信系高周波伝送線路損失**

送信系高周波伝送線路損失 (transmission line loss) L_t は，レーダ送信系における送信機出力端からアンテナ入力端に至るまでの損失であり，損失分類①に分類される．伝送線路そのものによる損失のほか，送受切換器や線路に挿入されたその他の素子がある場合には，それらの損失も含まれる．損失の要因は，導体の抵抗損や，インピーダンス不整合による反射損失，モード変換損

失などである.送信系は高周波の大電力を扱うことから,損失は発熱やアーク発生の原因ともなるため,設計に当たっては細心の注意が必要である.

〔2〕 **アンテナ損失**

アンテナ損失(antenna loss)L_a は,アンテナ入出力端とアンテナ利得の定義点との間の損失であって,送信時と受信時に信号を減衰させてレーダの探知能力を低下させるアンテナ内部の損失であり,損失分類 ① に分類される.この損失の要因は,導体の抵抗損や,インピーダンス不整合による反射損失,モード変換損失などがある.なお,反射鏡アンテナのスピルオーバー損失やアレーアンテナの電力分配系内の損失などは,通常アンテナ利得の中で考慮されている.

式 (2.11) に示したレーダ方程式の基本形では,アンテナ関連パラメータは利得・開口積 $G_t A_r$ の形で現れており,それらの利得と開口の定義については 3.2 節(アンテナ諸元)で取り上げた.$G_t A_r$ の内,利得 G_t については,アンテナ利得がアンテナ入出力端で定義されていれば,アンテナ損失はその中に盛込み済みとしてよい.一方,A_r は指向性利得に対応させて定義しているので,損失は考慮されていない.このため,もしそのまま用いる場合にはアンテナ損失 L_a を考慮することが必要である.しかし,実効開口面積 A_r を受信アンテナ利得 G_r との間の関係として定義している場合には,損失は盛込み済みとなり,損失を改めて考慮する必要はない.

〔3〕 **アンテナパターン損失**

アンテナパターン損失(antenna pattern loss)L_p は,ビーム形状損失(beamshape loss)とも呼ばれる.ビーム先端の利得最大点で定義されているアンテナ利得に対し,ビーム上の他の点ではビーム先端が丸い形状のため利得が低下するが,これを補正するため L_p が導入されている.したがって,信号が実際に減衰を受けているわけではなく,最大点の利得を基準にしてレーダ方程式を解く都合上,この補正が必要となるものである.したがって,損失分類 ③ に分類するのが適切である.

捜索レーダで最も一般的な方式であるファンビームを水平面内で回転する

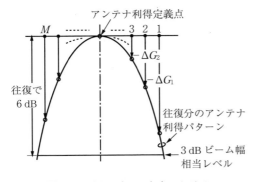

図 5.2　1回のビーム走査における受信パルス波のレベル変化

レーダについて考えると，**図 5.2** に示すように1回転のビーム走査の中で，各方向についてビーム先端の形に沿って何度もパルス波を送受信することになる。この M 個の受信パルス波は，4.2節で扱った積分処理に用いられるが，平均受信レベルはアンテナの最大利得で受信する場合に比べ低下する。通常の捜索レーダの場合，アンテナ利得の低下分は受信信号強度に対し往復で利いてくるため，この補正量の代表的な値は 1.6 dB 程度と見積もられている[1]。

　レーダ動作におけるアンテナビームのパルス波受信形態が上記と異なる例として，1回のビーム走査で目標を1回しか照射しない場合や，電子走査レーダでビーム走査をステップ状に行う場合がある。このような照射の場合には，目標をビームのどの点で捉えるかは確率的に決まることになるため，ビーム先端で捉えるとして計算するレーダ方程式の値に対して，確率的な観点から補正を加えることが必要となる。

〔4〕　**大気吸収損失等**

　大気吸収損失（tropospheric absorption loss, atmospheric attenuation）L_a は，大気中を伝搬する電波に減衰を与えるもので，損失分類 ① に属する。大気中の水蒸気と酸素分子による吸収が主要因であるが，ほかの要因もあり，まとめて L_a として表している。具体的な内容は，次項の 5.1.2 項（電波伝搬中に受ける大気と地表面の影響）の中で他の影響と一緒に扱う。

〔5〕　**受信系高周波伝送線路損失**

　受信系高周波伝送線路損失（receiving RF line loss）L_{rf} は，送信系における L_t と対を成すもので，受信系において受信信号に減衰を与える損失であり，損失分類 ① に分類される。アンテナ出力端から受信機初段の入力端までの高

5.1 レーダ方程式におけるシステム関連パラメータ　　163

周波伝送線路や送受切換器などの損失の和として与えられ，損失の要因は送信系における伝送線路損失と同様である．この損失 L_{rf} については，SNR の算定基準点をアンテナ端子に取ったことから（3.6.1項参照），受信信号レベルとシステム雑音レベルがともにアンテナ端子で評価されるため，レーダ方程式の中では損失として直接考慮する必要はない．L_{rf} は，アンテナ端子におけるシステム雑音の算定において，アンテナ端子以降の雑音を換算する中で考慮済みだからである．定義点の取り方いかんによらず，L_{rf} は微弱な受信信号を減衰させて感度の低下を招いていることに変わりはないので，細心の設計が必要なことはいうまでもない．

〔6〕 **コラップシング損失**

目標信号は基本的に空間のセル〔（パルス幅・光速/2）×水平ビーム幅×垂直ビーム幅〕単位で受信されるが，目標検出のために信号の存在するセルと存在しないセルとが同時に処理されると，雑音が余分に加算されて検出性能が低下する．したがって，このような処理を行う場合には，検出性能低下分をコラップシング損失（collapsing loss）L_{x_1} として考慮する必要がある．不完全な処理から生ずる損失であるので，損失分類 ② に分類される．

この損失は，元々は PPI スコープや A スコープなどの表示器で発生した損失である．しかし，ノンコヒーレント積分処理（4.2.3項参照）で目標信号を加算処理する場合にも，セルを不必要に大きく取ったり，加算数を大きく取りすぎて同一目標の存在し得ないセルを加算したりすると，この損失が発生する．

〔7〕 **信号処理損失等**

信号処理損失等（signal-processing loss, and other losses）L_{x_2} は，各種の信号処理（9章）において，理想的性能と比較したときの実際の処理の不完全さを考慮するための損失であり，損失分類 ② または ③ の分類に属する．

5.1.2　電波伝搬中に受ける大気と地表面の影響[1],[2]

地球の大気圏を電波が伝搬するときに受ける影響の内，主要なものは次の3

種類である。

〔1〕 大気による電波の減衰
〔2〕 大気による電波の屈折
〔3〕 地表面による電波の反射

上記以外の影響として，大気や大地による雑音の発生があるが，これらについては3.6節（システム雑音）ですでに扱った。

以下，上記各項に分類した影響をレーダ方程式との関連において見ていく。

〔1〕 **大気による電波の減衰**[1] ($L_α$)

電波が真空状態の宇宙空間を伝搬するときには，伝搬路による減衰は存在しない。しかし，地球の対流圏を電波が通過するときには地球の大気により減衰を受け，対流圏吸収損失 $L_{α_1}$ を生む。この減衰は，大気中の水蒸気と酸素分子による吸収が主要因であり，このため大気の状態により大きく影響を受ける。減衰量については，長距離にわたる実測は非常に難しいため，損失の算出は，モデル化した大気について計算により行われている。

初めに，大気減衰の全体像を見るために，対流圏の全幅を横切って電波が通

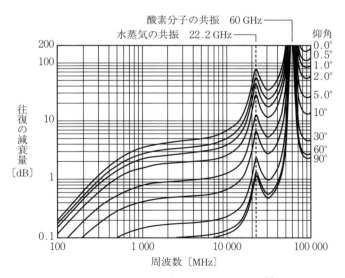

図 5.3 対流圏往復通過時の電波の減衰量[1]

5.1 レーダ方程式におけるシステム関連パラメータ

過したときの往復の減衰量を，周波数の関数として**図5.3**に示す。電波発射の仰角が0°の場合に，大気の層を一番長距離にわたって通過するので，減衰量は最大となる。また，水蒸気と酸素分子の共振周波数である22.2 GHzと60 GHz付近では，特に大きな減衰があることが示されている。

次に，周波数を1, 3, 10 GHzのそれぞれに固定し，仰角ごとに距離を変化させたときの往復の減衰量のグラフを，**図5.4**(a), (b), (c)に示す。同図から，100 km程度の探知距離を有するレーダでは，条件に応じて1〜3 dB程度の減衰を受けることがわかる。このグラフの値は，レーダ方程式の計算に直接用いることができるが，初めは探知距離が未知のため距離を予測して損失を読み取ることになるが，繰返し計算で精度を上げることが可能である。

上記のほか，大気による電波の屈折が，伝搬時の損失にもつながることが報告[1],[3]されている。この損失は，レンズ効果損失（lens-effect loss）L_{α_2}と呼ばれており，ちょうど凹レンズによる光の拡散と同様

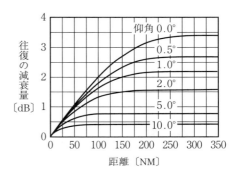

(a) 周波数1 GHzの場合

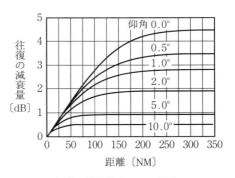

(b) 周波数3 GHzの場合

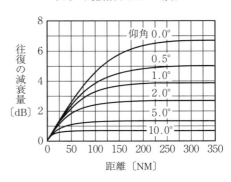

(c) 周波数10 GHzの場合

図5.4 大気往復通過時の電波の減衰量[1]

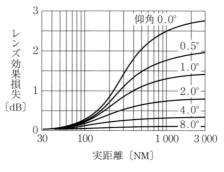

図 5.5 目標までの実距離に対する往復の大気レンズ効果損失[3]

に，大気による屈折が電波を垂直面内で拡散させるため，電波の電力密度が距離の2乗に反比例して弱くなるよりもさらに小さくなることから生ずる損失である。この損失の往復の減衰量を仰角をパラメータとして実距離（slant range）に対する変化のグラフとして描くと**図 5.5**となる。

天候の状態が悪い場合には，大気中を伝搬する電波は，雨，雪，ひょう，霧などによりさらに大きな減衰を受けるが，それらの減衰量については省略する。

〔2〕 **大気による電波の屈折**

電波の屈折はレンズ効果損失 L_{a_2} を与えるが，それについては電波の減衰と併せて上記〔1〕項で扱った。

屈折の一番大きな影響は，電波が直進しないために生ずるレーダ覆域のひずみである。この覆域のひずみは，レーダの垂直面の覆域や目標を測高する場合に問題となってくる。この問題は，実用上取り扱いやすい形に整理しておくことが必要であり，それについては6章でレーダ垂直覆域図として取り上げる。なお，この電波伝搬軸の屈折は，レーダ方程式に対しては前〔1〕項で述べたレンズ効果損失を除いては特に影響を与えない。

〔3〕 **地表面による電波の反射**

地表面による電波の反射はレーダの垂直面覆域に多大な影響を与えるが，それについては6.5節（大地反射が垂直覆域に及ぼす影響）で扱う。

レーダ方程式においては大地や海面の反射の影響は，アンテナ利得とアンテナパターンがレーダ設置環境の影響を受けて変化したとして扱うことができる場合が多い。レーダ方程式の中にパターン伝搬係数（pattern propagation factor） F を導入して明示する場合もあるが，レーダ方程式を見掛け上煩雑に

するので，ここでは上記の考えに立ってパターン伝搬係数は省略した．

5.1.3 捜索レーダにおける目標ヒット数

基本的な捜索レーダであるファンビーム回転式レーダの目標ヒット数の算定式を求める．複数パルス波の目標照射と受信は，4.2 節（複数反射パルス波による目標検出とその基準）で検討した積分処理で用いることのできる反射パルス数を与える．

図 5.6 に計算で用いる座標系を示す．仰角によらずアンテナの水平開口長は変わらないため，ファンビームパターンの水平面ビーム幅を $\Theta°$ とすると，各仰角面で切ったビーム幅は $\Theta°$ のままで変わらない．このアンテナが垂直軸の周りに毎分 $\overline{\mathrm{RPM}}$ 回の速さで回転するとき，仰角 θ_{El} の方向に存在する目標

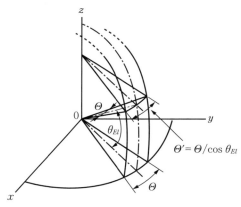

図 5.6 目標仰角 θ_{El} による水平ビーム幅 Θ' の変化

からの反射パルス波をビーム幅内に捉える数 M は，パルス繰返し周波数を f_p とすると，仰角があまり大きくない場合は次式で近似される．

$$M \fallingdotseq \frac{\Theta/\cos\theta_{El}}{360 \times (\overline{\mathrm{RPM}}/60)} \times f_p = \frac{\Theta f_p}{6\,\overline{\mathrm{RPM}}\cos\theta_{El}} \tag{5.2}$$

遠距離捜索レーダでは，通常，回転数は 5 〜 15 rpm 程度，パルス繰返し周波数は数百〜 1 000 Hz 程度であるので，ヒット数 M としては 10 以上確保できることが多い．

5.2 レーダ方程式のまとめ

5.2.1 代表的レーダ方程式との比較考察

レーダ方程式はレーダシステム理論の基本として多くの論文と書籍で扱われてきたが，いまだに一つの標準的形態に集約されておらず，レーダ技術者の理解を妨げる要因となっている．この課題の軽減のために，本項では代表的な書籍に現れるレーダ方程式の比較を行い，その差異について考察する．この比較考察は，次の理由によりレーダ方程式と等価な不等式である下記式 (5.3) の形に変換して行う．

レーダにおける目標検出は，2.3.2項に述べたように受信反射パルス波のSNRが目標検出基準値 $(S_o/N_o)_{\min}$ を超えたときになされる．各レーダ方程式を変形して目標検出条件を不等式で書き表したとき，左辺における $1/R^4$ 以外の項をまとめて η とすると，目標検出条件は次式で表せる．

$$\frac{S_o}{N_o} = \frac{\eta}{R^4} \geq \left(\frac{S_o}{N_o}\right)_{\min} \tag{5.3}$$

上式の左辺で R がその最大値 $R_{\max}$ を取るとき，式 (5.3) の等号が成立し，その等式を $R_{\max}$ について解いた式がレーダ方程式である．この不等式によれば，右辺はシステム設計値として定める目標検出基準値であり，左辺はレーダ装置の送受信機能と電波伝搬路の効果を集約した式となるので，送受信機能の比較のためには，レーダ方程式そのものよりもそれに等価な式 (5.3) によるのが適切である．比較に当たってはレーダ方程式を式 (5.3) の形に書き直した上，さらに次式に示す比較項単位に分けて書き表す．

$$\frac{S_o}{N_o} = [送受信機能項] \times [損失・補正項] \geq [検出基準項] \tag{5.4}$$

以上を準備として，比較対象とするレーダ方程式の出典を，Ⓐ 本書，Ⓑ Skolnik[2]，Ⓒ Blake[1]，Ⓓ Barton[4] の4書籍とする．各書籍からのレーダ方程式を式 (5.4) の形に書き直し，比較表として**表 5.1** に示す．以下，同表にお

5.2 レーダ方程式のまとめ

表5.1 式 (2.24) と代表的レーダ方程式との構成項ごとの比較

NO.	レーダ方程式の出典	基準フィルタ	不等式 (5.4) の左辺 ≧ 右辺		損失・補正項	検出基準項
			送受信機能項			
			E/N_{sd}	$B_n\tau$		
Ⓐ	本書 式 (2.24)	帯域フィルタ	$\dfrac{P_{r,ideal}}{kT_S B_n}$ $= \dfrac{P_{r,ideal}\cdot\tau}{kT_S}$	$\times \dfrac{1}{B_n\tau}$	$\dfrac{1}{L_F L_S}$	D_0
Ⓑ	Skolnik	帯域フィルタ	$\dfrac{P_{r,ideal}}{kT_0 B_n F_n}$ $= \dfrac{P_{r,ideal}\cdot\tau}{kT_0 F_n}$	$\times \dfrac{1}{B_n\tau}$	$\dfrac{1}{L_S}$	$\dfrac{(S/N)_1}{nE_i(n)}\cdot L_f$
Ⓒ	Blake	マッチドフィルタ	$\dfrac{P_{r,ideal}\cdot\tau}{kT_S}$	—	$\dfrac{F_t^2 F_r^2}{C_B L}$	D_0
Ⓓ	Barton	マッチドフィルタ	$\dfrac{P_{r,ideal}\cdot\tau}{kT_S}$	—	$\dfrac{F^4}{L_t L_\alpha \cdot L_m \cdot L_p L_x}$	$D_{(n)}$

〔注〕 Ⓑ Introduction to Radar Systems, 3rd ed. (2001 年)[2]
Ⓒ Prediction of Radar Range (1990 年)[1]
Ⓓ Radar Equations for Modern Radar (2013 年)[4]

$$P_{r,ideal} = \frac{P_t G_t A_r \sigma}{(4\pi)^2 R^4} = \frac{P_t G_t G_r \lambda^2 \sigma}{(4\pi)^3 R^4}$$

ける比較項ごとに Ⓐ～Ⓓ の差異の主要点について比較考察する。

〔1〕〔送受信機能項〕の比較考察

① 基準フィルタ：Ⓐ と Ⓑ は「帯域フィルタ出力を基準」としており，一方，Ⓒ と Ⓓ は「マッチドフィルタ出力を基準」としている。Ⓐ と Ⓑ では，この項に $B_n\tau$ を乗ずると基本的にマッチドフィルタ基準の主要項に一致する。本項に関しては，2.3.3項を参照のこと。

② 雑音：Ⓐ，Ⓒ および Ⓓ では，アンテナ端子における雑音の電力スペクトル密度を等価システム雑音温度を用いて kT_S と表しているので，すべての雑音が考慮されている。一方 Ⓑ では，雑音指数を用いて $kT_0 F_n$ と表しているので，アンテナ端子から受信系に入力する外来雑音などが SNR の算定に正しく反映されないという課題が残る。

〔2〕〔損失・補正項〕の比較考察

③ フィルタの損失・補正：本比較項は4式すべてで異なり，その主要な差

異は下記のとおりフィルタ出力に関する損失・補正の算定方法にある。そのほか，パターン伝搬係数 F の有無やシステム損失の内訳について差異があるが，この差異は損失や補正をどこまで取り入れるかの問題であり，レーダ方程式の定式化上は本質的ではないと考え，ここではそれらの差異は問題としない。

- Ⓐ では帯域フィルタに対し「帯域幅損失係数 L_F」を導入した。帯域フィルタの帯域が十分広くないとき，フィルタ出力信号のレベル低下を損失として考慮している。本項に関しては，3.7.2 項を参照のこと。
- Ⓑ ではフィルタ出力に関する補正項はない。
- Ⓒ では「帯域幅補正係数 C_B」を導入して帯域幅が最適値にないときにその差に応じた損失を考慮している。しかし，Ⓒ はマッチドフィルタ出力を基準とするレーダ方程式なので，帯域フィルタの出力を基準とする C_B による補正では，考え方の上で正しい補正は行われない。本項に関しては，3.7.4 項を参照のこと。
- Ⓓ ではマッチドフィルタ出力を基準とする「マッチング損失 L_m」を導入して理想的なマッチドフィルタが実現されないときの損失を考慮している。帯域フィルタ使用時にも適用することを前提として L_m を定義しているが，書籍 Ⓓ で実際に与えられている損失値はマッチドフィルタに対しても帯域幅の最適幅に対する差異に応じた損失値だけであり，マッチドフィルタそのものの実現誤差に対する損失が与えられていない。本項に関しては，3.7.3 項を参照のこと。

〔3〕 〔検出基準項〕の比較考察

④ 検出基準項：本比較項は見掛けの式は異なるものもあるが，実質的にすべてが同一の $(S_o/N_o)_{min} = D_0$ となっており，差異はない。

- Ⓐ と Ⓒ では D_0 と記してあるが，単一パルスに対してだけでなく，複数パルスのノンコヒーレント積分の場合も，また，フラクチュエーション目標に対する場合も含めて D_0 と表している。
- Ⓑ では他の場合と異なる式になっているが，単一パルスに対する目標

検出基準値 $(S/N)_1$ を基準として，積分効率（integration efficiency）$E_i(n)$ やフラクチュエーション損失（fluctuation loss）L_f を導入して乗ずることにより上記 D_0 と同種の値を表している。

・Ⓓ では $D(n)$ と記してあるが，これは n パルスによる目標検出時のディテクタビリティファクタ D_0 を意味するので，基本的に上記 D_0 と同じである。元々の Ⓓ Barton の式では $D_x(n) = D(n) \cdot L_m L_p L_c L_x L_o$ と表示されていたが，ここから損失項である $L_m L_p L_c L_x L_o$ を左辺に移項し，右辺には $D(n)$ だけを残して記したものである。

〔4〕 **比較考察のまとめ**

Ⓐ〜Ⓓ のレーダ方程式間の比較考察から，4式の間の本質的な差異は中間周波段のフィルタに関わる L_F，C_B，L_m にあることがわかる。この中の L_F と L_m の差異は，基準フィルタとして L_F は帯域フィルタを，また L_m はマッチドフィルタを選定したことからくるものであって，それ自体差異は大きい。しかし，2.3.4〔2〕項で述べたように，$B_n\tau$ の乗除により互いに他方のレーダ方程式に移行可能なので考え方の差異は小さいと考えることもできる。いずれの方程式を選択したとしてもパラメータが正しく選択された場合には，理論上結果に大差は生じない。また，Ⓓ で与えられた損失 L_m の算定のミスマッチ条件が明確でないなどの課題が残る。

一方，C_B は前〔2〕③ 項の第3項 Ⓒ に記した理由により，本項の考察からは除外した。

結論として，本書では通常のレーダの物理的な動作をより忠実に数式に置き換えていると考えられる Ⓐ のレーダ方程式を選択して，次項の計算例に進む。

5.2.2 レーダ方程式の計算例

初めに，本書のレーダ方程式（前項における Ⓐ）に沿ったレーダ探知距離計算シートの準備から始める。計算シートは Blake の「レーダ方程式計算シート[1]」をベースに本書に合わせて次に挙げる修正を盛り込み，**表5.2** の形で使

表 5.2 レーダ探知距離の計算例（Blake の計算シート[1] を基に一部修正して作成）

A. T_S の計算：式 (3.41), (3.43) $T_S = T_A + T_{rf} + L_{rf}T_e$	B. Range factors		C. Decibel values	Plus (＋)	Minus (－)
	P_t [kW]	50	$10 \log P_t$	17.0	
（a） T_A の計算：式 (3.51)	τ [μs]	1	$10 \log \tau$	0.0	
図 3.21 から T_a' を読み取る。	$B_n\tau$ [MHz・μs]	0.8	$-10 \log(B_n\tau)$	1.0	
T_a' : <u>70</u> K	G_t		G_t [dB]	35.0	
L_A [dB] : <u>0.5</u>, L_A : <u>1.12</u>	G_r		G_r [dB]	35.0	
$T_A = \dfrac{0.876 T_a' - 254}{L_A} + 290$	σ [m²]	5	$10 \log \sigma$	7.0	
	f [MHz]	3 000	$-20 \log f$		-69.5
	T_S [K]	408	$-10 \log T_S$		-26.1
$\boxed{T_A = 118 \text{ K}}$	D_0		$-D_0$ [dB]		-5.0
（b） T_{rf} の計算：式 (3.47)	L_F	1.55	$-L_F$ [dB]		-1.9
$T_{rf} = T_0(L_{rf} - 1)$	L_t		$-L_t$ [dB]		-1.0
L_{fr} [dB] : <u>1.0</u>, L_{rf} : <u>1.26</u>	L_p		$-L_p$ [dB]		-1.6
	L_x		$-L_x$ [dB]		-2.0
$\boxed{T_{rf} = 75 \text{ K}}$	Range equation constant (10 log 32.87)			15.17	
（c） T_e の計算：式 (3.31)	Obtain colmun totals			110.17	-107.1
$T_e = T_0(F_n - 1)$: <u>171</u> K	Subtract to obtain net decibels (dB)			3.07	
F_n [dB] : <u>2.0</u>, F_n : <u>1.59</u>	自由空間最大探知距離 $R_0 = 100 \times \text{antilog}\left(\dfrac{\text{上欄 dB 値}}{40}\right)$			$R_0 = 119.3$ [km]	
L_{rf} [dB] : <u>1.0</u>, L_{rf} : <u>1.26</u>	大気減衰を補正 図 5.3 ～ 図 5.4 を参照して必要に応じ繰り返す。			$-L_a = \underline{-1.8}$ [dB] $R_{\max} = \underline{108}$ [km]	
$\boxed{L_{rf}T_e = 215 \text{ K}}$					
上記の和 $\boxed{T_S = 408 \text{ K}}$					

用する。

① 計算シートの説明文全般を日本語とした。

② 「A. T_S の計算」欄は内容的には Blake のシートをそのまま踏襲し，参照する式や図を本書の番号に修正した。

③ 原計算シートはマッチドフィルタ出力用であるが，これを帯域フィルタ出力用とするために，$B_n\tau$ 欄をパルス幅 τ 欄の下に設けた。これは次式に示すように，SNR をマッチドフィルタ出力用の式 (2.26) から帯域フィル

5.2 レーダ方程式のまとめ

タ出力用の式 (2.23) に変更することに相当する。

$$\left(\frac{S_o}{N_o}\right)_{MF} \times \frac{1}{B_n\tau \cdot L_F} = \frac{P_r\tau}{kT_S} \cdot \frac{1}{B_n\tau \cdot L_F}$$

$$= \frac{P_r}{kT_S B_n} \cdot \frac{1}{L_F} = \left(\frac{S_o}{N_o}\right)_{PF} \tag{5.5}$$

なお，上式で $B_n\tau$ に併せて盛り込んだ L_F は，計算シート下部の C_B 欄を L_F 欄に置換することで計算に取り込んでいる。

　帯域フィルタ出力用のレーダ方程式に B_n の値を単独で盛り込むのではなく，分子の τ と分母の $B_n\tau$ に分けることによってシステム設計値としてのそれらの値が的確に容易に得られるようになるため，レーダ方程式への盛込みも容易になる。扱いが容易になる理由は次のとおりである。

・パルス幅 τ の値は設計上明確であり測定値も容易に得られるため，単独で用いることに不都合はない。

・雑音帯域幅 B_n は，3.7.2 項で検討したようにシステム設計上 B_n 単独で設定すべき値ではない。図 3.29 で見たように，τ との関連において $B_n\tau$ として 1 の前後の値に設定する値である。

④　原シートにおける帯域幅補正係数 C_B 欄を帯域幅損失係数 L_F 欄に置換した。

⑤　原シートでは最大探知距離が海里（NM）として計算されたが，直接 km で得られるようにした。

⑥　電波伝搬における大地反射などの補正計算は省略した。

なお，上記計算シートは帯域フィルタ出力用に修正したのであるが，マッチドフィルタ出力用としても次項に従えばほとんどそのまま使用可能である。

・$B_n\tau$ 欄を空欄として使用しない。

・L_F をマッチング損失 L_m に置換して使用する。

以下，帯域フィルタを使用するレーダの最大探知距離について，表 5.2 の修正した探知距離計算シートに数値を直接記入して計算例を示す。この例では，レーダとして S バンド（3 GHz）のファンビーム捜索レーダを想定した。アン

テナ回転ごとの目標ヒット数は10とし,目標フラクチュエーションモデルとしてSwerlingケース1の目標に対し,積分パルス数10,$P_d=50\%$,$P_{fa}=10^{-6}$の条件の下で,ディテクタビリティファクタD_0の値を図4.18(a)から5dBと読み取って用いた。この結果,大気減衰を未考慮の自由空間探知距離として$R_0=119.3$kmを得る。次に,大気伝搬損として図5.4(b)と図5.5から値を読み取り,両者の和を取って最終的に約1.8dBの値を用いると,最大探知距離として$R_{\max}=108$kmを得る。

引用・参考文献

[1] L. V. Blake:Prediction of Radar Range, Chap. 2 in Radar Handbook, 2nd ed., M. I. Skolnik, ed., McGraw-Hill(1990)
[2] M. I. Skolnik:Introduction To Radar Systems, 3rd ed., McGraw-Hill(2001)
[3] W. W. Shrader and T. A. Weil:"Lens-Effect Loss for Distributed Targets", IEEE Trans., Vol. AES-23, pp.594-595(July 1987)
[4] D. K. Barton:Radar Equations for Modern Radar, Artech House(2013)

6 電波の大気屈折とレーダ垂直覆域図

　電波が大気を伝搬中に受ける屈折の結果，レーダ垂直面内の覆域や目標高度は電波が直進するとして図を描くと遠方の場合大きな誤差を生ずる。本章ではこの課題に対処するため，電波伝搬における大気屈折の影響をモデル化した大気を用いて解析を行い，電波は直進するとして描くことのできるレーダ垂直覆域チャートと等価地球半径モデルを導出する。

6.1　電波の大気屈折がレーダ運用に与える影響

　地球を取り巻く対流圏の大気は，大地からの高度が大きくなるにつれて希薄になり，成層圏を経てやがて宇宙空間の真空へとつながっている。この大気の濃度は屈折率に直接結び付いていることから，上空に昇るに従い屈折率 n は真空の値 $n=1$ に近付いていく。屈折率は地表でも $n \cong 1.0003$ 程度と真空との差異は非常に小さいが，長距離を伝搬するにつれて，電波の伝搬軸は少しずつ屈折していく。その屈折の大きさは，その時点の大気の状態により変化するほか，レーダの設置高や電波発射仰角によっても大気の条件が変わるので変化する。

　地球と屈折した電波伝搬経路の関係を，地表面にレーダを設置した場合について**図 6.1** に実線で示す。この図に示される電波伝搬軸と幾何学的座標について考察すると，同図の表示方法に関して次に示すレーダ運用上のいくつかの課題を挙げることができる。

① アンテナが送受信する電波の仰角は，レーダが探知した目標の幾何学的仰角より大きく，やや上方を向く。

② レーダの垂直面内の覆域は，アンテナの垂直面放射パターンにより定ま

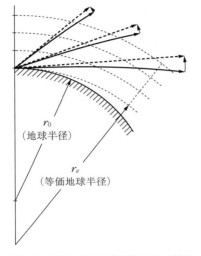

図 6.1 屈折した電波伝搬軸および補正した直線伝搬軸と座標系

――― 地球上の屈折した電波伝搬軸
----- 直線に補正した伝搬軸とその座標系

r_0（地球半径）
r_e（等価地球半径）

る。しかし，アンテナの垂直パターンからレーダの垂直覆域図を描き表そうとした場合，電波伝搬路の屈折のため覆域図を簡単に描くことができない。

③ レーダが探知した目標の高度が，電波伝搬軸の屈折のためアンテナ仰角と距離から簡単には求められない。したがって，垂直覆域図の上に探知した目標を描き示すことが簡単にはできない。

これらの課題は，垂直面の座標を幾何学的に正確な位置関係で作図したチャートを用いて，その上に屈折する伝搬軸を描こうとすることから生じている。この問題を解決するためには，屈折する電波伝搬軸を直線に引き延ばして覆域チャートを作成し，その伝搬軸を基準にして幾何学的距離をひずませて，座標を目盛ればよい。この考え方による垂直覆域チャートの概念図を図6.1に点線で示す。この補正した座標系は，図に示すように地球の半径を拡大して近似することが可能であり，これについては6.3.2項で述べる。

本節の冒頭で述べた地面からの高度の上昇とともに単調に減少する屈折率分布は通常見られる分布であるが，時に海上の水蒸気の分布状況によっては，屈折率が地表近くで異常に大きくなる場合がある。この場合にはダクト現象などの電波の異常伝搬が発生し，電波は遠方まで減衰することなく伝搬する。ダクト現象が発生すると，通常は見られない遠方の地形などがレーダ表示器に現れることがある。これらの異常伝搬は，その時々の大気の温度や湿度の分布により変化し，一意的にはモデル化はできないため，目標の測高などを行う場合はレーダ運用中にデータを補正することが必要になる。

6.2 大気の屈折率分布と電波伝搬軸の屈折

6.2.1 大気の屈折率分布モデル[1],[2]

前節で提起したレーダの垂直覆域チャートを作成するためには，屈折した電波の伝搬軸を数式で表示する必要があり，そのためには地表からの高度 h の関数としての屈折率 $n(h)$ を定める必要がある。垂直方向の屈折率の分布に関しては世界各地で多くのデータが収集されているが，実測値は測定地点や天候，時間などにより大きくばらついており，実測値が直接的に普遍的な標準モデルを与えるわけではない。しかし，平均的な実測値に基づいて屈折率分布をモデル化し，そのモデルに基づく汎用覆域チャートを作成しておくことは，共通の座標の上で覆域を評価できることから，レーダのシステム設計上また実運用上非常に有益である。

地上高度 h における屈折率変化のモデルは，地上の屈折率約 1.0003 から高空の 1.0 の間をどのような関数で表すか，という問題に帰着する。このモデルとしては，これまでの研究から指数分布モデルと直線分布モデルが広く用いられている。以下，それらの具体的な形を見ていこう。

〔1〕 大気屈折率の指数分布モデル

指数分布モデルでは，大気の屈折率 n が地表からの高度 h の関数として次式により表される。

$$n(h) = 1 + (n_0 - 1)e^{-c_e h} \tag{6.1}$$

ここに，n_0 は地表（$h=0$）における屈折率であり，c_e は高度変化に対する屈折率の変化の速さを表す係数である。このモデルによれば，**図 6.2** に示すように屈折率 $n(h)$ は地表での値 n_0 から高空における値 $n=1.0$ に向かって，指数関数に従って滑らかに漸近していく。

式 (6.1) の n_0 と c_e の値の組が定まると，$n(h)$ の分布が定まる。(n_0, c_e) の組に関しては，米国内での実測統計値に基づいて，CRPL 指数分布大気（Central Radio Propagation Laboratory Exponential Reference Atmosphere）の定数とし

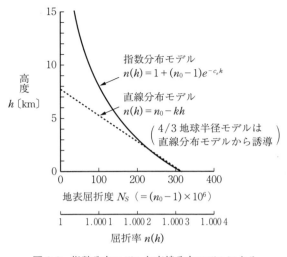

図 6.2 指数分布モデルと直線分布モデルによる大気屈折率変化の比較

て発表されている。そこでは，1に非常に近い値である n_0 を表すのに，地表屈折度 (surface refractivity) を次式により定義して用いている。

$$N_S = (n_0 - 1) \times 10^6 \tag{6.2}$$

指数分布モデルによりレーダ垂直覆域チャートを作成する場合，CRPL指数分布大気定数の米国内の実測平均値（$N_S = 313$, $c_e = 0.1439 \text{ km}^{-1}$）が標準モデルとして用いられることが多い。

〔2〕 **大気屈折率の直線分布モデル**

直線分布モデルでは，屈折率の高度に対する分布として図6.2に示される次式を採用している。

$$n(h) = n_0 - kh \tag{6.3}$$

ここに，n_0 は指数分布の場合と同様に地表における大気の屈折率であり，k は高度変化に対する屈折率の変化の速さを表す定数である。このモデルでは，高度 h が $h > (n_0 - 1)/k$ になると $n(h) < 1$ となってしまうため，この範囲では式 (6.3) は明らかに成立しない。このため，簡便ではあるが適用するのに低高度の範囲という条件が付く。

6.2.2 電波伝搬軸の数式表示

一般に大気の屈折率分布が定まると，初期値としての電波発射仰角を与えることにより，電波伝搬の軌跡が定まる。この場合，軌跡を決める屈折率分布と屈折角の関係は，よく知られたスネルの法則 (Snell's law) により与えられる。

6.2 大気の屈折率分布と電波伝搬軸の屈折

スネルの法則は幾何工学（ray theory）の法則として屈折率を用いて定式化されたが，ここで検討対象としている波動としての電波との間には，次に示す屈折率と誘電率の関係が成立している。

$$n = \frac{c}{v} = \sqrt{\frac{\varepsilon}{\varepsilon_0}} \tag{6.4}$$

ここに，c は光速，v は媒質内の電波の伝搬速度，ε_0 と ε はそれぞれ真空と前記媒質の誘電率である。さらに，電波の屈折にスネルの法則を適用する場合の条件としては，各媒質は均一か，またはその変化が約 1 波長の範囲ではほぼ均一とみなし得る程度であることが必要である。

以下，スネルの法則が大気中の電波の屈折の問題にどのように適用されているか，順を追って見ていこう。

初めに，図 6.3（a）に示す媒質境界面が平面層状に変化する場合を考える。同図では各層の中で屈折率は均一で，その値を一定値 n_i（$i = 0, 1, 2, \cdots$）と仮定している。図 6.3（a）の各層にスネルの法則を適用すると次式を得る。

$$n_{i+1}\cos\theta_{i+1} = n_i\cos\theta_i = n_0\cos\theta_0 \; (= \text{const.}) \tag{6.5}$$

ここに，n_0 と θ_0 は電波発射における初期値を表し，それぞれ地表における屈折率と電波発射仰角である。

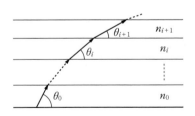
（a） 平面層内の屈折率が一様な場合

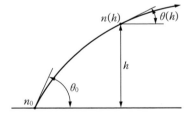
（b） 平面層厚さが無限小となって屈折率変化が連続となった場合

図 6.3 平面層状屈折率分布モデルにおける電波伝搬軸の屈折

同図において各層の厚みを薄くしていったときの極限を考えると，式 (6.5) の関係式は連続となり，次式により一般化される。

$$n(h)\cos\theta(h) = n_0\cos\theta_0 \; (= \text{const.}) \tag{6.6}$$

ここに，$n(h)$ と $\theta(h)$ は，図6.3（b）を参照して，電波発射点の存在する地面からの高さ h における屈折率と仰角であり，また $n_0 = n(0)$，$\theta_0 = \theta(0)$ は電波発射点における屈折率と仰角である．

次に，捜索レーダの場合のように電波が球形の地球上を長距離にわたり伝搬する場合には，スネルの法則を極座標系の場合へと拡張[3]する必要がある．

図6.4（a）は球状の地球の断面とその外側の大気を表しており，同心円状の均一屈折率の媒体が層を形成していると仮定する．この場合は，図6.3（a）の場合と異なり，円形の層の内側の錯角は等しくない．このため，第 i 層の仰角 θ_i（$i = 0, 1, 2, \cdots$）に対し，その錯角を θ_i'，地球半径を r_0，地球の中心から第 i 層までの距離を r_i とすると，各層の境界面におけるスネルの法則から次式を得る．

$$\left.\begin{array}{l} n_1 \cos\theta_1 = n_0 \cos\theta_0' \\ \cdots\cdots\cdots \\ n_{i+1} \cos\theta_{i+1} = n_i \cos\theta_i' \end{array}\right\} \quad (6.7)$$

次に，各層と地球の中心を結ぶ三角形に対し正弦定理を適用して，次式を得る．

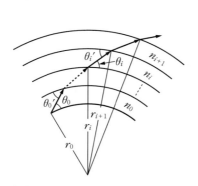
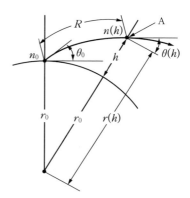

（a）球面層内の屈折率が一様な場合　（b）球面層厚さが無限小となって屈折率変化が連続となった場合

図6.4　球面層状屈折率分布モデルにおける電波伝搬軸の屈折

$$\left.\begin{array}{c}\dfrac{r_1}{\cos\theta_0}=\dfrac{r_0}{\cos\theta_0{'}}\\ \cdots\cdots\cdots\\ \dfrac{r_{i+1}}{\cos\theta_i}=\dfrac{r_i}{\cos\theta_i{'}}\end{array}\right\} \quad (6.8)$$

上記両式の対応する式ごとに両辺を掛け合わせて $\theta_i{'}$ ($i=0, 1, 2, \cdots$) を消去すると，角度として各層の仰角 θ_i だけを含む次式を得る．

$$\left.\begin{array}{c}n_1 r_1 \cos\theta_1 = n_0 r_0 \cos\theta_0\\ \cdots\cdots\cdots\\ n_{i+1} r_{i+1}\cos\theta_{i+1}=n_i r_i \cos\theta_i\end{array}\right\} \quad (6.9)$$

ここで各層の厚さを薄くして0への極限を取り，図6.4（b）に示すように n_i, r_i, θ_i を地表からの高度 h の関数として $n(h)$, $r(h)$, $\theta(h)$ と書くと，一般に次式が成立する．

$$n(h)r(h)\cos\theta(h)=n_0 r_0 \cos\theta_0 \quad (=\text{const.}) \quad (6.10)$$

ここに右辺は，地表から仰角 θ_0 で電波を放射したときの初期値であり，定数である．$r(h)=r_0+h$ と置いて式 (6.10) を変形すると，次式となる．

$$\cos\theta(h)=\frac{n_0 \cos\theta_0}{n(h)(1+h/r_0)} \quad (6.11)$$

地表に設置されたレーダから発射された電波の初期値 (r_0, n_0, θ_0) と高度 h の関数としての屈折率分布 $n(h)$ が与えられると，電波の伝搬軌跡は高度 h に対する仰角 $\theta(h)$ として式 (6.11) により定まる．

6.3　レーダ垂直覆域チャート

前節までの結果に基づいて，6.1節で課題として挙げた屈折した電波伝搬軸を直線に引き延ばして「レーダ垂直覆域チャート」を作成する．

ここで目的とするチャートの狙いを具体的に述べると次のようになる．すなわち，レーダの送受信仰角と距離が与えられると定まる電波伝搬軸上の目標点

を図上に簡単に表示できるようにし，同時にその座標（距離，高度）を簡単に読み取れるようにすることと，逆に垂直面内の任意の点の座標（距離，高度）を図上で指定したときに電波送受信仰角を図から読み取れるようにすることである．

6.3.1 指数分布モデルによる垂直覆域チャート[1],[2]

垂直覆域チャートを作成するために，6.2.2項で求めた仰角 $\theta(h)$ で表した電波伝搬軸の表示式（6.11）に基づいて，電波伝搬軸を目標点までの距離 $R(h)$ に

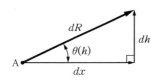

図6.5 A点における実距離微小増分 dR と高度微小増分 dh の関係図

より表す式を導出する．図6.4（b）において電波の送受信点から電波伝搬軸上の一点Aまでの電波伝搬軸に沿った距離を R として，**図6.5** の拡大図に示す R の微小増分 dR と高度 h の微小増分 dh との間の関係を式で示すと次式となる．

$$\frac{dh}{dR} = \sin \theta(h) \tag{6.12}$$

上式に式（6.11）を代入して θ を消去すると，次式を得る．

$$dR = \frac{dh}{\sqrt{1 - \cos \theta(h)^2}} = \frac{dh}{\sqrt{1 - \left\{\dfrac{n_0 \cos \theta_0}{n(h)(1 + h/r_0)}\right\}^2}} \tag{6.13}$$

いま，図6.4（b）において目標が高度 $h = h_t$ に存在するとした場合，レーダから目標までの距離 $R(h, \theta_0)$ は式（6.13）を高度0から目標高度 h_t まで積分することにより次式として得られる．

$$R(h_t, \theta_0) = \int_0^{h_t} \frac{1}{\sqrt{1 - \left\{\dfrac{n_0 \cos \theta_0}{n(h)(1 + h/r_0)}\right\}^2}} dh \tag{6.14}$$

式（6.14）においては大気の屈折率分布 $n(h)$ は特に指定されていないので，6.2.1項に述べた指数分布や直線分布，あるいはそれ以外の分布であっても式（6.14）は成立する．しかし，$n(h)$ がきわめて特殊な関数の場合を除いて式（6.14）の積分を数式的に解くことは難しく，一般には数値計算により R の値

6.3 レーダ垂直覆域チャート

を求める必要がある。

以上を準備として,次にレーダ垂直覆域チャートの作成へ移る。式 (6.14) の計算を実行するために,大気の屈折率分布モデルとして 6.2.1 〔1〕項で述べた指数分布モデルを採用することとし,その定数は CRPL 標準モデル (N_S = 313, c_e = 0.143 9 km^{-1}) とする。これにより $n(h)$ と n_0 が定まるので,地球半径 r_0 = 6 370 km と電波発射仰角の初期値 θ_0 を与えれば,それぞれの目標高度 h_t までの伝搬路長 R が式 (6.14) により計算できる。レーダ垂直覆域チャートは,それぞれの電波伝搬軸を仰角初期値方向に直線で延伸し,その伝搬路上に距離と高度の座標を付して作成される。なお,レーダ目標の存在範囲の高度は通常水平方向の距離に比して小さいので,垂直覆域チャートは高度方向の座標を拡大して作図する場合が多い。**図 6.6** は,そのようにして作成されたレーダ垂直覆域チャートの例である。

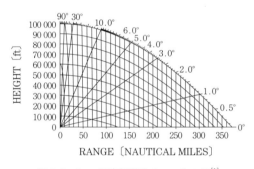

図 6.6 レーダ垂直覆域チャートの例[1]

垂直覆域チャートを用いると,レーダの最大探知距離を基準として,アンテナの垂直パターンに従ってレーダの垂直覆域図を作成することができる。また,同図上で,目標の電波仰角と距離から,目標高度を読み取ることが可能となる。

上記のチャート上に,アンテナパターンに基づいてレーダ垂直覆域図を描くことを考えると,アンテナ利得 G のビーム先端における最大探知距離 R_max を基準として,次の手順に従えばよい。すなわち,任意仰角のアンテナ利得を G_θ,その仰角の探知距離を R_θ,また比例定数を α とすると,次の関係式が成立する。

$$R_\mathrm{max}^4 = \alpha G^2 \tag{6.15}$$

$$R_\theta^4 = \alpha G_\theta^2 \tag{6.16}$$

上記 2 式の両辺の比を取り,R_θ について整理すると次式を得る。

$$R_\theta = \sqrt{\frac{G_\theta}{G}} \cdot R_{\max} \tag{6.17}$$

各仰角に対して，この式から求めた探知距離を垂直覆域チャートにプロットすることにより，垂直覆域図を作成することができる．

6.3.2 等価地球半径モデルによる垂直覆域チャート[4]

レーダ垂直覆域チャートは，6.2.1〔2〕項に示した屈折率の直線分布モデルを用いても作成することができる．この場合は，式 (6.14) の中の屈折率分布 $n(h)$ に式 (6.3) を用いて計算すればよい．

しかし，このモデルの場合には式 (6.14) を計算するという煩雑な手順を経ずに，後述する地球の等価半径（4/3 地球半径）モデルを用いることにより，幾何学的な計算だけから垂直覆域チャートを作成することができる．

式 (6.3) の大気屈折率の直線分布モデルを用いると，地球の半径を拡大して作成した座標系において屈折した電波伝搬軸を直線に引き直して延伸することにより，座標を近似的に補正可能なことが報告されている．この方法によれば，図 6.1 に描かれた屈折した電波伝搬軸とその座標は，同図に描かれた拡大された半径の地球座標系で，直線に延ばして描かれた電波伝搬軸と座標により近似される．この座標系においては，伝搬軸の仰角と座標は図からそのまま読み取れば近似値が得られる．

このモデルによれば，次に示す M 倍に拡大された半径を持つ等価地球の上で，近似的に電波が直進するとして考えることができ，このとき，距離・高度・仰角の関係が近似的に幾何学的な座標系と一致する．

SBF モデルと呼ばれる等価地球半径の倍率 M は，次式で与えられる．

$$M = \frac{1}{1 - kr_0/n_0} \tag{6.18}$$

ここに，r_0 は地球の半径（6 370 km），n_0 は地表面における屈折率，また k は式 (6.3) と同じ k である．このモデルで，$k = n_0/(4r_0) \cong 3.93 \times 10^{-5}$ km^{-1} に取るとき，屈折率の直線分布モデルは図 6.2 の点線に近い直線となり，半径倍率

は $M=4/3$ となる.このモデルは,(4/3)倍地球半径 SBF モデル(4/3-earth-radius SBF model,SBF は人名の頭文字:Schelleng, Burrows and Farrell)と呼ばれる.

このモデルは,屈折率の直線分布モデルが成立する低高度の範囲で広く用いられている.直線分布モデルと指数分布モデルによる伝搬軸の計算結果比較によれば,図 6.2 で両モデルのグラフが比較的良く一致する高度 3 km 程度までは,両者の結果が良く一致することが報告されている[1].また,4/3 地球半径モデルの場合には,式 (6.3) から高度 h が約 7.6 km 以上の場合には屈折率 $n<1$ となるため,物理的に正しいモデルとはいえなくなる.

直線分布モデルが成立する比較的低高度の範囲では,**図 6.7** を参照して,目標距離 R,高度 h,仰角 θ の間の関係は次式で与えられる.

$$h \cong h_a + R\sin\theta + \frac{R^2}{2r_e} \quad (6.19)$$

ここに,h_a はレーダの設置高度,r_e は地球の等価半径であり

$$r_e = \frac{4}{3} \times 6\,370 = 8\,493 \ \mathrm{km} \quad (6.20)$$

である.式 (6.19) において,アンテナ設置高度 h_a,目標距離 R,および電波の送受信仰角 θ を与えて,目標高度 h をモデル計算することができる.ただし,この計算高度に対しては,その時々の大気の状態に応じて補正を加え,実用に供することが必要である.

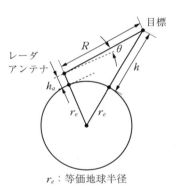

図 6.7 目標高度 h 算定のための座標系

6.4 球形大地上のレーダ見通し距離

レーダ方程式による最大探知距離は,電波が届くことが前提であり,電波の届かない球形地球の陰に存在する目標はレーダでは探知できない.したがっ

て，レーダの覆域を考える場合には，レーダ方程式とともに見通し範囲を考慮することが必要である。

この陰の範囲としては，幾何学的な範囲ではなく，6.2節および6.3節に述べた電波伝搬軸の屈折を考慮したものでなければならない。この屈折は大気の状態により大きく変化するので，正確には時々刻々の補正が必要となるが，ここでは基準値としての平均的な見通し範囲を検討する。なお，地表に密度の高い空気層が存在する場合など，ダクト現象などの電波の異常伝搬が発生してはるか遠方にまで電波が伝わることもあり，レーダの運用上は注意を要する。

地球上では電波は屈折して伝搬するが，6.3.2項で述べた4/3地球半径モデル（実地球半径の4/3倍）の地球上では，電波は直進して伝搬すると考えることができる。地球上における屈折伝搬路上の距離と高度は，等価地球半径モデル上の距離と高度に近似的に同じ値になる。

見通し距離の平均値は，6.3.2項で述べた地球の等価半径モデルを使って，以下のようにして求めることができる。**図6.8**を参照して，レーダ設置高をh_a，レーダからの見通し線の地球接点Oとレーダとの距離をR_1，等価地球半径をr_eとすると，次の関係式が成立する。

$$(h_a + r_e)^2 = R_1^2 + r_e^2 \tag{6.21}$$

この式で，$r_e \gg h_a$を考慮すると，次の近似式が成り立つ。

$$R_1 \cong \sqrt{2 h_a r_e} \tag{6.22}$$

図6.8に示す見通し線の接点Oから高度h_tの目標までの距離R_2も同様にして表せる。したがって，アンテナ設置高h_aのレーダから高度h_tの目標までの全見通し距離R_{los}は次式となる。

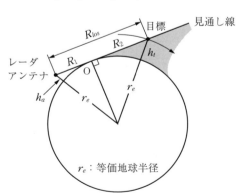

図6.8 レーダ見通し距離算定のための座標系

$$R_{los} = \sqrt{2r_e}\left(\sqrt{h_a} + \sqrt{h_t}\right) \tag{6.23}$$

上式の見通し距離 R_{los} と目標高度 h_t との関係をレーダ設置高度 h_a をパラメータとしてグラフで示すと，**図6.9** となる．同図における R_{los} は高度 h_t の目標の最大見通し距離を与えるもので，目標距離が R_{los} よりも大きくなるか，または目標高度が見通し線よりも低くなると，目標は地球の陰に入って見えなくなる．

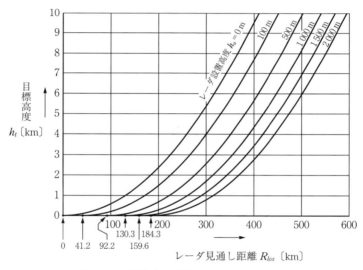

図6.9 目標高度に対するレーダ見通し距離

6.5 大地反射が垂直覆域に及ぼす影響

地表で用いられるレーダの場合，電波が大地や海面を照射すると反射が生ずる．反射が具体的にどのような形で発生するかは，レーダの設置された高度や反射面の種類，環境，またその環境が季節や時間によりどういう状態にあるかに大きく依存する．レーダが船舶に搭載された場合のように，海面近くに設置された場合の干渉パターンは比較的考えやすい．しかし，レーダが山頂に設置された場合など遠方の海面で反射が生ずる場合には，山と谷が細かな間隔で生

ずるため単純には解析できないことも多く，実用上は個々のケースに応じて工夫することが必要となる。

大地の反射係数ρは，地勢と進入角（俯角）に応じて0.1～1近くまでばらつく。地表に植生があると電波の進入角によらず大地の吸収は増え，また地勢が滑らかで砂地のような場合は低進入角で$\rho=1$に近付く。大地に対してはρを推定する一般的な公式はないが，ほかに有効な値がない場合ρを0.3程度に取ることもある。

次に，海面の場合には，波の状態に大きく影響される。したがって，現実の条件としてはあまり当てはまらないが，なぎ状態の滑らかな海面に対する反射係数の理論的計算値の意味を**図6.10**に示す。水平偏波に対する反射係数ρは，進入角0°で$|\rho|=1$となり，90°に至るまで1に近い値を取り続ける。一方，垂直偏波に対しては，進入角0°で$|\rho|=1$を取り水平偏波の場合と変わらないが，進入角が数度のとき，ブリュースター角になったとき，$|\rho|$は急激に小さくなり，海面に吸収される電力が増大する。進入角がこの角度を超えると$|\rho|$は増大に転

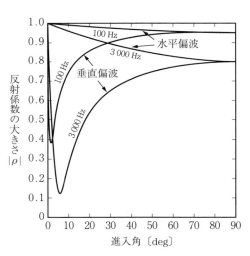

図6.10 滑らかな海面の反射係数の計算値[5]

じ，進入角が90°では$|\rho|$は水平偏波の値に収束する。

海面に反射があると直接波と反射波の間で干渉が生じ，合成干渉パターンには大きな山と谷ができる。このとき，両偏波における反射係数の差は，干渉パターンにも差異を生じ，垂直偏波では水平偏波に比べ反射係数が小さいため山は低く谷は浅くなる。

図6.11は，両偏波において海面反射がある場合の干渉覆域の計算例を示し

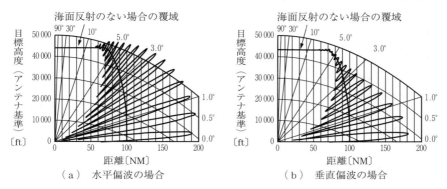

図 6.11 水平・垂直偏波に対する垂直覆域図の計算例[6]（条件：1 300 MHz，アンテナ高 50 ft，垂直ビーム幅 12°，ビーム指向方向 0°，波高 4 ft）

た図である．同図の計算で使用されている反射係数は図 6.10 の値とは異なるほか，海面形状を球面として扱っているため，拡散効果で山谷はさらに変化幅が小さくなっている．この図から両偏波によるレーダ覆域干渉パターンの差異を見ることができる．

引用・参考文献

[1] L. V. Blake：Radar Range-Performance Analysis, Lexington Books（1980）
[2] L. V. Blake："Prediction of Radar Range", Chap. 2 in Radar Handbook, 2nd ed., M. I. Skolnik, ed., McGraw-Hill（1990）
[3] D. E. Kerr, ed.：Propagation of Short Radio Waves, Vol. 13 in MIT Radiation Laboratory Series, McGraw-Hill（1951）
[4] J. C. Schelleng, C. R. Burrows, and E. B. Ferrell："Ultra-short-wave propagation", Proc. IRE., Vol. 21, No. 3（1933）
[5] C. R. Burrows and S. S. Attwood：Radio Wave Propagation, Academic Press（1949）
[6] M. I. Skolnik：Introduction to Radar Systems, 2nd ed., McGraw-Hill（1980）

7 レーダシステム性能の改善・向上技術

　捜索レーダについて，前章までのレーダの基本機能・性能に対し，実運用性を高めるための技術を基本性能の改善・向上技術と捉えて，7～9章で長年使われているアナログ技術からディジタル技術の発達以降に可能となった技術までを取り上げる。ここでは，それらの技術を次の5技術分野に分けて考える。
 1. アンテナ設計技術
 2. マッチドフィルタ技術
 3. パルス圧縮技術
 4. ドップラー周波数偏移の利用技術
 5. クラッタの統計的特徴の利用技術

　以下，最初の7.1節で上記技術分野とレーダシステムの技術課題との対応を示した後，技術分野ごとに取り上げていく。

　なお，フェーズドアレーアンテナの実用化によってレーダはビーム形成・走査において飛躍的な自由度の拡大を得たが，この技術革新を可能とした技術は従来技術の改善・向上の枠を越えることから，章を改めて10章で解説する。

7.1　システム性能の改善・向上課題

　基本的な捜索レーダにおけるシステム性能の改善・向上技術は，ディジタル技術の発達に伴い大きく進歩してきた。それらシステム性能の改善・向上課題とその解決のための上記1.～5.の技術分野との関係を，技術的解決手段とともに**表7.1**に示す。

7.1 システム性能の改善・向上課題

表7.1 システム性能の改善・向上課題とその対応技術分野

技術分野 システム性能改善・向上課題〔注〕	1. アンテナ設計技術	2. マッチドフィルタ技術	3. パルス圧縮技術	4. 信号処理技術 ドップラー周波数偏移の利用技術	5. 信号処理技術 クラッタの統計的特徴の利用技術
1 送信尖頭電力の設計自由度			送信パルス幅拡大により,送信尖頭電力低減可		
2 空間捜索効率	コセカント2乗パターン				
3 目標検出性能		SNRの最大化	マッチドフィルタの一形態として,SNR最大化		
4 距離精度・分解能			・アナログパルス圧縮:チャープ(LFM, NLFM) ・ディジタルパルス圧縮:位相符号化 超高速AD変換		
5 移動目標の検出				・MTI ・ドップラーフィルタ ・パルスドップラー処理	
6 クラッタ中目標の検出 ・グランドクラッタ ・シークラッタ ・エンジェルエコー ・ウェザークラッタ	・高仰角ブーストパターン ・シャープカットオフ ・デュアルビーム ・円偏波		・アナログパルス圧縮 ・ディジタルパルス圧縮	・MTI ・ドップラーフィルタ ・パルスドップラー処理	(STC) CFAR処理

〔注〕基本的捜索レーダの主要課題

MTI:Moving Target Indication
STC:Sensitivity Time Control
CFAR:Constant-False-Alarm-Rate

7.2 アンテナ設計による捜索・探知性能の改善・向上

表7.1の技術分野「1. アンテナ設計技術」を取り上げる。

7.2.1 垂直面アンテナパターンの最適設計
〔1〕 コセカント2乗パターン

捜索レーダの垂直面アンテナパターンは，アンテナの基本的なビーム形成特性から先端部分の丸いファンビームとなるが，この形状のパターンの場合にはレーダの垂直覆域も**図7.1**（a）に示すように上下に丸みを帯びた形状となる。しかし，レーダの垂直覆域として必要とされる高さ方向の上限は，図7.1（b）に示すように，目標となる航空機の存在高度から決まることになる。もし，同図（a）に示すファンビームで同図（b）の高仰角域を覆うとする場合には，アンテナビーム幅を広くする必要があるためアンテナ利得が低下し，その分を送信電力の増大で補う必要が生じたり，パターンの下部が大地を強く照射するため，大地からの不要反射波（グランドクラッタ）が増大するなどの性能劣化が生じる。

これらの不都合を解消するためにはアンテナパターンを適切に設計して，レーダとして必要とされる垂直覆域をできるだけ過不足なく覆うことが必要となる。図7.1（c）は，覆域の上限高度を一定値 h_{max} として設定した垂直覆域を示す。同図を参照して，仰角 θ 方向の最大探知距離を $R_{max}(\theta)$ と

（a） ファンビームにより形成される垂直覆域

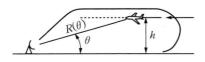

（b） 航空機の高度と実距離

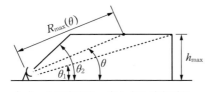

（c） 上限高度を一定とする垂直覆域

図7.1 捜索レーダの垂直覆域

して表すと，$R_{\max}(\theta)$ は次式となる。

$$R_{\max}(\theta) = \frac{h_{\max}}{\sin\theta} \quad (\theta_1 \leq \theta \leq \theta_2) \tag{7.1}$$

一方，レーダ方程式（例えば，式(2.14)）を参照して，最大探知距離 $R_{\max}(\theta)$ とアンテナ利得 $G(\theta)$ との関係式は K を定数として

$$R_{\max}^4(\theta) = KG^2(\theta) \tag{7.2}$$

となる。上式の $R_{\max}(\theta)$ に式(7.1)を代入すると，$G(\theta)$ は次式となる。

$$G(\theta) = \frac{R_{\max}^2(\theta)}{\sqrt{K}} = \frac{h_{\max}^2}{\sqrt{K}} \operatorname{cosec}^2\theta \tag{7.3}$$

仰角 $0 \sim \theta_1$ の利得 $G(\theta) = G_0$ と式(7.3)より，仰角 θ における利得 $G(\theta)$ は図7.1（c）の垂直覆域に対応して次式となる。

$$G(\theta) = \begin{cases} G_0 & (0 \leq \theta < \theta_1) \\ G_0 \dfrac{\operatorname{cosec}^2\theta}{\operatorname{cosec}^2\theta_1} & (\theta_1 \leq \theta < \theta_2) \\ 0 & (\theta_2 \leq \theta \leq \pi/2) \end{cases} \tag{7.4}$$

式(7.4)で与えられる仰角 θ の関数としての利得 $G(\theta)$ は，アンテナの垂直面放射パターンを表しており，直角座標で表すと**図7.2**の実線のパターンとなる。この種の成形アンテナパターンは，**図7.3**に示す放物面を基本とする反射鏡アンテナによって，実用に供されることが多い。

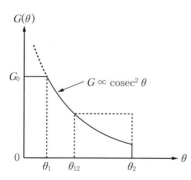

図7.2 コセカント2乗パターンの直角座標表示

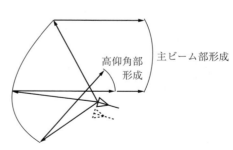

図7.3 反射鏡アンテナによる成形ビームの形成

垂直覆域の高度方向の上限を一定に保つこのアンテナパターンは,「コセカント2乗パターン」と呼ばれ,対空捜索レーダで広く採用されている。同様のパターンは,上下を逆さまにして航空機搭載のマッピングレーダ（地形探査レーダ）でも採用されている[1]。

〔2〕 **高仰角ブースト（増強）パターン**[3]~[6]

レーダの覆域の中を目標がレーダに向かって同一方向から近付いて来ると,レーダに到来する目標反射波の電力は$1/R^4$に比例して増大し,レーダ近傍では遠方の場合に比べ非常に大きな値となる。これを逆に考えれば,レーダ断面積の非常に小さな鳥や昆虫もレーダの近傍域に存在する場合,遠方の航空機と同レベルの信号強度で受信されることを意味する。例えば,距離100 NMに存在するレーダ断面積$\sigma=1\ \mathrm{m}^2$の航空機を検出する性能のレーダでは,10 NMに存在する$\sigma=1\ \mathrm{cm}^2\ (=10^{-4}\ \mathrm{m}^2)$の鳥を検出してしまうことになる。この結果,レーダ周辺の低高度域を飛び交う無数の鳥や昆虫が検出されることになり,近距離域のレーダスクリーンはそれらのブリップ（エンジェルエコー；angel echo）で覆われてしまう。この現象が発生すると,近距離域を飛行する航空機の検出を困難とするばかりでなく,レーダブリップが自動処理されている場合には,コンピュータの処理能力を飽和させるという問題を引き起こす。

この問題を解決する手段として,対空捜索レーダには近距離域のレーダ受信信号を減衰させて感度を低下させるSTC（Sensitivity Time Control）機能が備えられていることが多い。この機能は,各レーダスイープの中で信号減衰量を距離Rに対しR^4に比例して変化させることにより,問題の解決を図るものである。この機能により,エンジェルエコーの発生に対処することができる。

しかし,新たな課題として,コセカント2乗パターン特性によって一定受信強度に抑えられていた近距離空域の航空機の反射波がSTCによりさらに弱められ,目標の探知能力が劣化してしまう。この課題は,STCを動作させる近距離域で,アンテナ利得を仰角によらず一定値とすることで解決することができる。この場合のアンテナの特性を図7.2においてコセカント2乗パターンに重ねて示すと,同図の仰角$\theta_{12}\sim\theta_2$の範囲に点線で示すパターンとなる。

7.2 アンテナ設計による捜索・探知性能の改善・向上

上記のアンテナパターンに基づいて,レーダ覆域図を描くと**図7.4**となる。同図の距離 R_{STC} の内側で R^4 に比例する STC を働かせると,目標反射波は目標の距離によらず一定の R_{STC} における受信強度で受信される。一方,近距離低空域の鳥や昆虫からの反射波

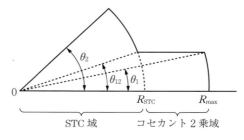

図7.4 STCのための高仰角増強覆域

は,減衰されてきわめて低いレベルとなるため雑音の中に埋もれてしまい,レーダによる検出も表示もされなくなる。

この高仰角ブーストパターンは,副次的な効果として,同一距離における高空の目標とグランドクラッタの強度の比を増大させるので,クラッタ抑圧能力を向上させる効果も生む。

〔3〕 **低仰角シャープカットオフパターン**

図7.2に示したアンテナパターンは,理想的なパターン形状を示したものであって,実際に形成されるパターンではアンテナ開口が極端に大きくない限り角が丸くなり,さらにパターンの両側の切れは悪くなって広がりを持つようになる。この結果,低仰角側の下端部は大地を照射し,その反射波がグランドクラッタとしてレーダに受信される。このとき受信されるグランドクラッタの強さは,アンテナパターンの大地方向利得の2乗に比例する。このクラッタを小さくするためには,アンテナパターンの大地側の切れを良くして,いわゆるシャープカットオフとすることが有効である。

これを達成する一つの方法は,アンテナ縦方向の開口寸法を幾何光学近似が成立する程度に大きく取って切れの良いパターンを形成する方法であるが,アンテナが大きくなりすぎるため現実的ではない。実行可能な方法としては,与えられた開口寸法の下で,アンテナビームの最下部を形成するアンテナ開口部分を極力放物面に近付けた設計として鋭い主ビームを形成し,図7.3に示すように,その上部の覆域は必要に応じてアンテナ下部の他の部分からの放射でカ

バーする設計とする方法がある。

〔4〕 デュアルビームパターン[5],[6]

前々項で，STCをかけるために導入した高仰角域のアンテナパターンの増強により，副次的に高空域の目標信号と大地クラッタとの比が増大されること

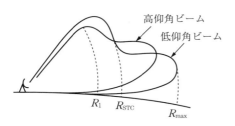

図7.5 デュアルビームによる垂直覆域

を述べた。これと同じ効果をさらに効率良く達成する方法が，図7.5に示す受信専用の第2ビームを高仰角域に形成する方式である。

この方式では，通常の低仰角ビームでレーダ送信を行い，レーダから距離R_1までの近距離の範囲では高仰角ビームにより受信を行い，距離R_1で低仰角ビームに切り換えて受信する。この結果，近距離域の大地クラッタの強い領域では高空目標信号と大地クラッタの比を低仰角ビームによる受信の場合より大きい値へと改善できる。この高仰角ビームは近距離域の受信にだけ用いられるため，ビームの先端が持ち上がったパターンでも近距離域の覆域は確保される。

高仰角ビームは，図7.3のアンテナ構成で反射鏡は共用し，低仰角用給電ホーンの下に点線で示す第2の受信専用ホーンを設けることにより容易に形成することができる。

〔5〕 成形アンテナパターンの実例紹介[7],[8]

前項に述べた改善されたアンテナパターンを航空路監視レーダのアンテナ設計へ反映させた実例を，図7.6，図7.7に示す。図7.6は二重曲面反射鏡アンテナの外観写真を示す。アンテナの開口寸法は，縦約6m，横約14mである。図7.7は，低仰角ビームと高仰角ビームの実測値と計算値を示す。ここで

図7.6 ARSR用二重曲面反射鏡アンテナ[7]

7.2 アンテナ設計による捜索・探知性能の改善・向上

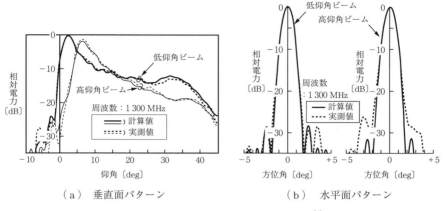

図7.7 ARSR用アンテナの放射パターン[7]

例示したレーダは現在他の方式のレーダに置き換わりつつあるが、アンテナ設計の同様の考え方は、各種対空捜索レーダに共通に有効であり、広く適用されている。

7.2.2 偏波の選定

送信電波の偏波がレーダ性能に与える影響については、3.2.4項（偏波）と6.5節（大地反射が垂直覆域に及ぼす影響）において取り上げた。ここでは、それらの影響をレーダシステム性能の改善・向上の観点から再整理する。

〔1〕 水平・垂直偏波

海上や湿った大地に電波が入射すると、その大部分が前方へ向かって反射され、レーダからの直接波との間で干渉を生ずる。この干渉の大きさは反射した電波の大きさに左右される。反射波の大きさは、一般に同一の地表面の条件であれば水平偏波の方が垂直偏波より大きくなる（一例として、6.5節図6.10参照）。この結果、図6.11に示したように、水平偏波と垂直偏波による干渉パターンを比較すると、水平偏波の場合の方が山と谷の振幅が大きくなる。

波のない静かな海面による反射のように、反射係数の大きさが1に近い場合には、**図7.8**に示すように、直接波と海面からの反射波の干渉パターンは本来

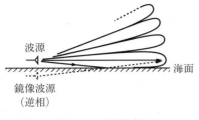

図7.8 波源とその鏡像波源による垂直面干渉パターンの形成

の波源からの電波と海面による鏡像波源からの電波が干渉するとして考えればよく，干渉の結果アンテナの設置高に応じたピッチの干渉パターンが形成される。この場合，直接波と反射波が同相となる山の方向では，電界強度は2倍となり，これは電力で考えると4倍（+6 dB）の増大となる。一方，谷の方向では直接波と反射波が逆相で加算されるため，大きさはほぼ0となる。

大地や海面の実際の反射係数は，その地点の地表面の組成や表面状態，また海面の場合は波の状態や気象条件などいろいろな条件に従って大きくばらつく。代表的な条件下での反射係数がどういう値を取るかについては，データが各種出版されているので，それらのデータを用いたモデル計算が可能であるが，一般的には，個々のケースへの単純な適用は難しく，計算結果は一つの目安を与えると考えるのが適切である。

偏波の選定で地表面の反射波を完全に回避することは不可能なので，干渉の存在を前提として，偏波を選定する必要がある。一般的には，水平偏波は反射率が大きいため干渉パターンの先端が延びるので覆域の拡大を図りたい場合に，また垂直偏波は干渉パターンの谷間による覆域の欠如を小さくしたい場合に，それぞれ選択されることが多い。

〔2〕 円　偏　波

円偏波がレーダの運用に与える効果としては，降雨などの反射波の除去性能や，目標のレーダ断面積の円偏波に対する特性変化などがあるが，普通は前者の効果を得るために採用する場合が多い。

円偏波の場合，雨滴などの球形導体からの反射波は，入射波の旋回方向に対し逆方向の旋回となる。一方，航空機などの複雑な形状の目標からの反射波には，入射円偏波に対して同方向と逆方向の両旋回波が混在して存在する。アンテナの円偏波発生機構は，送信円偏波と同旋回の円偏波は通過させるが，逆旋

回円偏波は阻止するため，結果的に雨滴からの不要反射波（気象クラッタ）は除去され，目標からの反射波のみがレーダに受信される（**図 7.9** 参照）。これにより，目標がウェザークラッタに埋もれて探知性能が劣化するのを回避できる。

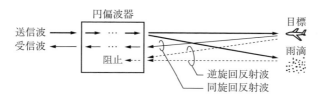

図 7.9　円偏波器の偏波選別受信機能

球形導体からの反射波が入射円偏波に対し逆旋回の円偏波となるのは，金属平板に垂直に入射した円偏波が，金属表面の境界条件（電界 0）から，逆旋回の円偏波となって反射するのと同原理である。また，球形導体の場合には入射波に対し方向性を持たないことから，どの方向から電波が入射しても入射方向に戻る反射波は逆旋回円偏波となるので，この機能の利便性は高い。

円偏波のウェザークラッタ除去性能は，レーダに到来する円偏波の真円度に依存する。この真円度を定量的に表す指標としては，**図 7.10** に示す円偏波の電界ベクトル先端の楕円形の軌跡に着目し，その長軸と短軸の比である「軸比」を用いている。受信反射波の軸比は，送信波それ自体の軸比と反射体である雨滴の形状に依存することから，雨滴除去性能を確保するためにはアンテナの円偏波発生器の特性を良くすることが必要である。また，雨滴は完全球形であれば，入射円偏波に対し軸比 1 の円偏波の反射波を返すが，降雨が激しくなるにつれて雨滴の形状は楕円体となり，反射波は軸比の劣化した楕円偏波となる。

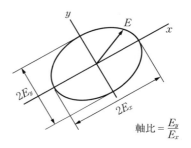

軸比 $= \dfrac{E_y}{E_x}$

図 7.10　楕円偏波とその軸比

送信波を円偏波とした場合に，雨滴反射波の軸比の値によって，どの程度の

不要反射波の除去が行われるかの理論的目安は，軸比 0.1 dB 以下で減衰量 40 dB 程度の除去性能，0.6 dB 以下で 24 dB 程度の除去性能，また大雨となった場合には軸比が大きく劣化するため，15 dB 程度の除去性能となる[2]。雨滴がひずんで楕円体となった場合に，そのひずみを打ち消すように送信波を楕円偏波の形にひずませて送信することによって，不要波除去性能の改善を図ることも研究されている。しかし，時々刻々距離に応じて軸比を変化させる必要があるため，現状では実用的とはいえない。

7.3　マッチドフィルタによる SNR の最大化

表 7.1 の技術分野「2. マッチドフィルタ技術」を取り上げる。初めに受信パルス波の SNR を最大化するマッチドフィルタ（整合フィルタ）の条件を数式的に導出し，併せて導かれるマッチドフィルタのインパルス応答を用いてフィルタの出力波形を図に描いてフィルタの物理的動作を考察する。最後に，マッチドフィルタの特質を通常の帯域フィルタ（2.3.3 項参照）の特性との比較を含めて整理する。

7.3.1　マッチドフィルタの導出

マッチドフィルタは，その出力信号の SNR の最大化を図ることを目的として送信信号に整合させたフィルタであって，通常の帯域フィルタのように送信波形を忠実に伝送することは意図されていない。このフィルタの概念は D. O. North[9]（1943 年）により最初は秘密指定の下で報告され，1963 年に秘密が解かれて IEEE で報告された。マッチドフィルタの概念は，レーダにおける目標検出基準値算定用の基準フィルタとして IEEE 標準（4.1.3 項参照）に採用されており，また，パルス圧縮技術（8 章）においても広く用いられている。したがって，マッチドフィルタの動作原理と特性を理解することは，レーダのシステム設計上意義が大きい。

以下，SNR の最大化を周波数領域において検討し，マッチドフィルタの伝

7.3 マッチドフィルタによるSNRの最大化

達関数について条件を導出する。図7.11においてマッチドフィルタへの入力信号を$f(t)$, フィルタのインパルス応答を$h(t)$, および出力信号を$g(t)$とし, それぞれのフーリエ変換を$F(f)$, $H(f)$, および$G(f)$とする。また, このフィルタへの入力信号$f(t)$は, 図7.12に示す振幅V_iでパルス幅τの矩形パルス変調正弦波信号とする。

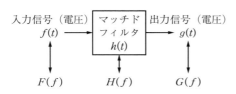
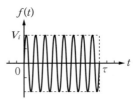

図7.11 マッチドフィルタの解析に関わる関数   図7.12 マッチドフィルタへの入力信号波形

初めに, 時刻tにおけるフィルタ出力電圧$g(t)$を逆フーリエ変換により数式表示することから始める。

$$g(t) = \mathcal{F}^{-1}\{G(f)\} = \int_{-\infty}^{\infty} F(f)H(f)e^{j2\pi ft}df \tag{7.5}$$

このとき, 出力信号の瞬時電力$S_{o,ins}(t)$は, 一般的な扱いに従い負荷抵抗を1Ωと仮定すると, 次式となる。

$$S_{o,ins}(t) = |g(t)|^2 = \left|\int_{-\infty}^{\infty} F(f)H(f)e^{j2\pi ft}df\right|^2 \tag{7.6}$$

次に, フィルタへの入出力雑音のスペクトル密度 (spectral density, 単位周波数当りの電力密度) をそれぞれ$N_{i,sd}(f)$, $N_{o,sd}(f)$とすると, 出力雑音電力N_oは次式となる。

$$N_o = \int_{-\infty}^{\infty} N_{o,sd}(f)df$$

$$= \int_{-\infty}^{\infty} N_{i,sd}(f)|H(f)|^2 df \tag{7.7}$$

ここで, フィルタへの入力雑音$N_{i,sd}(f)$を白色雑音として, そのスペクトル密度をN_{sd}とすると, N_{sd}は一定値であって

$$N_{i,sd}(f) = \frac{N_{sd}}{2} \tag{7.8}$$

となる。ここに，N_{sd} の 1/2 の係数は，N_{sd} が正の周波数領域で定義されているのに対し，$N_{i,sd}(f)$ は式 (7.7) の積分範囲に示されるように周波数領域の ± の両側で定義されているからである。

式 (7.8) を式 (7.7) に代入すると

$$N_o = \frac{N_{sd}}{2} \int_{-\infty}^{\infty} |H(f)|^2 df \tag{7.9}$$

SNR の最大化を図るパルス幅内の時刻を $t_m (0 < t_m \leq \tau)$ として式 (7.6) で $t = t_m$ と置き，式 (7.9) を用いると瞬時 SNR は次式となる。

$$\begin{aligned}
\frac{S_{o,ins}(t_m)}{N_o} &= \frac{\left|\int_{-\infty}^{\infty} F(f)H(f)e^{j2\pi f t_m} df\right|^2}{\frac{N_{sd}}{2}\int_{-\infty}^{\infty}|H(f)|^2 df} \\
&= \frac{\left|\int_{-\infty}^{\infty} F(f)e^{j2\pi f t_m} \cdot H(f) df\right|^2}{\frac{N_{sd}}{2}\int_{-\infty}^{\infty}|H(f)|^2 df}
\end{aligned} \tag{7.10}$$

上記 SNR の最大値を求めるために，上式の分子に次式のシュワルツの不等式を適用する。

$$\left|\int_{-\infty}^{\infty} f_1(x)f_2(x)dx\right|^2 \leq \int_{-\infty}^{\infty}|f_1(x)|^2 dx \int_{-\infty}^{\infty}|f_2(x)|^2 dx \tag{7.11}$$

ただし，等号条件は，k を任意定数とし，＊は複素共役を表すとして，次式で与えられる。

$$f_1(x) = k f_2^*(x) \tag{7.12}$$

式 (7.10) は，シュワルツの不等式 (7.11) の適用により次式となる。

$$\frac{S_{o,ins}(t_m)}{N_o} \leq \frac{\int_{-\infty}^{\infty}|F(f)|^2 df \cdot \int_{-\infty}^{\infty}|H(f)|^2 df}{\frac{N_{sd}}{2}\int_{-\infty}^{\infty}|H(f)|^2 df}$$

$$= \frac{\int_{-\infty}^{\infty} |F(f)|^2 df}{N_{sd}/2} \tag{7.13}$$

上式の等号条件は，式 (7.10) に式 (7.12) を適用して次式を得る．

$$H(f) = k(F(f)e^{j2\pi f t_m})^*$$
$$= kF(-f)e^{-j2\pi f t_m} \tag{7.14}$$

上式が，時刻 t_m で式 (7.13) の SNR の最大化を図ったときの伝達関数（インパルス応答のフーリエ変換）を与える．式 (7.14) に反転公式と遅延公式を適用して逆フーリエ変換を行うと，マッチドフィルタのインパルス応答として次式が得られる．

$$h(t) = kf(t_m - t) \quad (0 \leq t \leq t_m) \tag{7.15}$$

ここで，式 (7.13) に戻り，式 (7.15) の下で式 (7.13) の両辺を等号で結び，パーセバルの定理（Parseval's theorem）を用いると，次式を得る．

$$\frac{S_{o,ins}(t_m)}{N_o} = \frac{2}{N_{sd}} \int_0^{t_m} |f(t)|^2 dt = \frac{2E(t_m)}{N_{sd}} \tag{7.16}$$

ここに，$E(t_m)$ は図 7.12 のパルスにおける $0 \sim t_m$ 区間のパルス内エネルギーを表す．したがって，SNR の最大値は，パルス内エネルギーの最大値を与える $t_m = \tau$ のときであるから，式 (7.16) において $E(\tau) = E$ と置いて次式を得る．

$$\left(\frac{S_{o,ins}}{N_o}\right)_{max} = \frac{2E(\tau)}{N_{sd}} = \frac{2E}{N_{sd}} \tag{7.17}$$

上式の $S_{o,ins}$ は最大瞬時電力であるのに対し，式 (2.17) では S はパルス内平均電力であるため，SNR は上式の 1/2 倍となる．このとき，上記最大値を与えるインパルス応答は，式 (7.14) および式 (7.15) で $t_m = \tau$ と置いて次式を得る．

$$H(f) = kF(-f)e^{-j2\pi f\tau} \tag{7.18}$$

$$h(t) = kf(\tau - t) \quad (0 \leq t \leq \tau) \tag{7.19}$$

フィルタがマッチドフィルタとなるための条件である式 (7.19) は，フィルタのインパルス応答 $h(t)$ が定数 k を除き，入力信号 $f(t)$ により一意的に決定されることを示しており，この両者の関係は**図 7.13** の例によって一般的に表される．$h(t)$ は同図に示されるように，入力信号 $f(t)$ を y 軸に関し反転させた

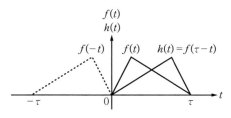

図7.13 マッチドフィルタの入力信号と
インパルス応答の関係

関数 $f(-t)$ を t 軸の＋方向へ τ だけ移動した関数となっている。言い換えると、インパルス応答 $h(t)$ は入力信号 $f(t)$ を時間的に同じ位置で左右反転させた関数となっている。したがって、帯域フィルタのように入力信号を各周波数ごとにできるだけ忠実に、そのまま通過させる特性とは大きく異なっている。

式 (7.19) のインパルス応答を持つマッチドフィルタの動作については、次の 7.3.2 項でインパルス応答に基づく出力信号波形を描いて考察する。

7.3.2 マッチドフィルタの出力信号波形

前項の結果に基づいて、時間領域におけるマッチドフィルタの出力信号が入力信号とインパルス応答から生成される様子を図に描いて考察する。

マッチドフィルタの入力信号 $f(t)$ を図 7.12 に示した矩形パルス変調正弦波信号とし、その振幅電圧を V_i、パルス幅を τ、角周波数を ω とすると $f(t)$ は次式となる。

$$f(t) = \begin{cases} V_i \sin \omega t & (0 \leq t \leq \tau) \\ 0 & (t < 0,\ \tau < t) \end{cases} \quad (7.20)$$

マッチドフィルタの出力信号 $g(t)$ は、入力信号 $f(t)$ と式 (7.19) のインパルス応答 $h(t)$ に畳込み積分（コンボリューション、convolution）を適用して、次式として表すことができる。ただし、式 (7.19) において $k=1$ と置いた。

$$\begin{aligned} g(t) &= \int_{-\infty}^{\infty} f(\lambda) h(t-\lambda) d\lambda \\ &= \int_{-\infty}^{\infty} f(\lambda) f(\tau - t + \lambda) d\lambda \quad (0 \leq t \leq \tau) \end{aligned} \quad (7.21)$$

7.3 マッチドフィルタによるSNRの最大化

上式における $f(t)$ が 0 以外の値を取るのは式 (7.20) に示される有限範囲（$0 \sim \tau$）であるため，式 (7.21) の積分範囲は $f(\lambda)$ と $f(\tau-t+\lambda)$ の重畳部分として定まる。この結果，出力信号 $g(t)$ は，入力信号に対する相対的時刻に応じて，次の ① ～ ⑥ の場合に分けて数式表示することができる。

① $t<0$ （図 7.14（a）参照）

$$g(t) = 0 \tag{7.22}$$

②, ③ $0 \leq t < \tau$ （図 7.14（b），（c）参照）

$$\begin{aligned}
g(t) &= \int_0^t f(\lambda) f(\tau - t + \lambda) d\lambda \\
&= V_i^2 \int_0^t \sin\omega\lambda \cdot \sin\omega(\tau - t + \lambda) d\lambda \\
&= \frac{V_i^2}{2} t \cos\omega(\tau - t) - \frac{V_i^2}{2\omega} \sin\omega\tau \cos\omega t
\end{aligned} \tag{7.23}$$

④ $t = \tau$ （図 7.14（d）参照）

$$\begin{aligned}
g(\tau) &= \int_0^\tau f(\lambda)^2 d\lambda = E \\
&= V_i^2 \int_0^\tau \sin^2\omega\lambda\, d\lambda \\
&= \frac{V_i^2}{2} \tau - \frac{V_i^2}{4\omega} \sin 2\omega\tau
\end{aligned} \tag{7.24}$$

このとき，出力電圧は最大値を取り，近似的にパルス内エネルギー E に等しい。ただし，式 (7.19) における k を考慮すると $g(\tau) = kE$ となるが，パルス内の信号波形に依存しないことは変わらない。

⑤ $\tau < t \leq 2\tau$ （図 7.14（e）参照）

$$\begin{aligned}
g(t) &= \int_{t-\tau}^\tau f(\lambda) f(\tau - t + \lambda) d\lambda \\
&= V_i^2 \int_{t-\tau}^\tau \sin\omega\lambda \cdot \sin\omega(\tau - t + \lambda) d\lambda \\
&= \frac{V_i^2}{2} (2\tau - t) \cos\omega(t - \tau) - \frac{V_i^2}{2\omega} \cos\omega\tau \sin\omega(2\tau - t)
\end{aligned} \tag{7.25}$$

⑥ $2\tau < t$ （図 7.14（f）参照）

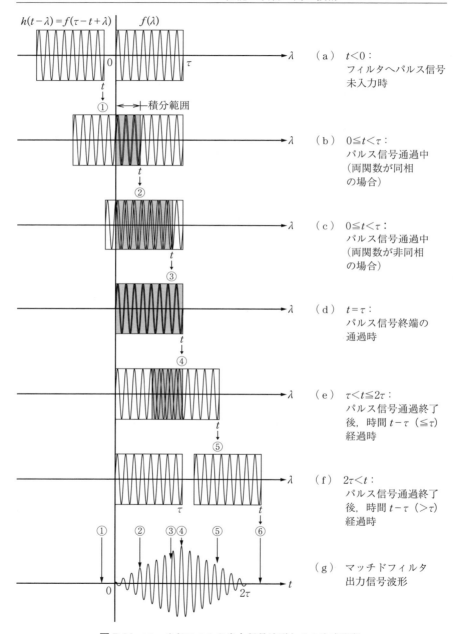

図 7.14 マッチドフィルタ出力信号波形とその生成過程

$$g(t) = 0 \tag{7.26}$$

上記 ① ～ ⑥ に対応する図 7.14（a）～（f）は，① ～ ⑥ のそれぞれの場合について被積分関数を構成する二つの関数 $f(\lambda)$ および $f(\tau-t+\lambda)$ を相対的時間関係を考慮して重ねて描いた図であり，併せて積分の対象範囲を示してある．

次に，図 7.14（g）は，t を連続的に変化させたときの出力信号 $g(t)$ の波形を上記 ① ～ ⑥ に基づいて計算した図である．同図の包絡線が菱形となるのは，② または ③ の $0 \leq t \leq \tau$ の場合は積分範囲が幅 t であるため極大値が t に比例して増大し，また，⑤ の $\tau \leq t \leq 2\tau$ の場合は積分範囲が幅 $(2\tau - t)$ であるため，極大値が $(2\tau - t)$ に比例して減少するからである．このことは式 (7.23) と式 (7.25) それぞれの第 1 項から読み取れる．

また，出力電圧波形がこの包絡線の内側に接しながら振動する理由は次のとおりである．すなわち，図 7.14（d）に示されるように，時刻 τ では二つの関数 $f(\lambda)$ と $f(\tau - t + \lambda)$ は完全に重なって，その畳込み積分は最大値を取り，包絡線上の頂点の値となるが，時刻がその前後にずれると重なりは外れて，二つの正弦波の位相差に応じた値を取り積分値は小さくなる．さらに，時刻がずれて時間差が正弦波信号の周期 $2\pi/\omega$ の整数倍になると，再び $f(\lambda)$ と $f(\tau-t+\lambda)$ はその積分範囲で完全に重なるため，畳込み積分の値は包絡線上にある極大値を取る．したがって，入力信号がパルス変調された一定振幅，一定周波数の正弦波の場合，出力信号は菱形の包絡線に内接する正弦波となる．なお，この場合の正弦波の周波数は入力信号に等しい．

7.3.3　マッチドフィルタの特質

通常の帯域フィルタは，入力した信号のフィルタ帯域内の成分をできるだけそのままひずませることなく通過させることを意図して作られている．これに対し，マッチドフィルタは前項で図形を描いて説明したように，インパルス応答として入力信号を時間的に反転させた波形を発生させることにより，SNR の最大化を図ることを意図して作られている．このように，マッチドフィルタ

の動作は帯域フィルタとは大きく異なっていることから，次のような特質を持っている。ただし，フィルタへの入力信号としては，パルスレーダの送信信号を前提として考えているので，周波数一定の矩形パルス変調正弦波信号とする。

① フィルタ出力信号の電圧波形は，入力信号波形とは異なり，図 7.14（g）に示す菱形の包絡線を持った正弦波であり，その最大瞬時電圧は菱形の頂点の値として得られる。

② 出力信号の最大瞬時電圧 V_o は，式 (7.24) に示されるように入力パルス信号のパルス内エネルギー E に比例する。

$$V_o = kE \tag{7.27}$$

③ 最大瞬時出力電力 $S_{o,ins}\big|_{max}$ は，E の 2 乗に比例する。

$$S_{o,ins}\big|_{max} = V_o^2 = k^2 E^2 \tag{7.28}$$

④ 出力雑音電力は，マッチドフィルタでは式 (7.9) に式 (7.14) を代入した次式で与えられる。

$$\begin{aligned}
N_o &= \frac{N_{sd}}{2} \int_{-\infty}^{\infty} \big|kF(f)\big|^2 df \\
&= k^2 \frac{N_{sd}}{2} \int_{-\infty}^{\infty} f^2(t) dt \\
&= k^2 \frac{N_{sd}}{2} E
\end{aligned} \tag{7.29}$$

したがって，出力雑音電力もパルス内エネルギーに比例する。

⑤ 最大瞬時 SNR は，式 (7.17) として得られているが，式 (7.28) および式 (7.29) の比としても得られる。

$$\left(\frac{S_{o,ins}}{N_o}\right)_{max} = \frac{2E}{N_{sd}} \tag{7.17}$$

上記 SNR はパルス内エネルギーに比例する。この場合，パルス内エネルギー E が同一であれば，パルス圧縮用チャープ信号のように FM 変調に伴う占有帯域幅の変化があったとしても SNR に影響を与えない。

⑥ マッチドフィルタと帯域フィルタ両フィルタからの出力信号のSNRについては，2.3.4項で式 (2.33) の関係式

$$\left(\frac{S_o}{N_o}\right)_{MF} = \left(\frac{S_o}{N_o}\right)_{PF} \times (B_n\tau L_F) \tag{2.33}$$

を得て，$B_n\tau \cong 1$ の場合 $B_n\tau L_F \gtrsim 1$ であるため両 SNR の間に大差はないことを述べた。このため，周波数一定の矩形パルス変調正弦波信号の場合には複雑なマッチドフィルタを採用する必要性は少なく，帯域フィルタを採用することが多い。一方，パルス圧縮方式等 $B_n\tau \gg 1$ となる入力信号の場合には，帯域フィルタを使用したのではパルス圧縮は行われず，SNR は劣化したままであるが，マッチドフィルタを採用することにより $B_n\tau$ 倍という大きな倍率で SNR が改善され，通常の SNR に戻る。逆にいえば，$B_n\tau \gg 1$ の送信信号は通常はマッチドフィルタの採用を前提として用いられる信号なので，受信時にマッチドフィルタを使用するのは必然である。

7.4 パルス圧縮技術による尖頭送信電力の設計自由度向上

表7.1の技術分野「3. パルス圧縮技術」を取り上げる。初めに，パルス圧縮技術がレーダシステムにおいて果たす役割とその意義について検討し，次いでパルス圧縮信号のレーダ方程式における扱い方について述べる。なお，パルス圧縮の具現化技術については8章で改めて取り上げる。

7.4.1 パルス圧縮技術のレーダシステムにおける意義[2],[10]

パルス圧縮技術は，レーダの尖頭送信電力に制約がある場合にも，距離精度・分解能を確保したまま最大探知距離の拡大を図ることを可能とする技術であり，高性能の捜索レーダで広く採用されている。

レーダの探知距離は，基本的には受信波の SNR によって定まり，その表示式は使用するフィルタの種類に応じて二つの式があることを 2.3 節で述べた。第1の式は帯域フィルタを使用する場合であり，SNR は文字どおり受信電力

P_r と雑音電力 N_o の比として与えられ，式 (2.23) となる．矩形パルス変調正弦波信号がパルス内で無変調の場合，雑音帯域幅 B_n とパルス幅 τ との間には $B_n \cong 1/\tau$ の関係があるので，式 (2.23) は次式で近似される．

$$\left(\frac{S_o}{N_o}\right)_{PF} = \frac{P_r}{kT_S B_n L_F} \cong \frac{P_r \tau}{kT_S L_F} \tag{7.30}$$

次に，SNR の第 2 の式はマッチドフィルタを使用する場合であり，式 (2.26) により表される．

式 (7.30) と式 (2.26) から，どちらのフィルタを使用した場合であっても，SNR は単一受信パルスのエネルギー $E = P_r \tau$ に比例する．したがって，探知距離拡大のためには送信パルスのエネルギーを増大すればよく，その実現方法としては，送信パルスの尖頭電力増大とパルス幅伸長という二つの手段がある．

この二つの選択肢の内，送信尖頭電力の増大は他のシステム性能に影響を及ぼさずに探知距離の拡大を図ることが可能であり，システム性能上は一番明快な解決方法である．しかし，運用面から見た他の電波機器との干渉問題や，実用上の具現化技術の観点からは，送信機の発生電力に限界があるほか，大型化・高耐電力化・高価格化を招くなどの課題がある．主要な課題を具体的に述べると，送信機からアンテナまで高電力のパルス波を通過させる必要性から，アーク放電を生じさせない設計としたり，加圧によるアーク放電の発生防止など高電力仕様の設計が必要となり，この結果，高価格化を招くことなどがある．また，特に近年実用が拡大しているアクティブ フェーズド アレー レーダなどの固体化送信機を用いるレーダでは最大発生電力に限界があるため，高電力は確保が難しい．

上記の理由から送信尖頭電力はほどほどに抑え，もう一つの選択肢であるパルス幅を伸長してパルス内エネルギーを増大し，探知距離を確保するという方法がある．ただし，今度はシステム性能に関して次に示す影響が発生する．

① 距離精度の劣化　　距離精度は $c\tau/2$ のオーダであり，τ の伸長に伴い精度が劣化する．

② 距離分解能の劣化　　距離分解能は $c\tau/2$ のオーダであり，τ の伸長に

伴い分解能が劣化する。

　③　クラッタ受信量の増大　τの伸長で1パルスで照射するクラッタ領域の面積が拡大するため，受信クラッタ量が増加する。

　④　最小探知距離の拡大　パルス波送信中の時間τの間はレーダは受信不能となるため，τの伸長でブラインド距離$c\tau/2$が拡大する（2.1.2項参照）。

①〜④のシステム性能の劣化については基本的に帯域フィルタの使用を想定しているが，マッチドフィルタの場合にもパルス幅の定義に修正を加えればほぼそのまま当てはまる。

パルス幅τの伸長によるシステム性能の劣化を④項を除きほぼ解決する技術がパルス圧縮方式である。パルス圧縮方式は，送信パルスの占有周波数帯域を拡大して$B_n \gg 1/\tau$としてパルス波を送信し，受信時にマッチドフィルタを通すことによりパルス幅τを$1/B$程度に圧縮する。動作原理は8章で述べるが，圧縮後の最大SNRを式(2.26)に示される値に保持したままパルス幅だけが圧縮される。図7.15に，ビデオ信号段で見たその効果を概念的に示す。

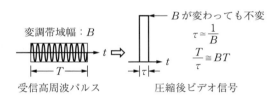

図7.15　パルス圧縮後のビデオ信号概形

パルス圧縮によれば，長パルス波の送信時にも短パルス波としてのシステム性能がほぼ確保されるだけでなく，送信波に対する圧縮後パルス波の位相関係が保持される。このため，連続するパルス間のコヒーレンシー（可干渉性）を利用する信号処理も実施可能である。パルス圧縮によって改善できない性能項目としては，④項の最小探知距離（ブラインド距離）があるが，この課題は近距離域用の短パルス波を別途送信することで，大きな犠牲を払うことなく克服可能である。また，帯域幅が広帯域となるが，その値は同一性能を高電力短パルスで実現する場合の帯域幅と同一であり，特に過大な代償が必要となるわけではない。

7.4.2 パルス圧縮方式のレーダ方程式における取扱い

パルス圧縮方式では，送信時に $B\tau \gg 1$ となる広帯域パルスを送信し，受信時にマッチドフィルタを使用してパルス圧縮処理を行う．この結果，SNR は式 (2.26) で表され，目標検出は式 (2.28) に従って行われる．

マッチドフィルタの SNR は，単一パルスのエネルギーに依存するが，パルス内の波形には影響を受けない (7.3.3 項参照) ので，レーダ方程式には帯域幅や圧縮後のパルス幅はいっさい現れない．したがって，この場合の目標探知性能は，単一パルスのエネルギーが同一である限り，無変調の矩形パルス正弦波信号をマッチドフィルタに通す場合と同一である．ただし，パルス圧縮処理で時間サイドローブを低減するための重み付けや処理に伴う損失が発生するので，レーダ方程式ではこれらの損失を考慮する必要がある．なお，パルス圧縮処理では，パルス信号の拡大された帯域幅は，レーダ方程式から決まる目標探知性能には影響を与えることはなく，パルス幅を圧縮する上で有効に働くだけである．

7.5 レーダ信号処理によるクラッタ中目標の検出性能改善[2],[3]

表 7.1「レーダシステム性能の改善・向上技術」に挙げた
4．ドップラー周波数偏移の利用技術
5．クラッタの統計的特徴の利用技術

について，レーダ信号処理技術としてまとめて取り上げる．捜索レーダでは，外来雑音の一種である大地，海面，降雨などからの不要反射波 (クラッタ) の存在が目標の探知を妨げる場合が多くあるため，クラッタに対抗する技術が必要となる．

本節では，クラッタ環境とクラッタへの対抗技術の概要，および対抗技術で利用する目標とクラッタの特性に関する記述方法について述べる．クラッタ特性に関しては，主として米国の研究機関で膨大な実測データが蓄積・解析されており，本書の範囲を越えるため具体的なクラッタデータについては，本章末

と9章末に挙げる引用・参考文献を参照していただきたい。

上記のクラッタの特性を利用する信号処理技術については，9章で解説する。

7.5.1 クラッタ環境下での目標検出

前章までの検討では，熱雑音に代表される白色雑音の下での目標反射波の検出を扱った。しかし，現実のレーダ設置環境にはレーダパルス波を反射する大地，海面，降雨に代表される各種の自然反射体が存在するため，目標検出はこれらの不要反射波（クラッタ）の下で行う必要が生ずる。反射波は，気象レーダにおける雨滴のように，レーダの用途によってはクラッタその物がレーダ目標となるので，反射波が必ずしも不要反射波となるわけではないが，捜索レーダでは目標以外の反射波は基本的に不要反射波となる。

これらのクラッタは，熱雑音に比べ多くの場合，そのレベルが相当に大きいだけでなく，連続するパルス間に強い相関性があるため，白色雑音である熱雑音とは統計的な性質が大きく異なる。したがって，クラッタに対処するためには，クラッタの特性に適合した処理方法が必要となる。

クラッタは一般に熱雑音に比べて強度がきわめて大きいため，目標信号電力をクラッタ電力と直接比較して検出することは難しく，また，クラッタはほとんどが面状または空間的に連続して広がっているため，目標の存在を広範囲にわたり覆い隠してしまう場合が多く，レーダの基本性能を著しく損ねる。

クラッタの種類は大きく大地クラッタ（land clutter），海面クラッタ（sea clutter），気象クラッタ（weather clutter），およびその他のクラッタに分けて考えることができる。その分類における代表的な電波反射体は次のとおりである。

・大地クラッタ：大地，山，丘，岩，樹木，ビル，鉄塔など
・海面クラッタ：普通の波，波頭，ブイなど
・気象クラッタ：降雨，雪，あられ，ひょうなど
・その他のクラッタ：鳥，虫など

目標検出においては，検出性能の低下を最小限にとどめてクラッタの影響を

軽減するために，目標とクラッタの有する特徴の差異を利用する．表7.1の4.項と5.項のそれぞれの技術が利用するクラッタの特性は次の各特性である．

・目標とクラッタのドップラー周波数偏移の差異

・クラッタの統計的特徴

　大地クラッタは地表に固定されているため基本的にほぼ静止状態にあり，また海面クラッタや気象クラッタは動きのある場合であっても速度は小さいのに対し，捜索レーダの主要目標である航空機は高速移動するため，半径方向速度に応じたドップラー周波数偏移を生ずる．4.項は両者のドップラー周波数の差を利用してクラッタを抑圧し，移動目標を検出する技術であり，これにより目標信号電力とクラッタ電力の比が改善される．

　強いクラッタが存在する場合には，上記のクラッタ抑圧処理を施したとしてもクラッタがレーダのビデオ信号の中に残留する．残留クラッタが多数存在する場合には，たとえ信号の強度の方がクラッタより大きい場合でも，多数のクラッタの中に目標信号が埋もれてしまい目標検出は困難になり，また，自動目標検出の場合にはコンピュータの処理能力を飽和させてしまう．

　このような状況下では検出系のしきい値を上げて入力するクラッタの数を減らすことで，目標信号の検出を可能にすることが可能となる．この場合，弱い目標信号は棄却され，また強い信号も検出確率が低下して目標検出に損失が発生するが，検出不可能となるよりはこの損失を受け入れて実施する方が得策である．

　上記を実施するためにクラッタの統計的特徴を利用して，しきい値レベルを自動的に調整して誤警報確率を一定値にする CFAR（Constant False Alarm Rate；定誤警報率）処理を行う．特に自動目標検出を行うレーダでは，信号対クラッタ電力比 S/C そのものを改善する MTI やドップラー処理と本項の CFAR 処理とを組み合わせて目標検出装置を構成し，実用している例が多い．

7.5.2　移動体反射波のドップラー周波数偏移

　レーダ電波の物体からの反射波には，移動目標に対して一般的に当てはまる

7.5 レーダ信号処理によるクラッタ中目標の検出性能改善

よく知られた特性としてドップラー周波数偏移があり,前項で述べたクラッタ環境下における移動目標の検出に利用される。ドップラー周波数偏移は,移動目標の半径方向の速度成分が反射波の周波数偏移となって現れるため,レーダ覆域に対し接線方向に移動する目標からは,ドップラー周波数偏移は生じない。以下,ドップラー周波数の算定式とそのベースバンド信号の特性を求める。

ドップラー周波数偏移の一般式は,よく知られた次式で表される。

$$f_1 = \frac{c - u_R}{c - u_T} f_0 \tag{7.31}$$

ここに,f_0 は送信波の周波数,c は電波の伝搬速度(光速)3×10^8 m/s,u_T と u_R は図7.16に示すように,それぞれ電波の送信側と受信側の移動速度であり,送信側から受信側へ向かう向きを正としている。

いま,レーダは静止し,目標はレーダへ向かって速度 u_{tgt} [m/s] で近付くものとして,u_{tgt} とレーダで受信する信号のドップラー周波数 f_d との関係式を求める。初めに,電波がレーダから目標へ向かう場合について式 (7.31) を適用して目標照射電波の周波数 f_1 を求め,次いで目標からレーダへ反射電波が向かう場合について,送信側と受信側を逆にして同式を適用してレーダ受信電波の周波数 f_2 を求める。

図7.16 移動速度とドップラー周波数

$$f_2 = \frac{c}{c - u_{tgt}} f_1$$

$$= \frac{c}{c - u_{tgt}} \cdot \frac{c + u_{tgt}}{c} \cdot f_0 = \frac{c + u_{tgt}}{c - u_{tgt}} \cdot f_0 \tag{7.32}$$

上式を用いると,ドップラー周波数偏移 f_d は次式となる。

$$f_d = f_2 - f_0 = \frac{2u_{tgt}}{c - u_{tgt}} \cdot f_0 \cong \frac{2u_{tgt}}{c} \cdot f_0$$

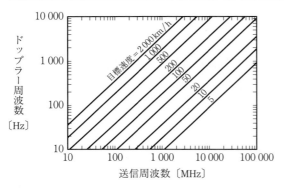

$$= \frac{2u_{tgt}}{\lambda_0} \quad (7.33)$$

ただし，上式の近似式で $c \gg u_{tgt}$ を考慮し，また送信波の波長を λ_0 とした。**図7.17**に，周波数をパラメータとして目標速度 u_{tgt} に対するドップラー周波数 f_d の変化を示す。

図7.17 目標速度および送信周波数に対するドップラー周波数

式 (7.33) を用いると，レーダが受信する目標反射信号 $v_{rf}(t)$ は ψ を位相角として次式で表せる。

$$v_{rf}(t) = A\cos\{2\pi(f_0 \pm f_d)t + \psi\} \quad (7.34)$$

ここに，複号は目標がレーダに近付くとき＋，遠ざかるとき－である。この信号を後述する図9.3の系統に従って位相検波を行いベースバンドに落とすと，次式のベースバンド信号 $v_b(t)$ を得る。

$$v_b(t) = k\cos(2\pi f_d t + \varphi) \quad (7.35)$$

ここに，φ はある基準時点における位相角で，一定値である。

式 (7.34) と式 (7.35) の信号はパルス変調されているが，位相の安定した図9.3の系統で発生されているので，$v_{rf}(t)$ と $v_b(t)$ は位相関係の保持された連続信号から切り出したパルスになっている。この位相関係を考慮して $v_{rf}(t)$ と $v_b(t)$ を図に示すと**図7.18**となる。同図（b）から，反射波にドップラー周波数偏移があると，パルスのベースバンド信号の振幅が時間とともに周波数 f_d で変化することがわかる。なお，$f_d = 0$ の固定目標の場合には，ビデオ信号はその反射波の位相に応じた一定値となる。

上記反射波のベースバンド信号

（a）受信高周波パルス列

（b）受信波のバイポーラ ビデオ パルス列

図7.18 移動目標からの受信パルス列

$v_b(t)$ を何スイープ分も重ねてAスコープ（横軸に時間（距離），縦軸に大きさを表示）に表示したとすると**図7.19**のようになり，移動目標からの反射信号は変動す

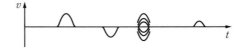

図7.19 移動目標からの受信波のAスコープ表示概念図

るので，固定目標からの信号と明瞭に区別できる。9.2節で解説するMTI（移動目標表示）は，この特徴を利用するものである。

7.5.3 目標検出性能改善におけるクラッタ諸元の記述[2],[3]

最初に考慮すべきクラッタ特性は，目標受信強度との対比において必要なクラッタ受信強度である。この受信強度特性は，次の二つの特性により記述される。

〔1〕 クラッタのレーダ断面積
〔2〕 クラッタの確率的強度分布

次に考慮すべき特性は，クラッタ抑圧度を劣化させるクラッタのドップラー周波数分布の拡散に関わる次の特性である。

〔3〕 クラッタの周波数スペクトル分布

〔1〕 **クラッタのレーダ断面積**

クラッタのレーダ断面積 σ_c は，目標のレーダ断面積 σ と同様にレーダ方程式においてクラッタ受信強度を算定するときに用いられる。クラッタは一般に広範囲に広がって存在しているので，σ_c はクラッタの分散形態により分けて考えるのが適切である。

初めに，大地クラッタと海面クラッタで代表される面状クラッタについて説明する。通常のレーダ目標は，基本的に反射点は文字どおり点と考えて支障はない。しかし，面状クラッタでは無数の反射点が面状に分布しているので，単位面積当りのレーダ断面積 σ^0 (clutter cross section per unit area) を定義して，レーダパルスに照射される面積 A_c を用いて次式により σ_c を計算する。

$$\sigma_c = \sigma^0 A_c \tag{7.36}$$

ここに，A_c はその各反射点からのパルス反射波が受信点であるレーダに同時に到来する反射域の面積であり，ビーム幅やパルス幅などのレーダ諸元により決まる値である。また，σ^0 はクラッタの実測データなどから求められる値であり，一般的に確率分布するクラッタ強度の期待値が充てられる。A_c の具体的な計算式については 9.1.1 項で述べる。

次に，気象クラッタで代表される空間クラッタの場合は，単位体積当りのレーダ断面積（clutter cross section per unit volume）η とその構成要素である個々のレーダ断面積 σ_i を導入し，レーダビームに照射される体積 V_c を用いて次式により σ_c を計算する。

$$\sigma_c = \eta V_c = V_c \sum_i \sigma_i \tag{7.37}$$

ここに，V_c は，その各反射点からのパルス反射波がレーダに同時に到達する反射域の体積であり，面状クラッタの場合と同様にレーダ諸元により決まる値である。V_c の具体的な計算式については 9.1.3 項で述べる。η は，降雨時の反射波実測値や微小反射体の集合にモデル化して求められる。

〔2〕 **クラッタの強度分布**

クラッタ強度はその期待値の周りに確率的に分布している。したがって，前〔1〕項で述べたクラッタのレーダ断面積も確率的な分布を示し，σ^0 や η はその一つの統計値である期待値である。レーダ電波は，ランダムに存在する多数の独立な散乱体から反射されてレーダに到来するため，レーダのクラッタ受信波は中心極限定理によりガウス分布となる。ガウス分布するクラッタ受信波は，ガウス雑音（4.1.1〔1〕項参照）と同じ確率分布であることから，直線検波器の出力電圧 v の分布は次式のレイリー分布となる。

$$p(v) = \frac{v}{\alpha^2} e^{-\frac{v^2}{2\alpha^2}} \tag{7.38}$$

ここに，v の期待値と 2 乗平均値は次式で与えられる。

$$\bar{v} = \sqrt{\frac{\pi}{2}} \alpha \tag{7.39}$$

$$\overline{v^2} = 2\alpha^2 \tag{7.40}$$

この確率分布は9.3節で述べるCFAR処理で用いる場合があるほか,クラッタ中の目標の検出基準の設定などに用いられる。

〔3〕 **クラッタの周波数スペクトル分布**[3]

9章で解説するクラッタ抑圧方式では,静止するクラッタと移動目標の半径方向速度に基づくドップラー周波数偏移の差を利用してクラッタを抑圧する。ここで,機器の安定性は十分あると仮定すると,クラッタ反射域が完全に静止していればクラッタは完全に抑圧される。しかし,自然のクラッタ反射体は完全に静止状態にあることはほとんどないため,クラッタの周波数スペクトルは,周波数0の近傍に広がりを持って分布する。このスペクトルの広がりは,クラッタ抑圧フィルタの通過域に漏れ込んで抑圧度を劣化させる。このため,レーダのシステム設計上,クラッタのスペクトル分布の形状を把握しておくことは重要である。

送信パルス波のスペクトル分布を図で示すと,PRFが一定値f_pのパルスレーダの場合は**図7.20**(a)に示すようにf_p間隔の線スペクトルの分布となり,その信号をベースバンドに落とした信号のスペクトル分布は,周波数軸を拡大して描くと同図(b)となる。ただし,同図にはドップラー周波数偏移が発生して周波数nf_p($n=0, \pm1, \pm2, \cdots$)の各線スペクトルが,その両側に広がって分布する場合が示されている。

各線スペクトルの周りのスペクトル分布モデルとしては,1950年頃に提案

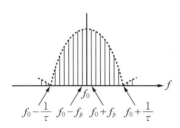

(a) 送信パルス列のスペクトル分布

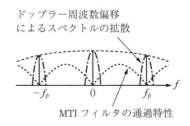

(b) 受信パルス列のベースバンド信号のスペクトル分布

図7.20 等間隔送受信パルス列のスペクトル分布

された式（7.41）のガウス分布モデルが大地クラッタの実測値によく合うことから長年用いられてきた。

$$S_G(f) = \frac{1}{\sqrt{2\pi}\,\sigma_f} e^{-\frac{(f-m_f)^2}{2\sigma_f^2}} \tag{7.41}$$

ここに，m_f と σ_f はそれぞれドップラー周波数の期待値と標準偏差であり，式（7.33）に基づいて，クラッタ反射体の速度の期待値 m_v および速度の標準偏差 σ_v と次の関係式で結ばれている。

$$m_f = \frac{2m_v}{\lambda} \tag{7.42}$$

$$\sigma_f = \frac{2\sigma_v}{\lambda} \tag{7.43}$$

その後 1970 年代に至り，クラッタの測定精度が上がるにつれて，上記ガウス分布モデルは周波数スペクトルの尖頭値から 40 dB 以上下がったレベルで分布の切れが実測値より急過ぎることが判明した。このため，次式の多項式モデル（polynomial representation）が提案された。

$$S_{POLY}(f) = \frac{\sqrt{2}}{\pi\sigma_f} \cdot \frac{1}{1+(f/\sigma_f)^4} \tag{7.44}$$

しかし，今度はこの分布モデルは低いレベルの切れが緩すぎるという課題が判明した。続いて，1990 年代に至り，MIT Lincoln Laboratory が大規模な地表クラッタデータの測定・収集を実施してデータを公表するとともに，次の大地クラッタの指数分布モデル（exponential model）を提案した。

$$S_{EXP}(f) = \frac{1}{\sqrt{2}\,\sigma_f} e^{-\frac{\sqrt{2}}{\sigma_f}|f|} \tag{7.45}$$

このモデルは，クラッタの尖頭値から $-30 \sim -40$ dB 以下のレベルでも実測値によく一致するモデルとして広く認知され使用されている。

他方，クラッタのスペクトルにはビーム走査に伴う周波数の拡散が加わることを考慮すると，ガウス分布モデルと指数分布モデルの差異は大きな問題と捉える必要はないことから，指数分布モデルと共存する形で，ガウス分布モデルは簡単で使いやすいモデルとして，再び MTI（9.2 節参照）などの性能解析に

使用されるようになった。

引用・参考文献

[1]　S. Silver, ed.：Microwave Antenna Theory and Design, Vol. 12 in MIT Radiation Laboratory Series, McGraw-Hill（1949）
[2]　M. I. Skolnik：Introduction To Radar Systems, 3rd ed., McGraw-Hill（2001）
[3]　W. W. Shrader and V. G. Hansen："MTI Rader", Chap. 2 in Rader Handbook, 3rd ed., M. I. Skolnik, ed., McGraw-Hill（2008）
[4]　H. E. Schrank, G. E. Evans, and D. Davis："Reflector Antennas", Chap. 12 in Radar Handbook, 3rd ed., ed., M. I. Skolnik, ed., McGraw-Hill（2008）
[5]　W. W. Shrader："Radar Technology Applied to Air Traffic Control", IEEE Trans., COM-21, No. 5, pp. 591-605（May 1973）
[6]　T. F. Carberry："Analysis Theory for the Shaped-Beam Doubly Curved Reflector Antenna", IEEE Trans., AP-17, No. 2, pp. 131-138（March 1969）
[7]　S. Itoh and H. Yokoyama："Advances in Theory and Practice of a Reflector Antenna for an Air Traffic Control Surveillance Radar", NEC R & D, No. 47, pp. 47-54（Oct. 1977）
[8]　S. Itoh："A Design Theory of Doubly Curved Reflectors", ISAP 1978（International Symposium on AP）, pp. 255-258 （1978）
[9]　D. O. North："An Analysis of the Factors Which Determine Signal/Noise Discrimination in Pulsed Carrier Systems", RCA Tech. Rept., No. PTR-6C（June 1943）（Reprinted in Proc. IEEE, Vol. 51（July 1963））
[10]　J. V. DiFranco and W. L. Rubin：Radar Detection, Prentice-Hall,（1968）

8 パルス圧縮技術

　パルス圧縮技術のレーダシステムにおける意義について 7.4 節で取り上げ，特に距離精度・分解能を犠牲にすることなくパルス幅の伸長が可能であり，これにより尖頭送信電力の設計自由度が得られることを説明した。本章では，パルス圧縮方式を具現化する技術について述べる。

8.1　周波数変調信号を用いるパルス圧縮

　パルス圧縮技術は，矩形パルスを包絡線とする正弦波に線形周波数変調（LFM：Linear Frequency Modulation，以後 LFM と略記する）をかけて送信するチャープ方式から始まった。この方式の最初の特許は 1940 年にドイツで出願され，次いで米国で 1945 年に出願されて 1953 年に特許登録[1]された。「チャープ（chirp）」[2]という呼称は，当初この技術を発明した米国の Bell 研究所内で用いられていたが，一般でも広く用いられるようになった。パルス圧縮技術は，レーダの分野ではアナログ方式からディジタル方式へと発展し，また通信分野ではスペクトル拡散（spread spectrum）通信方式へとつながり[3]，さらに携帯電話の CDMA（Code Division Multiple Access）方式へと発展して身近な存在となった。

　パルス圧縮方式において，FM 変調方式はアナログ処理の下で広く採用されたが，位相変調を介したディジタルパルス圧縮方式に徐々に移行した。その後，超高速ディジタル処理が可能となった今日，ドップラー周波数偏移への対処性能などチャープ方式の優れた性質を活用するために，FM 変調信号のアナログ波形をそのまま A-D 変換によりディジタル処理に置き換える形で再び採用されるケースが増えている。

8.1.1 LFM パルス圧縮方式の動作の流れ[4],[5]

パルス圧縮処理におけるパルス圧縮フィルタとその入出力信号を図 8.1 に示す。対応する送信系で発生された LFM 送信パルス波形を時間の関数として図 8.2（a）に，また，周波数変調による送信周波数の時間変化を同図（b）に概念的に示す。

図 8.1　パルス圧縮フィルタとその入出力信号

目標に反射された LFM 信号は，目標の動きに応じてドップラー周波数偏移を受けたり，伝搬中の大地反射などによりひずみを生じたりするが，ここでは反射波は強さを除き，送信波形のままの状態で戻ってくると仮定する。受信 LFM パルス波を図 8.1 のパルス圧縮フィルタに通すことにより，パルス圧縮

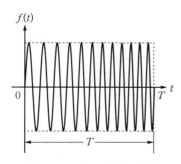

（a）　LFM パルス信号の波形

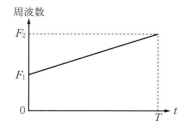

（b）　LFM パルス信号の周波数変化

図 8.2　LFM パルス送信信号

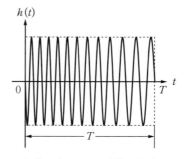

（a）　インパルス応答の波形

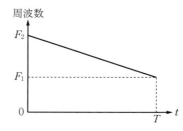

（b）　インパルス応答の周波数変化

図 8.3　パルス圧縮フィルタのインパルス応答

が図られる。

　このパルス圧縮フィルタは，送信波が図8.2に示されるように周波数が時間とともに高くなる変調特性を持つとした場合，インパルス応答の波形は式(7.19)に従って送信波を左右反転させた**図8.3**（a）の波形となり，その周波数変化は図8.3（b）に示すように，図8.2（a）の逆特性となる。

　次に，図8.2の入力信号と図8.3のインパルス応答から，パルス圧縮フィルタの出力である圧縮パルスが形成される過程を考えよう。**図8.4**（a）に，入力パルス信号とそのパルス内各点の信号電圧により励振されるフィルタのインパルス応答を長さTの矢印で示す。ここで注意を要する点は，各インパルス応答は時間Tの中の一点に集中するのではなく，図8.3に示すようにTの全体にわたり一定レベルのパルスとなることである。この結果，パルス圧縮フィルタの出力信号は，図8.4（a）の各時刻tにおいて存在する全インパルス応答の積分として与えられる。

　図8.4（b）は，フィルタから出力される圧縮パルスの電圧波形を概念的に示す。図8.4（a）では，時刻$t=T$におけるインパルス応答に関し積分の対象範囲が点線で示されており，その積分結果は同図（b）の出力パルスの最大点となる。$t=T$において出力信号が最大値を取るのは，パルス圧縮フィルタをこの点で最大SNRを与えるようにマッチドフィルタとして構築したからである。これ以外の時刻$t \neq T$ではマッチドフィルタとしての条件が成立しないため出力レベルは小さくなり，結果的に出力波形のパルス幅が圧縮される。$t \neq T$で出力レベルが小さくなってパルス幅が圧縮される原理については，次項以降で図を用いて説明する。

　図8.4（b）の圧縮後のパルス幅τは，送信波の変調帯域幅$B = F_2 - F_1$により決まり

$$\tau \cong \frac{1}{B} \tag{8.1}$$

となる（8.1.3項参照）。式（8.1）のτとBの関係は，矩形パルスのパルス幅と帯域幅の関係と同じである。

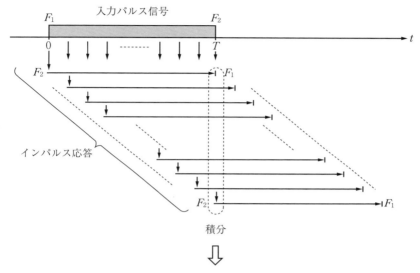

（a） フィルタへの入力パルス信号とインパルス応答

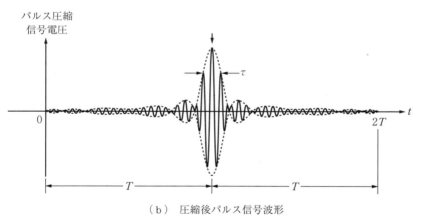

（b） 圧縮後パルス信号波形

図 8.4　パルス圧縮フィルタの動作と圧縮パルスの形成

8.1.2　LFM パルス圧縮方式の圧縮原理

パルス圧縮フィルタは，LFM 信号に整合したマッチドフィルタなので，7.3 節で導出したマッチドフィルタの理論に従って，図 7.14 に示す無変調矩形パ

ルス信号のフィルタ出力信号との対比において，LFM信号の圧縮原理を考察する。

マッチドフィルタに要求される特性を7.3節の式から再掲すると，その伝達関数 $H(f)$ とインパルス応答 $h(t)$ は，それぞれ次のとおりである。

$$H(f) = kF(-f)e^{-j2\pi fT} \tag{7.18}$$

$$h(t) = kf(T-t) \tag{7.19}$$

ここに，$F(f)$ は $f(t)$ のフーリエ変換，k は任意定数であり，フィルタへの入力信号はパルス幅 T の矩形パルス LFM 信号 $f(t)$ なので，上式では $\tau = T$ と置いた。

マッチドフィルタの出力信号 $g(t)$ は，LFM 信号 $f(t)$ と式 (7.19) のインパルス応答との畳込み積分式 (7.21) により次式として与えられる。

$$g(t) = \begin{cases} \int_0^t f(\lambda)f(T-t+\lambda)d\lambda & (0 \le t \le T) \\ \int_{t-T}^T f(\lambda)f(T-t+\lambda)d\lambda & (T \le t \le 2T) \end{cases} \tag{8.2}$$

ただし，式 (7.19) で $k=1$ と置いた。ちなみに，図8.4 (a) の長さ T の各インパルス応答は，上式の積分における各 λ に対する $f(T-t+\lambda)$ を示している。

ここで，図7.14 に示した無変調の矩形パルス正弦波信号に対する ②，④ および ⑤ の各点におけるマッチドフィルタ出力と LFM 信号のマッチドフィルタ出力の差異を対比する。

図 8.5 (a) ～ (c) は，式 (8.2) の被積分関数を構成する二つの関数 $f(t)$ および $f(T-t+\lambda)$ を相対的時間関係を考慮して重ねて描いた図であり，併せて積分の対象範囲が示してある。また，同図 (d) は圧縮フィルタの出力信号波形を示す。ここに，$f(t)$ は**図 8.6** (a) に示される波形であり，$f(T-t+\lambda)$ は $f(t)$ を $(t-T)$ だけ λ 軸の正側へ平行移動した形状である。

図 8.5 (b) の点 ② は $t=T$ の場合に対応しており，二つの被積分関数が完全に重なって出力信号は瞬時最大値 $g(T)$ を取る。t がこの最大点から正側または負側に離れるにつれて，二つの被積分関数の位相が大きくずれるため，図

8.1 周波数変調信号を用いるパルス圧縮

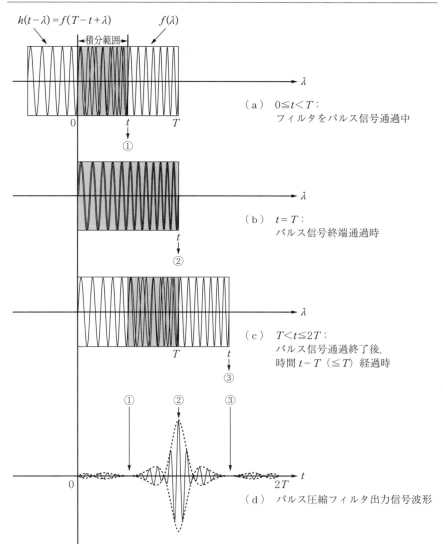

図 8.5 パルス圧縮フィルタ出力信号波形とその生成過程

7.14（b）の場合のように積分範囲の中で両信号が重なることはなく，したがって，両関数の積分値である $g(t)$ が $t=T$ 以外で包絡線上の値を取ることはない．この結果，出力信号 $g(t)$ が包絡線に近い値を取るのは $t=T$ の近傍に限

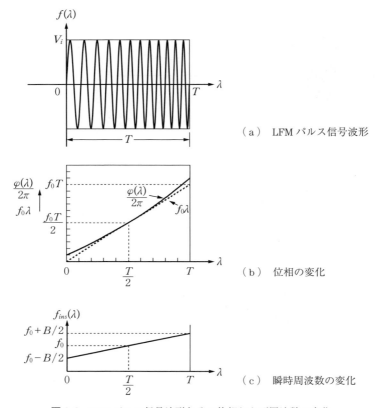

図 8.6 LFM パルス信号波形とその位相および周波数の変化

られ,それ以外では信号の値は小さい値にとどまるためパルス幅は狭くなり,パルス圧縮が行われる。

以上の検討から,次の結論が得られる。

矩形パルス正弦波信号の入力に対しては,FM 変調の有無にかかわらず,フィルタ出力信号の最大値はマッチドフィルタの出力として 7.3.2 項で導いた $g(T) = kE$ に等しくなる。したがって,パルス内エネルギーが変わらない限り,変調帯域幅や圧縮後パルス幅,時間サイドローブの大きさにより $g(T)$ の値が変わることはない。

8.1.3 LFMパルス圧縮方式の圧縮信号波形[6]

前項では式 (8.2) の定性的な検討により LFM パルス圧縮方式の圧縮原理を考察した. 本項では LFM 信号 $f(t)$ を数式で与えて, 式 (8.2) に従って LFM 圧縮フィルタの出力信号 $g(t)$ の数式を導出し, 出力波形と圧縮後のパルス幅等について考察する.

初めに, 線形 FM 変調パルス信号である LFM 信号 $f(\lambda)$ を図 8.6 (a) に示す波形として次式により表す.

$$f(\lambda) = V_i \sin \varphi(\lambda)$$
$$= V_i \sin 2\pi \left\{ f_0 \lambda + \frac{\beta}{2}\left(\lambda - \frac{T}{2}\right)^2 \right\} \qquad (0 \leq \lambda \leq T) \tag{8.3}$$

ここに, β は周波数の時間的変化率を表す. 式 (8.3) より位相 $\varphi(\lambda)$ は

$$\varphi(\lambda) = 2\pi \left\{ f_0 \lambda + \frac{\beta}{2}\left(\lambda - \frac{T}{2}\right)^2 \right\} \tag{8.4}$$

である. この式を用いて時刻 λ における瞬時周波数 $f_{ins}(\lambda)$ は次式となる.

$$f_{ins}(\lambda) = \frac{1}{2\pi} \frac{d\varphi(\lambda)}{d\lambda}$$
$$= f_0 + \beta \left(\lambda - \frac{T}{2}\right) \tag{8.5}$$

上式より, パルス内の周波数変化は $f_0 \pm B/2$ の範囲であり, 変化幅は $B = \beta T$ である. $\varphi(t)/2\pi$ と $f_{ins}(\lambda)$ の変化をそれぞれ図 8.6 (b), (c) に示す. 瞬時周波数は $t = T/2$ で中心周波数 f_0 を取り, パルスの先端と末端ではそれぞれ $f_0 \mp B/2$ となる.

次に, 式 (8.2) 内のインパルス応答に対応する関数は, 式 (8.3) を適用すると次式となる.

$$f(T-t+\lambda) = V_i \sin 2\pi \left\{ f_0(T-t+\lambda) + \frac{\beta}{2}\left(\frac{T}{2} - t + \lambda\right)^2 \right\} \tag{8.6}$$

以下, 信号とインパルス応答に基づいて, 圧縮フィルタからの出力信号 $g(t)$ を求める. 初めに $0 \leq t \leq T$ に対する $g(t)$ は, 式 (8.3) と式 (8.6) を式 (8.2) の第 1 式に代入し, 式を変形すると次式を得る.

$$g(t) = \int_0^t V_i^2 \sin 2\pi \left\{ f_0 \lambda + \frac{\beta}{2}\left(\lambda - \frac{T}{2}\right)^2 \right\}$$

$$\cdot \sin 2\pi \left\{ f_0(T-t+\lambda) + \frac{\beta}{2}\left(\frac{T}{2}-t+\lambda\right)^2 \right\} d\lambda$$

$$= \frac{V_i^2}{2} \int_0^t \left[\cos 2\pi \left\{ f_0(T-t) + \frac{\beta}{2}(-t+2\lambda)(T-t) \right\} \right.$$

$$\left. - \cos 2\pi \left\{ f_0(T-t+2\lambda) + \frac{\beta}{2}\left\{ \left(\frac{T}{2}-t+\lambda\right)^2 + \left(\frac{T}{2}-\lambda\right)^2 \right\} \right\} \right] d\lambda$$

$$\tag{8.7}$$

上式中の被積分項の第1項と第2項における位相項の変化量を比較する。第1項の変化は $2\pi\beta(T-t)\lambda = 2\pi B(1-t/T)\lambda$ に従い，第2項の変化は主として $4\pi f_0 \lambda$ に従うため，$f_0 \gg B$ を考慮すると積分範囲における第2項の位相変化量が第1項に比べ格段に大きいことがわかる。このため，積分値への第2項の寄与度は第1項に比べて微小であり，第2項は省略可能となる。この結果，式(8.7)は次式で近似される。

$$g(t) \cong \frac{V_i^2}{2} \int_0^t \cos 2\pi \left\{ f_0(T-t) + \frac{\beta}{2}(T-t)(2\lambda-t) \right\} d\lambda$$

$$= \frac{V_i^2}{2} \cdot \left. \frac{\sin 2\pi \left\{ f_0(T-t) + \frac{\beta}{2}(T-t)(2\lambda-t) \right\}}{2\pi\beta(T-t)} \right|_0^t \tag{8.8}$$

$$= \frac{V_i^2}{2} \cdot t \cdot \frac{\sin \pi\beta(T-t)t}{\pi\beta(T-t)t} \cdot \cos 2\pi f_0(T-t) \quad (0 \leq t \leq T) \tag{8.9}$$

次に，$T \leq t \leq 2T$ に対する $g(t)$ は，式(8.8)で積分範囲を書き換えて計算することにより，次式として得られる。

8.1 周波数変調信号を用いるパルス圧縮

$$g(t) \cong \frac{V_i^2}{2} \cdot \frac{\sin 2\pi\left\{f_0(T-t) + \frac{\beta}{2}(T-t)(2\lambda-t)\right\}}{2\pi\beta(T-t)}\bigg|_{t-T}^{T}$$

$$= \frac{V_i^2}{2} \cdot (2T-t) \cdot \frac{\sin \pi\beta(T-t)(2T-t)}{\pi\beta(T-t)(2T-t)} \cdot \cos 2\pi f_0(t-T)$$

$$(T \leq t \leq 2T) \quad (8.10)$$

式 (8.9) と式 (8.10) は圧縮後パルスの信号波形を与える。両式より $g(t)$ の周波数はチャープ信号の中心周波数 f_0 となっていることがわかる。これらの式で $t = T$ と置くことにより，マッチドフィルタ出力信号の瞬時最大値として次の値を得る。

$$g(T) = \frac{V_i^2 T}{2} = E \quad (\text{パルス内エネルギー}) \tag{8.11}$$

この値はすでに得られている式 (7.27) に一致する。

次に，圧縮後のパルス幅を求めるために，$g(t)$ の包絡線が尖頭値の両側で 0 となる時刻を求める。初めに，時刻 T の負側で包絡線が 0 となる時刻 $\Delta t = t - T$ を求めるために，式 (8.9) の包絡線の項を 0 と置くと，Δt は次式を満たす。

$$\pi\beta(T+\Delta t)\Delta t \cong \pi\beta T \Delta t = -\pi \tag{8.12}$$

したがって，Δt は近似的に次式で与えられる。

$$\Delta t \cong -\frac{1}{B} \tag{8.13}$$

次に，時刻 T の正側で 0 となる時刻 $\Delta t = t - T$ は，式 (8.13) を求めたのと同様にして式 (8.10) の包絡線の項から $\Delta t = 1/B$ として得られる。

以上より，包絡線は $\sin x/x$ の形状であり，T の両側の 0 点は $T \pm (1/B)$ に存在する。したがって，3 dB パルス幅の近似値は $1/B$ となる。圧縮後のパルス波形と関連パラメータを模式的に**図 8.7** に示す。

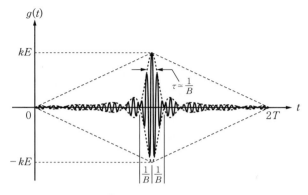

図 8.7 圧縮後のパルス波形と関連パラメータ

8.1.4 パルス圧縮フィルタの具現化技術

従来，長年にわたり周波数変調信号に対し，圧電結晶 (piezoelectric crystal) を用いる表面弾性波分散遅延線 (surface acoustic wave (SAW) dispersive delay line) によるパルス圧縮フィルタが使用されてきたが，位相変調信号によるディジタルパルス圧縮の開発に伴いディジタル方式への移行が始まった。しかし近年は，超高速ディジタル処理によりアナログ信号を A-D 変換器を介してディジタル信号へと変換し，理論的に優れた特性のアナログパルス圧縮方式をディジタル処理する方法が主流となっている。

〔1〕 表面弾性波分散遅延線パルス圧縮フィルタ[4],[5]

パルス圧縮方式実用化の初期に開発され，以来広く用いられてきた表面弾性波分散遅延線を使用するパルス圧縮用フィルタについて述べる。LFM パルス圧縮方式で必要とされる最大遅延時間は，通常，数十 μs から 100 μs 程度に及ぶため，当初電気的手段でこの大きさの遅延量を得るのは容易ではなかった。このため，信号を超音波に変換し SAW 遅延線路を用いて音波の領域で必要な遅延時間を確保する方式として，圧電特性を持つ結晶の表面弾性波を利用する分散遅延線路によるパルス圧縮フィルタが開発された。

図 8.3 の分散遅延特性を持つフィルタの構成例を**図 8.8** に示す。FM 変調を

受けた中間周波数帯の受信パルス信号を上記フィルタに入力すると，この信号は超音波信号に変換されて表面弾性波となって結晶の表面を伝搬する。図の例では，電極間隔などの設計値を変化させることで表面波の

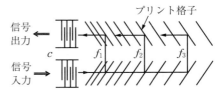

図 8.8　表面弾性波分散遅延線の一例

反射に周波数特性を持たせ，周波数に応じた所要の遅延量を確保している。遅延の結果として，圧縮された中間周波信号がフィルタの出力信号として得られる。

SAW 圧縮フィルタは，小型で構造が簡単なため低コストという利点を有している。反面，遅延時間は SAW 遅延線路の伝搬長に直結しているため，パルス長には実用上の限界がある。例えば，実用的に可能な 250 mm 長の結晶では，70 μs 程度の遅延時間が得られる。

〔2〕　**ディジタルパルス圧縮フィルタ**[7]

近年，ディジタル処理の高速化に伴ってディジタルパルス圧縮が広く採用されており，純粋な意味のアナログ方式は新規レーダで採用されることは少なくなっている。ディジタルパルス圧縮方式としては，次節で取り上げる位相変調に適合する符号化方式が各種開発された。しかし，近年は中間周波数のアナログパルス信号をパルス圧縮用 IC でそのまま A-D 変換してディジタル信号に置き換えてパルス圧縮を行う方法が広く採用されている。チャープ方式など，従来からのアナログのパルス圧縮処理には，時間サイドローブ特性や耐ドップラー特性などの優れた面があるからである。本項では，この後者のディジタルパルス圧縮方式を取り上げる。この方法によれば，SAW 遅延線などの特殊な素子の使用が不要となり，従来からのアナログパルス圧縮方式の中から理論的にレーダシステムの要求に合った特性の方式を容易に実現できるようになった。

ここでディジタル方式の説明に先立ち，**図 8.9** にパルス圧縮フィルタの入出力信号について，時間領域と周波数領域における両信号の関係を示す。ディジタルパルス圧縮の第 1 の方法は，図 8.9 の時間領域における Ⓐ 部分を計算処理する方法である。**図 8.10**（a）の処理系統図に示すように，入力パルス波形

領域＼項目	時間領域	領域変換	周波数領域
入力信号	$f(t)$	$\mathcal{F}\{f(t)\}$ →	$F(f) = \int_0^T f(t)e^{-j\omega t}dt$
インパルス応答関数	$h_{MF}(t) = f(T-t)$	← $\mathcal{F}^{-1}\{H_{MF}(f)\}$	$H_{MF}(f) = kF^*(f)e^{-j\omega T}$
重み付け	$h_{MF,w}(t)$	—	↓（下記出力スペクトルで導入）
パルス圧縮処理	Ⓐ↓ 畳込み積分 $g(t) = \int_{-\infty}^{t} f(\lambda) h_{MF,w}(t-\lambda) d\lambda$	—	Ⓑ↓ $G(f) = F(f)H_{MF}(f)$ $= k|F(f)|^2 e^{-j\omega T}$ … ⓐ
出力信号＝パルス圧縮信号	$g(t) = 2\int_{f_0-\frac{B}{2}}^{f_0+\frac{B}{2}} G(f)e^{j\omega t}df$	← $\mathcal{F}^{-1}\{G(f)\}$	↓重み付け関数 $w(f)$ の導入 $G(f) = F(f)w(f)H_{MF}(f)$ $= kw(f)|F(f)|^2 e^{-j\omega T}$ … ⓑ

図 8.9　パルス圧縮フィルタ入出力信号間の演算処理

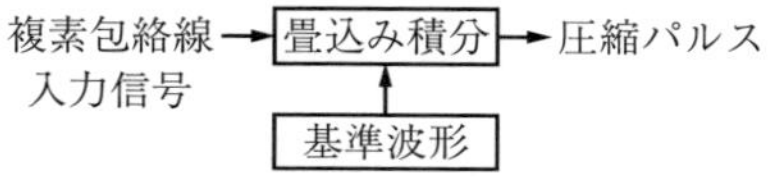

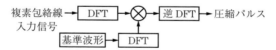

（a）時間領域ディジタルパルス圧縮処理器

（b）周波数領域ディジタルパルス圧縮処理器

図 8.10　ディジタルパルス圧縮処理器

と圧縮フィルタのインパルス応答との間の畳込み積分演算により圧縮パルス信号を得て，出力する．

　第2の方法は，図8.9の周波数領域における Ⓑ 部分を計算処理する方法であり，その処理系統図を図8.10（b）に示す．この方法では，処理の始めと終わりに時間領域における信号波形と周波数領域における周波数スペクトルとの間で定型的なフーリエ変換処理を行う．圧縮処理の主要な演算は，周波数領域における入力と伝達関数の周波数スペクトルの間の乗算処理であり，この演算

により圧縮パルス信号の周波数スペクトルを得る。最後に，逆フーリエ変換を行って圧縮パルス信号を出力する。

上記の第1の方法は，畳込み積分演算に多大な計算が必要となるため，乗算処理で実施できる第2の方法が低コストであり，広く採用されている。

ディジタルパルス圧縮技術は，各種の入力信号に対し安定した圧縮処理が可能であり，広いパルス幅の波形にも問題なく対応できる。非線形FM変調や重み付けなどが容易に実現できるので，時間サイドローブレベル，パルス幅，処理損失などに関し最適化を図ることが容易であることから，有力なパルス圧縮の実現手段になっている。

8.1.5 LFMパルス圧縮信号の時間サイドローブ低減[7]

マッチドフィルタであるパルス圧縮フィルタにより圧縮を受けたパルスは，主ビームの両側±T（Tは圧縮前のパルス幅）の内側に時間サイドローブを生ずる（図8.7参照）。LFMパルス圧縮方式の場合，式(8.9)と式(8.10)に見られるように，圧縮後の信号の包絡線は$\sin(\pi B\Delta t)/\pi B\Delta t$の形状となるため，圧縮パルスの両側に$-13.2$ dBの大きさの時間サイドローブを生ずる。時間サイドローブは実在しない目標を誤認させたり，微弱な目標を覆い隠したりする問題があるため，この大きさのサイドローブは低減することが必要である。

以下，LFMパルス圧縮について圧縮フィルタへの入出力信号の時間領域と周波数領域における関係を示す図8.9を参照しながら，サイドローブを下げる手段を検討する。圧縮フィルタの出力信号$g(t)$とそのフーリエ変換$G(f)$は

$$g(t) = \int_{-\infty}^{\infty} G(f) e^{j2\pi ft} df \tag{8.14}$$

の逆フーリエ変換の関係にある。この関係は，ちょうどアンテナ開口励振分布とアンテナパターンの関係と同様であることから，アンテナサイドローブの設計理論を$G(f)$の分布関数に適用することにより，$g(t)$の時間サイドローブを小さくすることができる。

$G(f)$に重みを付ける方法としては，入力信号をLFM波形とした場合，図

8.9 の式 ⓑ からは，周波数領域において重み関数 $W(f)$ を導入して伝達関数に乗じて重みを付ける方法，および式ⓐからは時間領域で送信 LFM 信号に重み付けすることにより，そのフーリエ変換である周波数スペクトルに振幅分布を持たせ，最終的に式ⓐにおいて所要の励振分布を持たせることが考えられる．

初めに，後者の送信パルスに重み付けする方法を考察する．$BT \gg 1$ の LFM 信号の周波数スペクトルは帯域幅 B の矩形の分布で近似され，LFM パルスの各点における周波数とスペクトル分布における同一周波数の点が対応することから，LFM パルスに重みを付けて周波数スペクトルに所要の振幅分布を与えることはそれほど難しくはない．しかし，電子管（クライストロン，CFA，TWT など）を用いた送信機では高電力を高効率で発生させる必要から飽和点付近で動作させており，したがってパルス内で出力電力を変化させることは難しい．また，半導体を用いた送信機では，アクティブ フェーズド アレーの送受信モジュールを含めて効率の大きな C 級増幅器を使用しているため，パルス内で電力を変化させることは難しい．

以上の理由から，LFM パルス信号の周波数スペクトルに送信時に必要な重み付けをすることは得策ではなく，実施されていない．

次に，前者の方法である受信後の LFM パルス波形に周波数領域で重みを付ける方法を考える．上述のように，入力信号の周波数スペクトル $F(f)$ は近似的に振幅一定の矩形となるため，周波数領域でマッチドフィルタ処理を行った後の図 8.9 の式 ⓐ は振幅一定の矩形となる．したがって，所要の分布を持つ重み関数 $W(f)$ を導入して伝達関数を $W(f)H_{MF}(f)$ とすれば，圧縮後パルスの周波数スペクトルは図 8.9 の式 ⓑ となる．

このとき，$G(f)$ の振幅分布は $W(f)$ によって決まるので，パルス圧縮後の時間波形に応じた振幅分布を $W(f)$ に設定すれば，所望の時間サイドローブレベルが得られる．

振幅分布 $W(f)$ としては，低サイドローブアンテナの開口励振分布として広く使われているテイラー（Taylor，1955）分布が代表的である．計算例として，時間サイドローブが $-40\,\mathrm{dB}$ のテイラー分布の重み関数を用いた場合の圧

縮パルス波形と重みを付けない場合のマッチドフィルタ出力波形を図 8.11 に示す．同図から，時間サイドローブが $-13.2\,\mathrm{dB}$ から $-40\,\mathrm{dB}$ へ低減したが，同時に圧縮パルス幅がマッチドフィルタの場合に比べ約 1.4 倍に拡大していることがわかる．一般に，サイドローブを低下させると圧縮パルス幅は拡大する．また，重み付けを行った結果，フィルタはマッチドフィルタではなくなるため尖頭出力レベルは下がり，SNR も劣化する．このミスマッチ損失の大きさは，$1 \sim 1.5\,\mathrm{dB}$ 程度である．

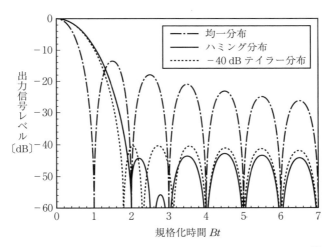

図 8.11 周波数領域で重み付けした 3 種の圧縮パルスの信号波形[7]

8.1.6 非線形周波数変調信号を用いる時間サイドローブ低減[5],[7]

前項では LFM パルス波形を前提として圧縮後波形のサイドローブの低減を検討した．この前提の下では，送信パルス波形の振幅をパルス内で変化させるのは得策ではないとの結論に至ったが，線形周波数変調から非線形周波数変調（NLFM：Non-Linear Frequency Modulation，以後 NLFM と略記する）へ変えることにより，パルス波形の振幅を一定に保ったまま周波数スペクトルの振幅分布を低サイドローブに適合する重み分布とすることができる．

低サイドローブを与えるための非線形変調関数は，前項の $W(f)$ のように

励振分布から直接的に容易に定めることはできないが,いったん開発されれば製造コストは前項の LFM の場合と変わらない。本方式は図 8.9 の式 ⓐ に示されるように,圧縮フィルタはマッチドフィルタとして動作するので,基本的にマッチング損失は発生しないという長所がある。反面,目標のドップラー周波数偏移に弱く,目標反射波にドップラー偏移があると,位置誤差と損失が発生する。

　NLFM 信号のパルス内における周波数分布の例を図 8.12 に示す。同図(a)は,パルスの中間点から離れるにつれて周波数変化が大きくなっていることから,周波数領域における伝達関数の振幅分布は帯域幅の中央部が大きく両端へ向かうにつれて小さくなっていくことがわかる。

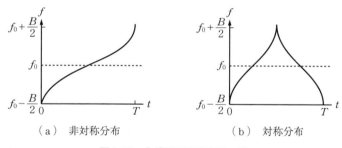

(a) 非対称分布　　　　(b) 対称分布

図 8.12　非線形周波数変調の例

　図 8.12(b)は,送信パルス信号の前半と後半で変調周波数の変化をパルスの中間点に関し対象に取った分布を示し,これにより目標にドップラー周波数偏移がある場合でも,パルスの前後の位置特性が打ち消し合って,圧縮後パルスの位置誤差を軽減できる。

8.2　位相変調信号を用いるディジタルパルス圧縮方式

　ディジタルパルス圧縮は,離散的パルス圧縮信号を 2 相または 3 相以上の多相変調する方式から始まった。パルス圧縮用の符号としては,2 相符号から多相符号まで多くの符号が開発された。しかし時間の経過とともに,これらの符号によるパルス圧縮方式は,時間サイドローブ特性やドップラー周波数偏移へ

8.2 位相変調信号を用いるディジタルパルス圧縮方式

の対応特性が不十分なことが多かったため，A-D変換による超高速ディジタル技術の出現とともに実機での利用は限定的となり，8.1.4〔2〕項に述べた超高速ディジタルパルス圧縮方式へと移行した。

一方，符号列を用いる方法は，ディジタル位相変調との整合性が良いことに加え，符号列であるから可能となるユニークな特性を示す符号列もあることから，ここでその概要を説明する。

8.2.1 離散的信号による位相変調

図8.13に示すように，送信パルス幅をTとして幅τのサブパルスN個に分割する。サブパルスのそれぞれに符号化されたパルス圧縮符号列の符号を順次割り当て，その符号の取る状態の数に等しい位相状態数の位相変調を行う。

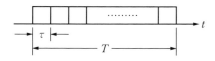

図8.13 符号化のためのサブパルスへの分割

符号列が2値符号の場合には，図8.14（a）に示すように0とπの2値の位相状態を取る2相変調を行う。この場合の符号列と位相変調波形の例を同図（b）に示す。また，符号が3値以上の状態数Mを取る場合には，$2\pi i/M(i=0,1,\cdots,M-1)$の位相値を取る位相状態数$M$の多相変調（polyphase modulation）を行う。

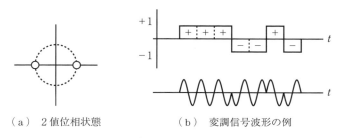

（a）2値位相状態　　（b）変調信号波形の例

図8.14 2値位相符号変調信号の例

8.2.2 2値符号列によるディジタルパルス圧縮[4],[5]

2相変調に適合する2値符号列（binary phase code）の中で最初に挙げられ

るのがバーカー符号[8]（Barker code, 1953年）である。この符号は，全区間の時間サイドローブの極大値が一定の最大値を取るという点が特徴的であるが，**表8.1**に示されるように同様の特徴を持つ符号列は2から13までの7種の符号長だけである。符号長14以上のバーカー符号はコンピュータを駆使して探索されたが発見されていない。符号長をNとすると，いずれの符号列においても圧縮パルス幅はサブパルス幅τに等しく圧縮比はNとなり，また圧縮パルスの尖頭値はN，サイドローブレベルは尖頭値の$1/N$である1となる。

表8.1 バーカー符号

符号長	符号列	サイドローブレベル〔dB〕
2	1 0, 1 1	-6.0
3	1 1 0	-9.5
4	1 1 0 1, 1 1 1 0	-12.0
5	1 1 1 0 1	-14.0
7	1 1 1 0 0 1 0	-16.9
11	1 1 1 0 0 0 1 0 0 1 0	-20.8
13	1 1 1 1 1 0 0 1 1 0 1 0 1	-22.3

符号列の長さが最大の$N=13$の場合に，最大サイドローブレベルは全バーカー符号の中で最小の$1/13$（-22.3 dB）となるので，この場合を例に取って**図8.15**にパルス圧縮の過程を示す。同図（a），（b），（c）はそれぞれ図8.5（a），（b），（c）に対応する圧縮過程を示している。この処理では，各サブ

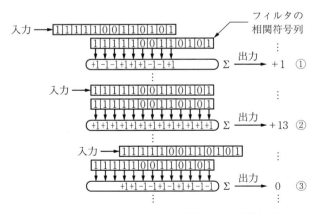

図8.15 符号長13のバーカー符号パルス圧縮処理

パルスごとに信号とフィルタの符号が同一の場合は1，異なる場合は（-1）とする規則の下で処理を行い，その N 個のサブパルス出力を加算処理してフィルタ出力とする方法である．パルス圧縮後の出力信号としては，図 8.16 に示す波形が得られる．

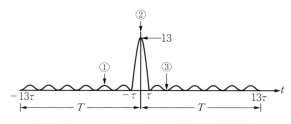

図 8.16　バーカー符号パルス圧縮処理出力信号

バーカー符号ではないが，同一の符号長の中で最大サイドローブレベルが最小となる最適2値符号列（optimal binary sequence）について，コンピュータによる探索が行われた．これらの符号列によるサイドローブレベルの最小値は，符号長約 250 の範囲で -25.4 dB であることが報告されている．

上記のほか，さらに長い符号列を得る方法として，シフトレジスタに帰還をかけて発生させるシフトレジスタ符号（shift-register code）がある．シフトレジスタの段数を n とする場合，最大 $N=2^n-1$ のサブパルス数の2値符号列が得られ，このとき N は圧縮比および（帯域幅・パルス幅）積に等しい．この方法によれば，長い符号列を容易に発生して大きな圧縮比を得られるが，低サイドローブレベルが保証されているわけではない．

この方法は，最長符号列（maximal-length sequence），擬似乱数列（pseudo-random sequence），擬似雑音列（pseudo-noise (PN) sequence）などとも呼ばれている．

8.2.3　多相符号列によるディジタルパルス圧縮[5], [9]

サブパルスの位相状態数が3以上の符号列は多相符号列（polyphase code）と呼ばれる．2値符号列に比べ最大サイドローブレベルの低下とドップラー

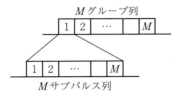

図 8.17 フランク符号における
パルス列の構成

周波数偏移への耐性が向上する。

代表的な符号列としてフランク符号 (Frank code) について説明する。図 8.17 に示すようにパルス信号を M グループに分け、さらに各グループを M サブパルスに分割し、各サブパルス単位で位相を設定する。M^2 個のサブパルスから成る符号列において各サブパルスの位相を次式の行列により与える。

$$\frac{2\pi}{M}\begin{array}{c} \text{グループ1} \quad 2 \quad\quad 3 \quad\quad \cdots \quad\quad i \quad\quad \cdots \quad\quad M \\ \begin{array}{c}\text{サブパルス }1\\2\\3\\ \vdots\\ M\end{array}\left[\begin{array}{cccccc} 0 & 0 & 0 & \cdots & 0 & \cdots & 0 \\ 0 & 1 & 2 & \cdots & (i-1) & \cdots & (M-1) \\ 0 & 2 & 4 & \cdots & 2(i-1) & \cdots & 2(M-1) \\ \vdots & \vdots & \vdots & & \vdots & & \vdots \\ 0 & (M-1) & (M-1)\cdot 2 & & (M-1)(i-1) & & (M-1)^2 \end{array}\right] \end{array}$$

(8.15)

上式から、各グループ単位で位相が $2\pi/M$ を単位としてその倍数で増加する。第 i グループを例にとると、各サブパルスごとに位相は

$$0, (i-1)\frac{2\pi}{M}, 2(i-1)\frac{2\pi}{M}, \cdots, (M-1)(i-1)\frac{2\pi}{M}$$

と増大し、そのグループ内で 2π を単位として $(i-1)$ 回転する。パルス内で時間の経過とともに位相が急速に増加することから、周波数変調時の位相を離散値で近似した符号列と見ることができ、耐ドップラー偏移特性は LFM パルス圧縮に近い特性を示す。

パルス圧縮比は M^2、また最大サイドローブレベルは M の増加につれて電力で $(\pi^2 M^2)^{-1} \cong (10M^2)^{-1}$ に近付く。この値は、同一符号長の疑似雑音列 (シフトレジスタ符号) のサイドローブレベルに比べて 10 dB 程度の改善になっている。

引用・参考文献

[1] R. H. Dicke："Object Detection System", U. S. Patent, No. 2, 624, 876 (Jan. 6, 1953)
[2] J. R. Klauder, A. C. Price, S. Darlington, and W. J. Albersheim："The Theory and Design of Chirp Radars", BSTJ, Vol. 39, No. 4 (July 1960)
[3] R. A. Scholtg："The Origin of Spread-Spectrum Communications", IEEE Trans. COM, Vol. COM-30, No. 5 (May 1982)
[4] M. I. Skolnik：Introduction To Radar Systems, 2nd ed., McGraw-Hill (1980)
[5] E. C. Farnett and G. H. Stevens："Pulse Compression Radar", Chap. 10 in Radar Handbook, 2nd. ed., M. I. Skolnik, ed., McGraw-Hill (1990)
[6] J. V. DiFranco and W. L. Rubin：Radar Detection, Prentice-Hall (1968)
[7] M. R. Ducoff and B. W. Tietjen："Pulse Compression Radar", Chap. 8 in Radar Handbook, 3rd ed., M. I. Skolnik, ed., McGraw-Hill (2008)
[8] R. H. Barker："Group Synchronization of Binary Digital Systems", in Communication Theory, W. Jackson, ed., Academic Press (1953)
[9] M. I. Skolnik："Introduction to Radar Systems", 3rd ed., McGraw-Hill (2001)

9 レーダ信号処理技術

　レーダ信号処理技術は，捜索レーダにとっては外来雑音の一種となる大地，海面，降雨などからの不要反射波（クラッタ）の存在する環境下で，目標探知性能の改善を図る技術であり，特にコンピュータによる自動化レーダでは重要となる技術である。この分野は，前大戦中は超音波遅延線を用いた装置が開発されていた[1]が，1960年代後半のディジタル技術の発達に伴い，それまで実現が難しかった複雑な処理が可能となり，レーダ信号処理技術は大きく前進した。アナログ素子では困難であった処理も，今日では高速ディジタル処理手段の発達により，理論設計が定まれば，それをほぼ正確に処理内容に反映できるようになった。

　本章では，代表的なクラッタの性質の一端と，その解析のための数式的記述方法，および，基本的な信号処理方式を取り上げて解説する。

9.1　クラッタの性質とクラッタレーダ断面積

　レーダ信号処理方式は，クラッタの実データに基づいて開発・評価されて発達してきたが，ここではそれらクラッタデータの細部には立ち入らず，主要なクラッタである大地，海面，降雨クラッタの特徴と性質の概要を紹介する。併せて，7.5.3〔1〕項で述べたクラッタのレーダ断面積算定に，レーダ関連諸元が具体的にどのように関与するかについて解説する。なお，クラッタの特性に関しては，7章および本章末の引用・参考文献を参照していただきたい。

9.1.1　大地クラッタ[2]～[4]

　大地クラッタ（ground clutter, land clutter）は，その地形（山岳，森林，畑地，草原，砂漠，市街地など）や，その組成（岩石，土，砂など），またその時々の天候や湿度，季節などにより大きく変わる。さらにレーダ側のパラメー

タとして，周波数，偏波，進入角（grazing angle）によっても変わる。このように，その特性に与えるパラメータの数が多岐にわたることから，同種の地形であっても場所が変わればその特性も変わるため，世界各地でデータが取られている。また，同一の場所でも天候や時刻によって変化する。したがって，クラッタの厳密な評価はレーダ設置場所ごとに行う必要がある。

大地クラッタのレーダ断面積 σ_c は，7.5.3〔1〕項で述べたように単位面積当りのレーダ断面積 σ^0（レーダ断面積密度；radar-cross-section density）とパルス電波が大地を照射する面積 A_c の積として表される。

$$\sigma_c = \sigma^0 A_c \tag{9.1}$$

通常 σ^0 は面積 A_c に独立な値であり，確率的に分布するクラッタ強度の期待値をこの値としている。面積 A_c は**図 9.1** に示されているが，正確に述べると，レーダ電波に照射される地表部を考えたとき，ある瞬間にその反射波が同時にレーダに到達する地表部分の面積であり，次式で与えられる。

$$A_c = \frac{R\theta_B c\tau}{2\cos\phi} \tag{9.2}$$

式 (9.1) と式 (9.2) は，大地クラッタや海面クラッタなどの面状クラッタ（surface clutter）で共通に用いられている式である。

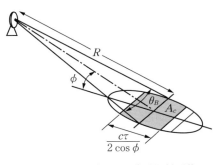

図 9.1 パルス波による大地照射面積

大地クラッタの場合，σ^0 を各種の大地について共通的なパラメータで記述することは難しく，各種の測定値が報告されているが，同種の地形と条件でも 10 dB 程度のばらつきがあるといわれている。

レーダビームによる大地照射範囲が大きい場合，その中には無数の独立な反射点が存在し，それら反射点からの独立な反射波の和が全体の反射波となることから，中心極限定理によりその確率密度関数はガウス分布となる。したがって，包絡線検波器出力の電圧 v の分布はレイリー分布となり次式で与えられ

る。

$$p(v) = \frac{v}{\alpha^2} e^{-\frac{v^2}{2\alpha^2}} \tag{9.3}$$

ここに，α^2 は v の2乗平均値である．この分布特性は，9.3.1項で取り上げる log-CFAR で用いられる．

なお，レーダのビーム幅や送信パルス幅が狭い高分解能レーダの場合には，反射波の平均化の効果が弱くなるため，電圧 v の確率密度関数は対数正規分布に従う．

大地クラッタのドップラー周波数については，木々などが風で揺らぐ以外は大地に固定されて移動しないため，周波数0の周りの狭い範囲で変化するだけである．レベルの大きな大地クラッタの存在する所では，レーダの受信したクラッタは雑音レベルより大きくなるため，レーダ方程式は SNR ではなしに，S/C（C はクラッタ電力）により評価することが必要となる．

9.1.2 海面クラッタ[2], [4], [5]

海面クラッタ（sea clutter）も面クラッタの一種であることから，そのレーダ断面積 σ_c は式 (9.1) と式 (9.2) により記述することができる．大地クラッタと異なるのは，海面の状態が同じで同条件による電波照射であれば，クラッタのレーダ断面積密度 σ^0 は世界中の海で共通の確率分布となることである．しかし，海面クラッタをモデル化して理論計算で求めることは現状では成功していない．海面の状態は，波高，風向き，風の継続時間とその海面までの距離，波の向き，うねりなどで記述される．これにレーダ側のパラメータである周波数，偏波，また電波の進入角が加わって，σ^0 が決まる．

レーダビームによる海面照射範囲が大きい場合，大地クラッタの場合と同様に，その中には無数の独立な波が存在することから，クラッタ信号の包絡線検波器出力の電圧 v は式 (9.3) のレイリー分布となる．

なお，レーダのビーム幅や送信パルス幅が狭い高分解能レーダの場合には，反射波の平均化の効果が弱くなるため，電圧 v の確率密度関数は対数正規分

布に従う。また，海面クラッタでは，波の速度やレーダを搭載している船舶の移動によりドップラー周波数偏移を生ずるので，クラッタ抑圧処理ではそれを考慮する必要がある。

9.1.3 気象クラッタ[2],[4],[6]

気象クラッタ（weather clutter）は空間に分布する雨滴や雪などからの反射波であり，空間分布クラッタ（volume-distributed clutter）と呼ばれる。気象クラッタのレーダ断面積 σ_c は，単位体積当りのレーダ断面積 η とパルスが照射する体積 V_c の積で表される。

$$\sigma_c = \eta V_c \tag{9.4}$$

この場合，パルス波に照射される空間の体積 V_c は，図9.2を参照して次式で与えられる。

$$V_c \cong \frac{\pi}{4} R^2 \theta_B \varphi_B \cdot \frac{c\tau}{2} \tag{9.5}$$

ここに，$\pi/4$ はビームの断面が楕円であることを補正する定数であり，また，体積 V_c は，レーダビームに照射される空間を考えたとき，ある瞬間にそこにある雨滴の反射波が同時にレーダに到達する空間部分の体積である。

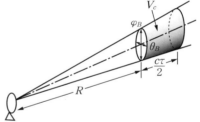

図9.2 パルス波による空間の照射体積

一方，式 (9.4) の η は，雨滴などの個々の微小反射体のレーダ断面積 σ_i の単位体積当りの和 $\eta = \sum \sigma_i$ を用いて書き表すことができ，この結果，式 (9.4) は次式となる。

$$\sigma_c = V_c \sum \sigma_i \tag{9.6}$$

単位体積当りのレーダ断面積 η は，σ_i を微小球状誘電体からの反射波として考え，その和を取ることで理論解析されており，降雨量や周波数などを条件として与えることで計算が可能である。また，気象クラッタの包絡線検波後の電圧の分布は，大地や海面クラッタと同様に無数の反射波の和であることか

ら，レイリー分布となる．

　気象クラッタは，大地クラッタや海面クラッタよりレベルは通常小さいが，天候によっては大きくなり，さらに風雨のときなどは高速で移動するため，ドップラー周波数偏移を生ずる．したがって，クラッタの抑圧のためには，この周波数偏移を考慮することが必要となる．

9.2　ドップラー周波数偏移の利用による目標検出性能の改善

　移動目標のドップラー周波数偏移（7.5.2項参照）と基本的にほぼ静止するクラッタの周波数スペクトル分布の差を利用して，移動目標の検出性能を改善するMTI処理の理論について解説する．

9.2.1　MTI処理による移動体の検出[1],[2],[4],[7]

　MTI（Moving Target Indication；移動目標表示）は，7.5.2項で解説した移動体のドップラー周波数偏移を利用して，同時に存在する各種の静止クラッタを抑圧して航空機などの移動目標を分離し，目標検出性能を改善しようとする技術である．

　MTIの基本方式は前大戦中に開発されたが，方式の具現化手段である遅延線として当初は水や水銀を用いる超音波遅延線しかなく，その後水晶などの固体結晶を用いる超音波遅延線が開発されたが扱いづらく，広範囲の実用化を妨げていた．MTIが広く実用装置として用いられるようになったのは，1960年代後半にディジタル処理が可能となった後である．

　MTI方式にはコヒーレントMTI方式のほか，ノンコヒーレントMTI方式があり，後者はレーダの初期に回路が簡単であるなどの利点から採用されることもあったが，安定した信号源が容易に得られる今日，普通に用いられているのはコヒーレント方式である．

〔1〕　**基本MTI方式（シングルキャンセラMTI）**

　これまでレーダの系統図としては，送信系と受信系の間に信号の直接的接続

9.2 ドップラー周波数偏移の利用による目標検出性能の改善

はないとして図2.6に示した系統図で考えてきた.しかし,コヒーレントMTI方式を成立させるためには,送信波に対する受信波の位相を正確に検出できることが必要となる.このためには,まず基本的に高周波信号源の周波数が安定していることと,その安定した信号源を介して送信機から受信機へ送信波の位相情報が伝達されることが必要である.この条件を満たす系統の一例を**図9.3**に示す.

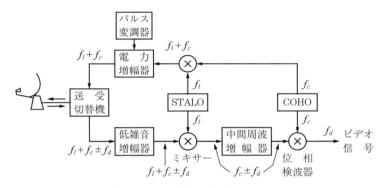

図9.3 MTI用送受信系統図の一例

図9.3における位相検波器の出力信号が,式 (7.35) に示したバイポーラビデオ信号であり,ここに再掲する.

$$v_b(t) = k\cos(2\pi f_d t + \varphi) \tag{9.7}$$

上記信号をAスコープ表示した画像は,図7.19にすでに示した.同画像の観察から,引き続く2スイープのビデオ信号の差を取ることにより,固定目標からの信号は消去され,移動目標からの信号は残ることが期待できる.

いま,送信パルス波の間隔を T_p とすると,式 (9.7) の現受信ビデオ信号に対し,一つ前の送信パルス波に対する受信ビデオ信号は次式で与えられる.

$$v_b(t-T_p) = k\cos\{2\pi f_d(t-T_p) + \varphi\} \tag{9.8}$$

次に,引き続く2ビデオ信号の差を取ることとし,その処理の機能系統図を**図9.4**に示す.この系統図によるMTIは,遅延機能を1系だけ有しているのでシングルキャンセラ (single canceller) と呼ばれる.古くは水晶などの超音

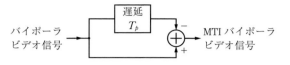

図 9.4 シングルキャンセラ MTI 機能系統図

波遅延線が使用されていたが，高速ディジタル処理が可能となった後は，ディジタル記憶素子を用いることにより，所要の遅延時間が正確に容易に得られるようになった。

ドップラー周波数偏移の 2 パルス間の差分は，式 (9.7) と式 (9.8) の差を取ることにより，次式として得られる。

$$v_d(t) = v_b(t) - v_b(t - T_p)$$
$$= -2k\sin(\pi f_d T_p)\sin\left\{2\pi f_d\left(t - \frac{T_p}{2}\right) + \varphi\right\} \quad (9.9)$$

この信号は振幅を $2|k\sin(\pi f_d T_p)|$，周波数を f_d とする正弦波であり，パルスの受信時刻 t に従ってその値が周期的に変化する。

上記の振幅部分が MTI フィルタの周波数応答特性を表しており，この特性をドップラー周波数 f_d に対するグラフとして描くと図 9.5 となる。この特性から，$f_d \cong 0$ であるクラッタや静止目標信号は MTI フィルタを通過することができないため，移動目標信号とクラッタ電力との比 S/C が改善されることになる。しかし，同図に示されるように，通過特性は f_d が 0 からずれると急峻に立ち上がっ

図 9.5 シングルキャンセラ MTI の周波数応答特性（遅延時間 $T_p = 1/f_p$）

ているため，揺らぎを持つクラッタは十分には抑圧されないという課題が残る。

MTI の周波数応答が 0 となるドップラー周波数は，$f_d = 0$ の場合も含めると，f_d（$= f_{d,bld}$）が次の条件を満たす場合に周期的に現れる。

$$\pi f_{d,bld} T_p = n\pi \quad (n = 0, \pm 1, \pm 2, \cdots) \quad (9.10)$$

この式を $f_{d,bld}$ について解き，またパルス繰返し周波数（PRF）を $f_p = 1/T_p$ とすると，次式を得る。

$$f_{d,bld} = \frac{n}{T_p} = nf_p \quad (n = 0, \pm 1, \pm 2, \cdots) \quad (9.11)$$

さらに、目標速度とドップラー周波数の間には式 (7.33) の関係があることから、ドップラー周波数が $f_{d,bld}$ となる目標速度 u_{bld} は次式で表される。

$$u_{bld} = \frac{\lambda f_{d,bld}}{2} = \frac{n\lambda}{2T_p} = \frac{n\lambda f_p}{2} \quad (n = 0, \pm 1, \pm 2, \cdots) \tag{9.12}$$

この目標速度 u_{bld} はブラインド速度 (blind speed) と呼ばれ、レーダから見て半径方向にこの速度で移動する物体からの反射波は、MTI の出力信号が 0 となる。

一方、図 7.20 (b) に示したように、PRF が f_p のパルス列の周波数スペクトルはちょうどブラインド周波数に一致する周波数に線スペクトルとして現れるので、この周波数におけるパルス信号のスペクトルと MTI 特性との関係は $f_d = 0$ の場合と同様である。

式 (9.12) に示されているように、ブラインド速度を決定する要因であるパルス繰返し周波数 f_p は、他方では目標探知距離が一義的に定まる最大確定距離 R_{unamb} (2.1.2〔1〕項) を次式により定めるので、ブラインド速度と最大確定距離の両者を考慮して決める必要がある。

$$R_{unamb} = \frac{cT_p}{2} = \frac{c}{2f_p} \tag{9.13}$$

式 (9.12) と式 (9.13) はともに f_p を介して、それぞれ MTI の周波数応答の目標速度に対する制約条件と、レーダが計測する目標距離に対する制約条件を与えている。このとき、f_p は u_{bld} と R_{unamb} に対してそれぞれ比例と反比例の関係で利いてくるため、u_{bld} を大きくするために f_p を単純に大きくとることは許されず、両者に対するシステム要求に基づき、妥当な値に設定する必要がある。

式 (9.12) と式 (9.13) から f_p を消去して、u_{bld} と R_{unamb} の間の関係式を求めると次式を得る。

$$u_{bld} \cdot R_{unamb} = \frac{nc^2}{4f_0} \tag{9.14}$$

上式に従い、$n = 1$ の場合について、レーダの動作周波数 f_0 をパラメータとし

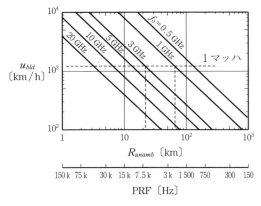

図 9.6 MTI のブラインド速度と一義的確定距離の関係

て,u_{bld} と R_{unamb} の関係をグラフに描くと図 9.6 となる。同図を参照して,一例として音速 (1 224 km/h) までの速さの航空機を MTI レーダで捉えるものとすると,R_{unamb} は次に示す値となる。

- $f_0 = 3$ GHz の場合

    $f_p = 6\,800$ Hz

    $u_{bld} = 1$ mach

    (1 224 km/h)

    $R_{unamb} = 22$ km

- $f_0 = 1$ GHz の場合

    $f_p = 2\,267$ Hz

    $u_{bld} = 1$ mach(1 224 km/h)

    $R_{unamb} = 66$ km

上記試算例からわかるとおり,航空機などの高速移動体をブラインド速度なしに捉えるためには f_p を大きく(T_p を小さく)取る必要があり,この結果 R_{unamb} は短距離となる。この課題への取組みについては,この先の〔3〕項で触れる。

〔2〕 ダブルキャンセラ MTI

前〔1〕項で取り上げた基本 MTI の一つの課題として,ほぼ静止状態にあるが,樹木などの動きのある大地や海面などのクラッタに対する抑圧度の改善を挙げた。ここで取り上げる図 9.7 に示すダブルキャンセラ MTI は,この課題

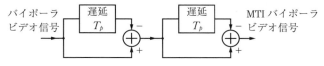

図 9.7 ダブルキャンセラ MTI 機能系統図

に対し一つの改善策を与える方法である。この方法では，シングルキャンセラに比べ遅延系を1系統増やして，引き続く3受信パルスを用いてMTI処理を行う。この場合，式 (9.9) に対応するバイポーラビデオ信号出力 $v_{d2}(t)$ は，次式となる。

$$
\begin{aligned}
v_{d2}(t) &= v(t) - 2v(t - T_p) + v(t - 2T_p) \\
&= -4k\sin^2(\pi f_d T_p)\cos\{2\pi f_d(t - T_p) + \varphi\}
\end{aligned}
\tag{9.15}
$$

したがって，周波数応答特性 $H_2(f_d)$ は，次式で与えられる。

$$
H_2(f_d) = 4\left|k\sin^2(\pi f_d T_p)\right|
\tag{9.16}
$$

この周波数特性のグラフをシングルキャンセラの特性とともに，最大値を1に規格化して，図9.8に示す。同図からドップラー周波数が0の近くでは阻止帯域が拡大しており，静止クラッタの抑圧性能が改善されていることがわかる。この改善方法によれば，縦続接続するシングルキャンセラの段数を増加することにより，いっそうの改善を得ることが可能である。

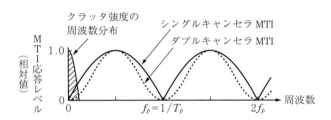

図9.8　MTIの周波数応答特性

また，多段接続した系の中でフィードバック回路を設けることにより，図9.8の通過域の形状を矩形に近付けるなどの改良も可能である。

〔3〕　スタガ PRF　MTI

前項までのMTI方式の問題点であったブラインド速度の増大を可能とする一つの方法が，複数のPRF（パルス繰返し周波数）を時間的に切り換える方法である。この方法は，2種類以上のPRFを切り換えて使用することで，ブラインド周波数の増大を図る方法である。PRFの切換えのタイミングとしては，各種の方法が考えられるが，代表的な切換タイミングとしては次のものがある。

① ビーム走査（アンテナ回転）ごとの切換え
② ビーム幅の半分だけ回転した時点での切換え
③ パルス波送信ごとの切換え

この内，③ はスタガ PRF（staggered PRF）と呼ばれている。

いま，複数の PRF を使用する MTI の動作原理を考えるために，二つの PRF の比が $f_{p1}/f_{p2}=5/4$，パルス間隔で考えると $T_{p1}/T_{p2}=4/5$ として，① または ② の方法で PRF を切り換える MTI 動作を考える。**図 9.9**（a），（b）はそれぞれ PRF が f_{p1} と f_{p2} のときのシングルキャンセラの周波数特性を示す。両図から，出力が完全に 0 になる最初のブラインド速度が現れるのは，二つのシングルキャンセラからの出力がともに 0 となる場合であり，この周波数は f_{p1} と f_{p2} の最小公倍数である $4f_{p1}=5f_{p2}$ となる。図 9.9（c）は，同図（a），（b）の

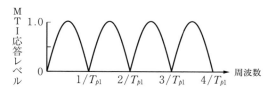

（a）　シングルキャンセラ MTI の周波数応答特性（$f_{p1}=1/T_{p1}$）

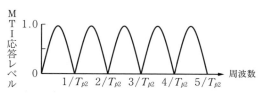

（b）　シングルキャンセラ MTI の周波数応答特性（$f_{p2}=1/T_{p2}$）

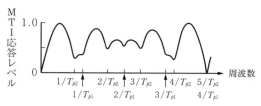

（c）　複合 MTI の周波数応答特性（$T_{p1}/T_{p2}=4/5$）

図 9.9　二つの PRF を持つ MTI の総合応答特性[2]

9.2 ドップラー周波数偏移の利用による目標検出性能の改善

結合された総合の周波数応答特性である。

次に，③によるもう一つの改善例を**図9.10**に示す。この例は5パルスを用いるスタガMTIであり，四つのパルス間隔の比は25：30：27：31に設定してあり，この結果，最初のブラインド速度はシングルキャンセラの場合に比して約28倍に拡大されている。このスタガPRF方式によればブラインド速度の大幅な改善が可能であるため，中・遠距離の捜索レーダでこの方式を採用している場合が多い。この方式の技術課題としては，図に見られる周波数応答特性のリップルの深さの軽減がある。これについては，系の中でフィードバックをかけたり，重み付けによる改善方法が報告されている。

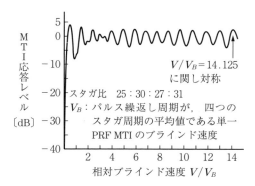

図9.10 5パルス（4周期）スタガMTIの周波数応答特性の例[2],[7]

〔4〕 MTIの性能改善

以上の説明では，図9.3の位相検波器の出力は1系統として説明してきた。これに対し，**図9.11**に示されるI/Qの2系によるMTI処理を行うことで，MTIとしての処理損失の軽減を図ることが可能である。

また，海面クラッタやウェザークラッタでは，前述したように，強風時などにクラッタがドップラー周波数偏移を生じる場合がある。この場合には，周波数偏移を検知する手段を設け，キャンセラに位相を加味することで，MTIの阻止域とクラッタの偏移周波数とを一致させ，クラッタを除去する方式がある。この方式は，クラッタロックMTIと呼ばれている。

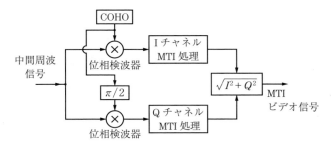

図9.11 IQチャネルによるMTI処理機能系統図

　一般に，捜索レーダでは目標距離を正確に計測する必要があるため，その最大探知距離に見合ったPRFを先に決めて使用する。このため，前〔1〕項で述べたようにブラインド速度の観点からはPRFが小さ過ぎるということも発生し，この場合必要があれば別の手段（スタガPRFなど）でブラインド速度を解決する必要があった。

　これに対し，高クラッタ領域で小型・高速の飛翔体などを捕捉・追尾する必要のある特殊なレーダでは，クラッタの抑圧と対象とする目標の速度計測を優先して高いPRFを設定し，結果的に距離の不確定を許す設計とする場合がある。このように距離の不確定を許すPRFの下でドップラ フィルタ バンクを持つレーダを，「パルス ドップラー レーダ」と呼ぶ。この種のレーダでは，距離確定の手段としてPRFを変化させたり，またいったん目標を捕捉した後にレンジゲートを設けるなどして，この問題を解決している。

9.2.2　ディジタル フィルタ バンクによる移動体の検出[2],[7]

　1960年代後半からディジタル技術を用いた信号処理が広く実用期に入り，レーダのMTI処理もディジタル的に処理されるようになった。この結果，超音波遅延線もディジタル記憶素子に置換されることにより，系の安定性が確保されるとともに，複雑な処理を行う信号処理回路も比較的容易に実現されるようになった。

　この結果，従来のMTIでは0から$1/T_p$までが一つの通過帯域として連続

していたが，この周波数帯域を N 等分し，N 個の狭帯域ディジタルフィルタで埋め尽くしてフィルタバンクを形成することも可能となった。**図 9.12** に 8 個のディジタルフィルタで構成されたフィルタバンクの例を示す。このフィルタバンクは，等価的に**図 9.13** に示されたトランスバーサルフィルタ (transversal filter) により構成することができる。8 個のそれぞれのフィルタごとに，加算器へ入力する 8 信号に位相遅延を重みとして乗じ，それらを加算することにより各フィルタの出力を得ている。このフィルタバンクによれば，MTI と同種のクラッタを抑圧した出力が，ドップラー周波数とともにいずれかのフィルタから得られる。

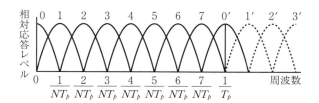

図 9.12 8 パルスフィルタバンクの周波数応答特性

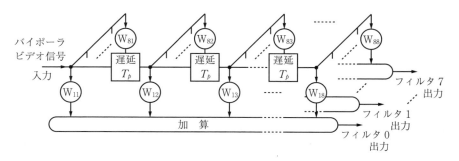

図 9.13 8 パルスフィルタバンクの構成例

9.3　クラッタの統計的特徴の利用による目標検出性能の向上[2],[8],[9],[10]

MTI などのクラッタ抑圧処理を実施したとしても，強いクラッタが存在する場合にはクラッタを完全に消去することは一般にはきわめて難しく，この結

果，外来雑音としてのクラッタがレーダのビデオ信号の中に残留することになる。残留クラッタが多数存在する場合には，たとえ信号の強度の方がクラッタより大きい場合でも，目標検出は困難になる。PPI 画像の目視検出による場合には，多数のクラッタの輝点の中に目標信号が埋もれてしまい，レーダオペレータは目標を認識できない。また，自動目標検出の場合には，多数の残留クラッタ信号がコンピュータの処理能力を飽和させてしまったり，目標とクラッタの区別を困難にしてしまう。

このような状況下では検出系のしきい値を上げて，PPI に表示されるクラッタの数やコンピュータに入力する信号の数を減らすことで，目標信号の検出を可能にする必要がある。しきい値を上げると，弱い目標信号は棄却されることになり，また強い信号も検出確率が低下することになる。しかし，レーダシステムの観点からは，検出不可能となるよりは少しの損失を受け入れて実施するのが得策である。

上記目的のために，しきい値レベルを自動的に調整して誤警報確率を一定値以下にする処理を CFAR（constant false alarm rate；定誤警報率）処理と呼んでいる。

9.3.1 Log-FTC/CFAR

7.5.3 項で述べたように，海面クラッタや気象クラッタなど，広がりを持ったクラッタの確率密度関数は，多くの場合レイリー分布に従うことが知られている。レイリー分布クラッタの場合には，その平均値と標準偏差が比例関係にあるという特殊な関係が成立することから，**図 9.14** の機能系統図に示す信号処理を施すことにより，クラッタの尖頭値のばらつきがほぼ一定値となり，定誤警報率が達成される。

図 9.14 の処理は，log-FTC（Fast-Time-Constant）と呼ばれている。また，

図 9.14 Log-FTC 処理機能系統図

9.3 クラッタの統計的特徴の利用による目標検出性能の向上　259

ログアンプの出力を着目セルの前後の10セル程度にわたって平均値を取り，同様の処理を実施する方法は log-CFAR と呼ばれている．

9.3.2　ワイブル CFAR

大地クラッタや，海面クラッタ，気象クラッタの中には，その確率密度関数がワイブル分布に従うクラッタが多数あることが報告[2], [10], [11] されている．ワイブル分布は関数形を決定するパラメータが二つあり，その値いかんでレイリー分布や指数分布にも一致する分布であり，幅広い各種の確率分布のクラッタに対応することが可能である．また，この分布のパラメータを実時間で推定して CFAR 処理を行うワイブル CFAR 方式[10] が，多くの実測データとともに報告されている．

9.3.3　ノンパラメトリック CFAR

ノンパラメトリック (non-parametric) CFAR は，クラッタの確率分布を特定の分布として仮定せずに，着目しているレーダセルの前後のセルの実際の出力信号の平均値からしきい値を決め，目標検出を実施する方法である．一例として，距離方向のセルの平均をとる CFAR の機能系統図を**図 9.15** に示す．この方法では，装置が簡単になる利点があるが，特定のクラッタの確率分布に整合した CFAR がその分布のクラッタを処理する場合に比べれば性能は落ちる．しかし，それ以外の分布のクラッタに対しては，むしろ優れているという一般的特性を有している．

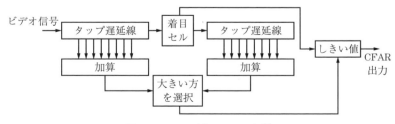

図 9.15　セル平均 CFAR の例[7]

引用・参考文献

[1] A. G. Emslie and R. A. McConnell："Moving-Target Indication", Chap. 16 in Radar System Engineering, L. N. Ridenour, ed., Vol. 1 in MIT Radiation Laboratory Series, McGraw-Hill（1947）
[2] M. I. Skolnik：Introduction to Radar Systems, 3rd ed., McGraw-Hill（2001）
[3] R. K. Moore："Ground Echo", Chap. 12 in Radar Handbook, 2nd ed., M. I. Skolnik, ed., McGraw-Hill（1990）
[4] F. E. Nathanson：Radar Design Principles, 2nd ed., McGraw-Hill（1991）
[5] L. B. Wetzel："Sea Clutter", Chap. 13 in Radar Handbook, 2nd ed., M. I. Skolnik, ed., McGraw-Hill（1990）
[6] B. R. Bean, E. J. Dutton, and B. D. Warner："Weather Effects on Radar", Chap. 24 in Radar Handbook, 1st ed., M. I. Skolnik, ed., McGraw-Hill（1970）
[7] W. W. Shrader and V. G. Hansen："MTI Radar", Chap. 2 in Radar Handbook, 3rd ed., M. I. Skolnik, ed., McGraw-Hill（2008）
[8] J. W. Taylor, Jr.："Receivers", Chap. 3 in Radar Handbook, 2nd ed., M. I. Skolnik, ed., McGraw-Hill（1990）
[9] W. G. Bath and G. V. Trunk, "Automatic Detection, Tracking, and Sensor Integration", Chap. 7 in Radar Handbook, 3rd ed., M. I. Skolik, ed., McGraw-Hill（2008）
[10] 関根松夫：レーダ信号処理技術, 電子情報通信学会（1991）
[11] D. C. Schleher："Radar Detection in Weibull Clutter", IEEE Trans., Vol. AES-12, pp. 736-743（Nov. 1976）

10 フェーズド アレー アンテナ技術

　フェーズド アレー レーダ (phased array radar) は1960年代に実用期に入ったが，アンテナに多数の放射素子と移相器などの高周波素子を用いるため構造も複雑で高価である．このため，応用の範囲は広がってはいるが，高度な機能の要求される防衛用などが中心である．また，高速ビーム走査が不要なレーダでは，回転式アンテナで性能が十分確保される場合も多いため，機械式アンテナが時代とともに一律に電子式に置換されるというわけではなく，用途に応じて共存が続いている．

　レーダの機能面から見ると，電子的に瞬時にビーム走査できることによるアンテナの機能向上は大きく，「電子走査アンテナは，レーダシステムをアンテナの機械的慣性力という絶対的制約条件から解放した」ということができる．この結果，従来のレーダでは不可能であった各種の高度な機能のレーダが可能となった．

　ビーム走査を可能とするアレーアンテナの原理は古くから知られており，1930年代には大西洋をまたぐ短波帯通信の受信アンテナとして実用化された[1]．その後，レーダの分野では，前大戦中に米英独各国で機械駆動式移相器を用いるフェーズド アレー アンテナが開発された[1]．この時期の米国における興味深い実用例として，導波管幅を機械的に変化させて管内波長を変化させ，導波管側面に結合した素子アンテナの位相を周期的に変えることによりビーム走査する方式が開発された．イーグルスキャン方式[2]と呼ばれ，高速度でビームを左右に連続的に往復走査することができる（コラム10.1〔関連情報〕および12.1.2〔4〕項参照）．その後，1950年代には全電子式の周波数走査式レーダが実用期に入った．この方式では，周波数を変化させることにより導波管の管内波長を変化させてビーム走査を行う．また，機械駆動式移相器に代わって電子式移相器が登場し，1960年代に入ってフェライトやダイオードを使用する移相器が実用期に入り，2次元走査の本格的フェーズド アレー レーダが開発され運用されるに至った．

10.1 電子走査アンテナの基本方式[1],[3],[4]

アンテナビームを空間で電子走査するためには，図 10.1（a）に示すパラボラアンテナの機械的手段によるビーム走査の場合と同様に，アンテナ開口面上の平面状の同位相の波面を電子的に傾けることが必要である。パラボラアンテナの場合は，アンテナの向きを機械的に動かすことにより波面の向きを変えて，波面の垂直方向に指向しているビームを走査する。同様に，ビームを電子的に走査するためには，ビームの波面を電子的に傾ければよい。この手段としては後述するいくつかの方法があるが，位相制御素子を使用する場合には，電子走査アンテナの放射開口部は，放射素子が配列されているアレーアンテナの方が開口面が一体となっている開口面アンテナより都合が良い。アレーアンテナによるビーム走査時の波面の様子を図 10.1（b）に示す。

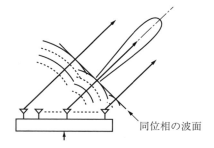

（a） パラボラアンテナの波面　　　（b） アレーアンテナのビーム走査時の波面

図 10.1　ビーム指向方向とアンテナ前面の同位相の波面

電子走査アンテナとしては，基本的に次の 3 種類のビーム走査方式がある。
① 位相走査方式（フェーズドアレー）
② 周波数走査方式
③ ビーム切換方式

① のフェーズドアレー方式は，図 10.2 に示すように各放射素子と電力分配器の間の給電線に移相器を設けた構成となっている。すべての移相器を制御し

10.1 電子走査アンテナの基本方式

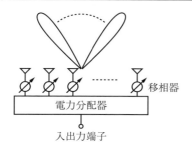

図 10.2　フェーズドアレーアンテナ

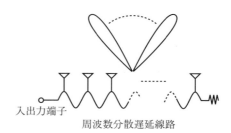

図 10.3　周波数走査アンテナ

て，アレーアンテナ全体の同位相の波面がビーム指向方向に直交する平面となるように，各素子アンテナの放射電波の位相を設定する。フェーズドアレーで使用する移相器は通常 $0 \sim 2\pi$ の範囲で位相遅延を与える機能を有しており，2π を超える絶対位相遅延（実時間遅延）を与えるものではない。アレーアンテナの給電回路である電力分配器としては，各種の方式が実用されている。これについては 10.4.1 項で取り上げる。

② の周波数走査方式は**図 10.3** に示す構成であり，電力分配器を兼ねた伝送路に結合した放射素子がアレーアンテナを形成している。各アンテナの位相制御は，伝送路内の波長が周波数により変わることを利用して，送信周波数を変えることにより各素子に結合する電磁界の位相を変えて行っている。

この結果，図 10.3 の構成の場合，周波数を高くすると放射ビームは終端側に走査される。この方式では，移相器などが不要のためアンテナの構成は簡単になるが，アンテナが決まるとビーム指向方向と周波数が 1 対 1 に固定されて変更できない，という制約条件が付く。周波数分散遅延線路としては導波管が用いられることが多い。

③ のビーム切換方式は，**図 10.4** に示す

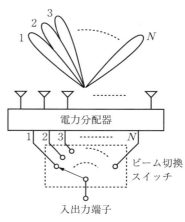

図 10.4　ビーム切換アンテナ

ように,給電回路の各給電端子と指向方向の異なるビームが1対1で対応するように作られた給電回路が主要構成部であり,ビーム切換スイッチで接続する給電端子を切り換えることによりビーム電子走査を行う.

このアンテナでは,給電回路や端子数などの制約からビーム走査のステップを微細にするのは難しい.アンテナ開口面はアレーアンテナで構成される場合が多いが,電力分配がレンズ構造で行われるアンテナでは連続開口のアンテナとなる場合もある.

以上述べた ① ～ ③ の方式の中で,ビーム走査の自由度の大きさやディジタル制御への適合性などから,現状では ① のフェーズドアレー方式が,他の方式に比べて圧倒的に多数が実用されている.② の周波数走査方式は1次元の角度変化による平面内のビーム走査が基本となるが,構造が簡単という利点があるため,特に電子的移相器が開発されるまでの初期の頃は,この方式のレーダが多数開発された.③ のビーム切換方式は,電子的スイッチを使用することから低電力の装置で利用される場合が多い.

10.2 フェーズドアレーアンテナの特長とレーダによる利用

フェーズドアレーアンテナは広い意味の電子走査アンテナの一方式であるが,今日では電子走査レーダといえば,ほとんどの場合このアンテナ方式を採用している.その動作原理は後に示すが,その特徴あるアンテナ機能を一言でいえば,「放射指向特性の瞬時変化機能」ということになる.

アンテナのビーム指向方向を瞬時に変化できる電子走査アンテナの機能により,レーダのビーム走査は機械的慣性力に縛られることのない大きな自由度を得た.これにより,レーダの貴重な資源である単位時間当り限られた数の送信パルスを有効に利用できるようになった.

ビーム指向方向の変更を含む放射パターンの瞬時切換機能は,フェーズドアレーアンテナの有する次の基本的機能により可能となる.

(1) アンテナ開口面の励振位相分布の瞬時切換機能

個々の素子アンテナの給電線に電子的に制御されるディジタル移相器を設け，その移相量をコンピュータからの指令により瞬時制御する．

(2) アンテナ開口面の励振電力分布の瞬時切換機能

個々の素子アンテナの給電線に移相器とともに電子的制御可能な減衰器や増幅器を設け，その素子の送信電力や受信電力をコンピュータからの指令により瞬時制御する．

上記アンテナ開口励振分布の切換えにより，レーダアンテナはその放射特性において，下記 ① 〜 ④ 項の機能を持つことができる．なお，上記 (1) 項は下記 ① 〜 ④ 項を，また，上記 (2) 項は (1) 項とともに適切に設定することにより下記 ④ 項をより大きな自由度で設定可能とする．

① **ビーム瞬時走査機能**　アンテナのビーム走査範囲として設定された角度領域内で，コンピュータからの指令により，任意の一方向から他の任意の一方向へとビーム指向方向を瞬時に切り換えることが可能である．この機能は特に複数の目標を追尾している場合に，各目標の予測位置にビームを次々と切り換えて，追尾目標の継続捕捉と目標位置計測などを行うために必須である．

② **ビーム停留時間の任意設定機能**　フェーズド アレー アンテナにより形成される放射ビームは，他の指向方向への走査指令があるまでその指向方向を固定することができる．その停留時間はビーム走査プログラムにより制御される．ビーム停留時間を長くすれば，その方向への送信パルス数を増加することができ，反射パルス波を蓄積して積分処理やクラッタ抑圧処理を行うことができ，その結果として目標探知性能や計測性能を改善できる．

③ **ビーム走査周期の任意設定機能**　ある方向へビームを指向して目標の探知・計測を行った後，次回再度その方向へビームを指向する時間は，レーダシステムのビーム走査プログラムにより制御される．この周期は，捜索レーダにおいては方向ごとに新規目標の出現確率や目標の早期探知の必要性を考慮して決定することができ，必要時に短周期とすることによりシステム性能の向上を図ることができる．

また，追尾レーダにおいては，目標速度や旋回の速さなどに応じて走査周期

を決定できる。高速目標には短周期，低速目標には長周期とすることで，一定の信頼度で目標追尾を継続することが可能となる。

④ **ビーム形状の瞬時変更機能**　例えば，目標を捜索探知する場合と追尾する場合とでは効率の良いビーム形状が異なることから，両モードを持つ多機能レーダではビーム形状を切り換えて有効利用することができる。ただし，ビーム形状をペンシルビーム以外の形状に変えると，一般にはアンテナ利得の低下につながるため，他のパラメータを一定とした場合は探知性能に劣化が生ずる。このため，ビーム形状の変更はシステム的に意味のある範囲にとどめる必要がある。

この機能は，上記の(1)の移相設定だけでも限定的に実施できるが，(2)の電力設定と併せて行うことにより，ビーム形状設定の自由度が大きくなる。

以上の説明でレーダ動作の捜索モードと追尾モードを1台のレーダで行うことに触れたが，従来型の機械式アンテナで両モードが必要な場合には，通常別々のレーダにより行う必要があった。従来型捜索レーダでは，**図 10.5**（a）に示すようにアンテナは一定速度で水平面内を回転し，一定周期で目標の捜索探知を行う。一方，同図（b）の従来型追尾レーダでは，通常水平面内と垂直面内で高精度の測角を可能とするため，和パターンと呼ばれるペンシルビームとそのビームの中心軸方向に鋭い切込みを持つ差パターンとを同時に形成する。そのビームの中心軸方向に1目標を捕捉して，その目標を機械駆動式アンテナで連続的に追尾しながら，高精度でその方位と仰角を計測する。したがっ

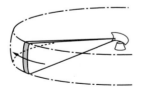

（a）捜索レーダにおけるファンビームの回転走査

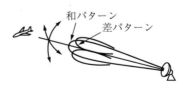

（b）追尾レーダにおけるペンシルビームの機械的追尾走査

図 10.5　従来型レーダのビーム走査

て，別個の目標を追尾するためには，追尾する目標数だけのレーダが必要になる。

一方，フェーズド アレー レーダの場合には，上記 ① ～ ④ の機能を時分割で適切に組み合わせて働かせることにより，従来型レーダの何台分もの機能を果たすことが可能となる。このような形態で実用されているフェーズド アレー レーダの大部分は防衛用であり，この例のように多機能レーダ（multi-function radar）として動作するものが多い。多機能レーダでは，ビーム走査の時間管理方式がシステム全体の効率を左右するため，最適動作となるようにプログラムを構築することが重要である。

以下，フェーズド アレー アンテナの代表的なビーム走査形態を図で示す。**図 10.6** はビームを一つの面内で走査する1次元走査フェーズド アレーの利用

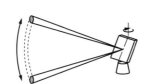

（a）回転式捜索レーダ

（a）回転式捜索・追尾レーダ

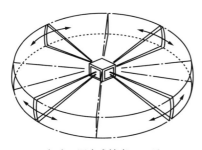

（b）固定式捜索レーダ

図 10.6 1次元電子走査アンテナのビーム走査形態

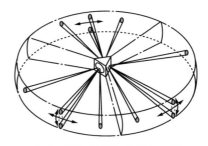

（b）固定式捜索・追尾レーダ

図 10.7 2次元電子走査アンテナのビーム走査形態

形態を示す．図10.6（a）は，ペンシルビームを垂直面内で電子走査しながら，水平面内は機械的に一定周期で回転する方式である．この方式によれば，ペンシルビームによる大きなアンテナ利得を利用できるとともに，目標高度の計測などの測角が容易になるという利点があり，現在も広く実用されている．図10.6（b）は，ファンビームを水平面内で電子走査する方式である．フェーズドアレー実用化の初期の頃にその例が見られたが，現在はほとんど見られない．

図10.7は空間のある角度範囲内の任意方向でビームを走査する2次元走査フェーズドアレーの利用形態を示す．図10.7（a）は，一定速度で回転する台座の上に1面の2次元ビーム走査アンテナが設置されている．この構造によって，台座の回転に加えビームを左右にも走査することにより，360°にわたる捜索範囲内で不均一な時間配分で走査を行ったり，回転速度よりも高いデータレートの目標追尾を可能とする柔軟性をレーダに与えることができる．この方式のアンテナは，電波の往復時間の総和に対する時間的制約から，比較的近距離のレーダで実用されている．図10.7（b）は2次元走査フェーズドアレーの典型的な利用形態であり，捜索と多目標追尾を1台のレーダシステムで行う多機能レーダとしての利用である．アンテナ面の数は360°をカバーする3～4面のシステムから移動体に搭載されて特定方向だけをカバーする1面のシステムなどがあり，覆域も人工衛星を対象とする超遠距離用から近距離用までの各種の応用形態がある．

10.3　フェーズドアレーアンテナのビーム走査[3]～[6]

素子アンテナの励振位相を変化させて行うビーム走査はフェーズドアレーの本質的な動作なので，直線アレー（リニアアレー；linear array）と平面アレー（プレーナアレー；planar array）に分けて，走査特性を解析する．フェーズドアレーでは素子の配置いかんで，一方向へビームを走査していくと反対側からグレーティングローブと呼ばれる主ビームと同じ強さの第2のビームが条件い

かんで発生するが，その発生を回避する条件については 10.5.1 項で検討する．

10.3.1 直線フェーズド アレー アンテナのビーム走査

初めに**図 10.8** を参照しながら，直線アレーアンテナ（linear array antenna）の放射パターンの計算式を導く．直線アレーを含む平面内で，アレーの法線方向から角度 θ の方向へ放射される電波を考える．各素子アンテナへの給電位相は等しいとし，素子間隔を d として第 1 素子を基準とした場合，θ 方向の観測点から見ると，第 i 素子（$i=1$, 2, $\cdots$, N）は空間的に距離 $(i-1)d\sin\theta$ だけ前方へ出ているので，第 i 素子から放射される電波の位相は，空間的に次の値だけ進んでいる．

$$(i-1)kd\sin\theta \tag{10.1}$$

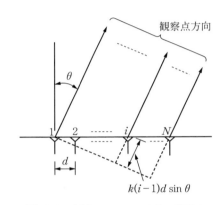

図 10.8 直線アレーアンテナの素子の相対的位相

ここに，k は波数であり $k=2\pi/\lambda$ である．各素子の励振電流を a_i として上記位相量を用いると，アレーアンテナ全体のアレーファクタ（array factor）$E_a(\theta)$ は，K を定数として次式で与えられる．

$$E_a(\theta)=K\sum_{i=1}^{N} a_i e^{j(i-1)kd\sin\theta} \tag{10.2}$$

次に，放射ビームを θ_s 方向へ走査するものとして，各素子の励振位相を求める．図 10.8 で，ビームノーズ方向を $\theta=\theta_s$ とすると，第 i 素子の空間位相は $(i-1)kd\sin\theta_s$ の進相となるので，励振位相としてはちょうどこの値を打ち消す分だけ移相器によって遅らせてやれば，各素子からの放射界は θ_s 方向に直交する波面で同相となる．第 i 素子の移相器に与える移相量を Ψ_i〔rad〕とし，A_i を a_i の振幅とすると，θ_s 方向へのビーム走査の条件は次式となる．

$$\left.\begin{array}{l}\Psi_i = -(i-1)kd\sin\theta_s \\ a_i = A_i e^{j\Psi_i} = A_i e^{-j(i-1)kd\sin\theta_s} \quad (i=2,3,\cdots,N)\end{array}\right\} \quad (10.3)$$

この場合のアレーファクタ $E_a(\theta,\theta_s)$ は，式 (10.3) を式 (10.2) に代入して，次式として得られる。

$$E_a(\theta,\theta_s) = K\sum_{i=1}^{N} A_i e^{j(i-1)kd(\sin\theta-\sin\theta_s)} \quad (10.4)$$

ここで，アレーアンテナ素子間の相互結合はないものとし，また，エレメントパターンは全素子で等しく $E_e(\theta)$ とすると，直線フェーズドアレーアンテナの放射パターン $E(\theta,\theta_s)$ は次式となる。

$$\begin{aligned}E(\theta,\theta_s) &= E_e(\theta) E_a(\theta,\theta_s) \\ &= KE_e(\theta)\sum_{i=1}^{N} A_i e^{j(i-1)kd(\sin\theta-\sin\theta_s)}\end{aligned} \quad (10.5)$$

式 (10.5) は，$\theta = \theta_s$ のビームノーズ方向では

$$(i-1)kd(\sin\theta - \sin\theta_s) = 0 \quad (i=1,2,\cdots,N) \quad (10.6)$$

となることから，アレーファクタの値は式 (10.4) から次式となる。

$$E_a(\theta_s,\theta_s) = K\sum_{i=1}^{N} A_i \quad (10.7)$$

主ビームとサイドローブを含む全方向に対するアレーファクタの値は，励振振幅 A_i を与えれば，式 (10.4) から計算できる。また，アレーファクタの値が式 (10.7) で与えられる主ビーム先端の値と同じ値になる $\theta \neq \theta_s$ が $\pm 90°$ の範囲に存在すると，その方向にはグレーティングローブが形成されていることになる。グレーティングローブの発生については 10.5.1 項で検討するが，そのローブは一般にビームをアレーの法線方向から走査していくとき，走査方向の反対方向から空間に現れてくる。その発生は，素子間隔を十分小さく取ることにより回避できる。

アンテナパターンについては，$A_i = 1$ の均一分布の場合には，式 (10.4) の和を計算することができて，最大値を 1 に規格化するとアレーファクタは次式となる。

$$E_a(\theta, \theta_s) = \frac{\sin\left\{N\frac{\pi d}{\lambda}(\sin\theta - \sin\theta_s)\right\}}{N\sin\left\{\frac{\pi d}{\lambda}(\sin\theta - \sin\theta_s)\right\}} \quad (10.8)$$

ここで，直線アレーアンテナのビーム形成について補足する．直線アレーが**図 10.9**のx軸上に配列されているものとし，素子パターンを完全無指向性と仮定してアンテナパターンを考える．このとき，アンテナパターンはアレーの軸（x軸）の周りに対称となることから，図10.9に示すように主ビームに相当するパターンは，アレーに垂直なブロードサイド時は円盤状となり，走査するにつれて円錐状になる．また，アンテナの開口を非走査方向（例えば，y軸方向）に広くしてこの方向のビーム幅を絞ってペンシルビームを形成した場合には，図の灰色部分で示すように，ペンシルビームがxz平面内で走査される．

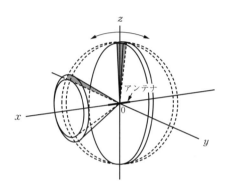

図 10.9 無指向性素子アンテナから構成される直線フェーズドアレーアンテナのビーム走査

10.3.2 平面フェーズドアレーアンテナのビーム走査

前項の検討内容を平面フェーズドアレーアンテナ（planar array antenna）の場合に拡張し，ビーム走査条件である移相設定量と走査時の放射パターンの表示式を求める．

図 10.10に平面アレーアンテナの座標系，および，ビーム指向方向と観察点の方向を示す．平面アレーアンテナはxy平面上にあるものとし，格子状に配列された素子アンテナのx軸方向とy軸方向の素子間隔をそれぞれd_x, d_yとし，また，素子アンテナの座標番号をx軸方向にm (1, 2, $\cdots$, M)，y軸方向にn (1, 2, $\cdots$, N) として位置ベクトルをρ_{mn}で表すものとする．x, y, z各軸方

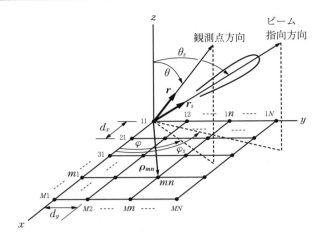

図 10.10　平面フェーズドアレーの座標系

向の単位ベクトルを i, j, k とすると，ρ_{mn} は次式で表される．

$$\rho_{mn} = (m-1)d_x i + (n-1)d_y j \tag{10.9}$$

次に，観測点方向の単位ベクトル r について，r と各軸の成す角を $(\alpha_x, \alpha_y, \alpha_z)$，球座標を $(1, \theta, \phi)$ とすると

$$r = \cos\alpha_x i + \cos\alpha_y j + \cos\alpha_z k \tag{10.10}$$

ここに

$$\left.\begin{array}{l}\cos\alpha_x = \sin\theta\cos\varphi \\ \cos\alpha_y = \sin\theta\sin\varphi \\ \cos\alpha_z = \cos\theta\end{array}\right\} \tag{10.11}$$

である．

方位ベクトル r の方向から見た ρ_{mn} の位置にあるアンテナ素子の空間位相は，k を波数として次式の位相量だけ進んでいる．

$$k\rho_{mn} \cdot r = k\{(m-1)d_x\cos\alpha_x + (n-1)d_y\cos\alpha_y\} \tag{10.12}$$

r 方向のアレーファクタ $E_a(r)$ は，座標 (m, n) にあるアンテナ素子の複素励振強度を a_{mn} とすると，式 (10.12) を用いて次式となる．

$$E_a(\boldsymbol{r}) = K \sum_{m=1}^{M} \sum_{n=1}^{N} a_{mn} e^{jk\boldsymbol{\rho}_{mn} \cdot \boldsymbol{r}} \tag{10.13}$$

次に，主ビーム指向方向の単位ベクトルを $\boldsymbol{r}_s$ とし，$\boldsymbol{r}_s$ と各軸の成す角を $(\alpha_{xs}, \alpha_{ys}, \alpha_{zs})$，$\boldsymbol{r}_s$ の球座標を $(1, \theta_s, \varphi_s)$ とすると

$$\boldsymbol{r}_s = \cos\alpha_{xs}\boldsymbol{i} + \cos\alpha_{ys}\boldsymbol{j} + \cos\alpha_{zs}\boldsymbol{k} \tag{10.14}$$

ここに

$$\left.\begin{aligned} \cos\alpha_{xs} &= \sin\theta_s \cos\varphi_s \\ \cos\alpha_{ys} &= \sin\theta_s \sin\varphi_s \\ \cos\alpha_{zs} &= \cos\theta_s \end{aligned}\right\} \tag{10.15}$$

となる．$\boldsymbol{r}_s$ 方向から見た位置ベクトル $\boldsymbol{\rho}_{mn}$ のアンテナ素子の空間位相は $k\boldsymbol{\rho}_{mn} \cdot \boldsymbol{r}_s$ なので，主ビームを $\boldsymbol{r}_s$ 方向へ指向させるために各素子に与えるべき移相量 ψ_{mn} は空間位相を打ち消す値となるので，次式で与えられる．

$$\begin{aligned} \psi_{mn}(\boldsymbol{r}_s) &= -k\boldsymbol{\rho}_{mn} \cdot \boldsymbol{r}_s \\ &= -k\{(m-1)d_x\cos\alpha_{xs} + (n-1)d_y\cos\alpha_{ys}\} \end{aligned} \tag{10.16}$$

mn 素子の励振強度 a_{mn} は，励振振幅 A_{mn} と式 (10.16) の励振位相を併せると，次式となる．

$$a_{mn} = A_{mn} e^{j\psi_{mn}(\boldsymbol{r}_s)} = A_{mn} e^{-jk\boldsymbol{\rho}_{mn} \cdot \boldsymbol{r}_s} \tag{10.17}$$

$\boldsymbol{r}_s$ 方向に主ビームを形成したアレーアンテナの任意方向 $\boldsymbol{r}$ のアレーファクタ $E_a(\boldsymbol{r}, \boldsymbol{r}_s)$ は，式 (10.17) を式 (10.13) に代入すると次式を得る．

$$E_a(\boldsymbol{r}, \boldsymbol{r}_s) = K \sum_{m=1}^{M} \sum_{n=1}^{N} A_{mn} e^{jk\boldsymbol{\rho}_{mn} \cdot (\boldsymbol{r} - \boldsymbol{r}_s)} \tag{10.18}$$

ここに

$$\begin{aligned} k\boldsymbol{\rho}_{mn} &\cdot (\boldsymbol{r} - \boldsymbol{r}_s) \\ &= k\{(m-1)d_x(\cos\alpha_x - \cos\alpha_{xs}) + (n-1)d_y(\cos\alpha_y - \cos\alpha_{ys})\} \end{aligned} \tag{10.19}$$

アレーファクタのビームノーズ方向における値は，式 (10.18) において

$$\boldsymbol{r}(\theta, \varphi) = \boldsymbol{r}_s(\theta_s, \varphi_s) \tag{10.20}$$

となるときであり，式 (10.18) から次式となる．

$$E_a(r_s, r_s) = K \sum_{m=1}^{M} \sum_{n=1}^{N} A_{mn} \qquad (10.21)$$

以上,アレーアンテナにおけるビーム走査時に各素子に与えるべき移相量とその放射パターンの計算式について述べた。ここまでの検討では素子アンテナの間隔については具体的条件に触れていないが,素子間隔はグレーティングローブの発生に直接関係する重要な設計パラメータであるので,10.5.1項で検討する。グレーティングローブの発生回避の観点からは半波長に近付けるのが好ましいが,開口面積当りの素子数が増えるとアンテナのコストに跳ね返るので適切な設計とすることが望まれる。

10.4 フェーズドアレーアンテナの構成

図10.2に示したフェーズドアレーアンテナの給電部の構成について,見ていこう。フェーズドアレーアンテナは,大きく分けてパッシブ(passive)方式とアクティブ(active)方式に分けて考えることができる。前者では,通常のレーダと同様に,送信機で集中的に送信用高周波電力を発生し,その電力を全素子アンテナに分配給電して送信する。これに対し,後者は各素子アンテナに送受信機を設け,そこで発生した電力を直接送信するので,送信用の電力分配器が不要である。

10.4.1 パッシブフェーズドアレーアンテナの構成

パッシブ方式のフェーズドアレーアンテナの基本的な構成は,図10.2に示されている電力分配方式により決まる。電力分配器はアンテナに入力された送信用高周波電力を数百から数千にも及ぶ素子アンテナに高周波電力を給電する重要な構成要素である。この給電方式には基本的に図10.11〜図10.13に示される次の3方式がある。

① 透過型空間給電方式

② 反射型空間給電方式

③ 給電回路方式

〔1〕 空間給電方式[1],[3]

① と ② の空間給電方式（space feed, optical feed）では1次放射器からアレー面へ直接送信電力を吹き付けるので，多数の素子アンテナに至る給電回路が不要となり，構造が簡単になる利点がある．また1次放射器として追尾用の和差パターンを形成するアンテナを用いれば，追尾用ビームも ③ の給電回路方式に比べ簡単に形成できる．反面，1次放射器とアレーとの間に一定の空間を設ける必要があることから，アンテナの体積が大きくなるという欠点や，アンテナ開口面の電力分布が1次放射器の設置位置や放射パターンにより決定されるため，開口分布設計の自由度が小さいという制約がある．

① の透過型空間給電方式は**図 10.11** に構造が示されているとおり，1次放射器から給電側アレーに入射した電力は各素子アンテナごとに移相器を通過し，2次開口面の素子アンテナから放射されて，アレーアンテナとしての放射パターンが形成される．

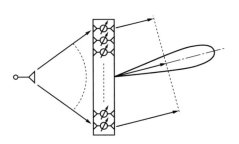 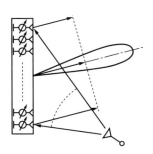

図 10.11 透過型空間給電方式　　**図 10.12** 反射型空間給電方式

② の反射型空間給電方式は**図 10.12** に示されているとおり，1次放射器から各素子アンテナに入力した電力は移相器を通過した後，短絡された終端部で完全反射され，再び逆方向に移相器を通過した後，入射時と同一の素子アンテナから放射されて放射パターンが形成される．この方式では，送信電力は移相器を往復で通過するため，この往復の移相量の和が各素子からの放射電力の移相量を決定する．

コラム 10.1 〔関連情報〕 初期の半機械式フェーズド アレー レーダとその後の発展

10章の冒頭で紹介したフェーズド アレー レーダ初期の「イーグル スキャン」[2]と呼ばれるビーム走査方式は，半機械式移相手段を用いたフェーズド アレーであり，電子式移相器のなかった時代に考えられた技術的に興味深い方式である．この方式は，導波管の管幅を機械的に変化させることにより管内波長を変化させ，導波管側面から結合した素子アンテナの励振位相を変化させてビームを走査する方式である．この方式では，長さ数 m の導波管の管壁を一体として，秒程度の周期で管壁を往復運動させることにより，100以上のアンテナ素子の位相を一気に変化させることができる．素子の励振位相を変化させることによりアンテナビームを走査する方式であり，フェーズドアレーの一方式として捉えることができる．

図1に，この方式を採用したレーダの第1の例を示す．前大戦中に米国で開発された X 帯の航空機搭載用マッピングレーダ AN/APQ-7[2]であり，イーグル スキャン アンテナが機首の下部に搭載されている．

図1 航空機搭載マッピングレーダのアンテナ　　図2 PAR の縦横2面のアンテナ

図2は第2の例を示し，上記レーダと同一方式のアンテナを採用して同時期に開発された精測進入レーダ（PAR：Precision Approach Radar）AN/MPN-1[14]であり，日本国内でも近年まで使用されていた．悪天候の下で約10 NM 以内に入った航空機の最終着陸段階の誘導に用いられる．このレーダのアンテナ構成とビーム形成については12章の図12.14 に示されている．

PAR の主要諸元[14]は次のとおりである．
・周波数：9.0～9.2 GHz
・ビーム走査方式：イーグルスキャン方式

図3 米国の limited scan フェーズド アレー方式 PAR

図4 透過型空間給電フェーズド アレー方式 PAR（写真提供：日本電気株式会社）

- 垂直走査ビーム
  - 走査範囲：垂直 $-1°\sim+6°$
  - ビーム幅：Az $3.5°\times$ El $0.55°$
- 水平走査ビーム
  - 走査範囲：水平 $20°$
  - ビーム幅：Az $0.85°\times$ El $2°$
- 走査時間：2 s
- 送信電力：15 kW
- パルス幅：0.5 μs
- パルス繰返し周波数：2 000 Hz
- 覆域：10 NM

次に，図3は，上記 PAR の後継機種として 1970 年代に米国で開発されたAN/TPN-19 PAR[4],[14] である．この方式は，フェライト移相器を用いた約 800 素子の小さな2次元走査フェーズド アレー アンテナを1次放射器とする反射鏡アンテナである．反射鏡でビームを絞る代わりに走査範囲が狭くなるため limited scan 方式と呼ばれるが，アレーの素子数を減らすことが可能となる．

一方，日本国内でも，PAR の後継レーダが開発され，使用されている[15]．図4は，ダイオード移相器を使用した透過型空間給電方式の2次元走査フェーズド アレー レーダである．

①,②ともに,移相器で設定すべき移相量は,1次放射器から各素子アンテナまでの球面状の波面に従う伝搬距離を考慮して設定する。球面状波面を考慮して設定する移相量は,移相誤差が不規則となるため次節で述べる量子化サイドローブの観点からは問題解決を容易にする利点がある。

透過型フェーズドアレーの例としては,図1.5のペトリオットシステム用のフェライト移相器を用いたアンテナがあり,またコラム10.1図4の精測進入レーダ用のダイオード移相器を用いたアンテナがある。

〔2〕 給電回路方式

③の給電回路方式としては,大きく分けると**図10.13**(a)に示す並列給電回路方式と,同図(b)の直列給電回路方式がある。図では電力分配点を簡略化して単純に黒丸で示したが,いずれの方式も最終的に全素子に電力を分配する必要があるため,特に素子数の大きな2次元走査アンテナでは給電回路は非常に複雑になる。2次元走査アンテナでは,給電回路の複雑さの軽減とアレーアンテナ全体の広帯域化を図るために,図10.13(c),(d)に示すようにサブアレーに至るまでを並列給電方式とする場合が多い。

一般に,並列給電回路ではT分岐やハイブリッド回路などの電力分配回路

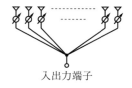

(a) 並列給電回路方式

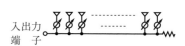

(b) 直列給電回路方式

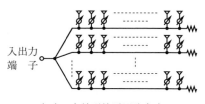

(c) 直並列給電回路方式

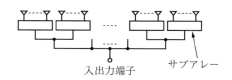

(d) サブアレー並列給電回路方式

図 10.13 給電回路給電方式

を多段に積み重ねた構成が多く,また,直列給電回路では1本の高周波伝送線路から電力結合器を介して少しずつ電力を取り出す構造が多い。なお,サブアレー内の給電回路としては,直列方式,並列方式等各種の方式とすることができる。

給電回路方式によれば,アレー開口の励振電力分布をかなり自由に設定して,指向特性の最適化を図りやすいという利点がある。しかし,追尾用の差パターンを形成する場合には,そのための給電回路を付加することが必要となり,空間給電方式に比べさらに複雑になるのは避けられない。また,並列給電回路では,広帯域化のために入力端子から各放射素子までを等線路長とする設計も可能である。

給電回路方式も多数実用されており,体積的に薄型のアンテナが望まれる艦船用や航空機用レーダに実用例が多い。

10.4.2 アクティブ フェーズド アレー アンテナの構成

アクティブ フェーズド アレー アンテナは,各素子アンテナに移相器とともに小型の送受信機を持たせることにより,電力放射後に空間で電力合成を図る方式であり,単体で大電力を発生する送信機を不要とする。このアンテナの構

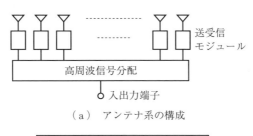

(a) アンテナ系の構成

(b) 送受信モジュール機能系統図

図 10.14 アクティブ フェーズド アレー アンテナ

コラム 10.2 〔関連情報〕 アクティブ フェーズド アレー レーダの実例

アクティブ フェーズド アレー方式の実用化は 1960 年代の初め，本格的 2 次元走査フェーズドアレー実用化の早い時期に始まった．当時は高周波の送信機用半導体素子の出力が十分ではなかったため，電子管を用いるシステムが開発された．並行してほぼ同時期に，小型半導体モジュールを用いる小型高密度のアクティブ フェーズド アレー レーダの構想が，TI 社の MERA (Molecular Electronics for Radar Application) として特許出願されたが，この形態のレーダが実用化され始めたのは，1980 年代後半に入ってからのことである．

以下，1960 年代に米国で開発された宇宙飛翔体監視用の電子管式超大型アクティブ フェーズド アレー レーダと，半導体送受信モジュールを用いた比較的新しい国内の宇宙デブリ（ごみ）観測用レーダを紹介する．

● **宇宙飛翔体監視レーダ**（AN/FPS-85）[16]

本レーダは，宇宙を飛び交う人工衛星や宇宙ごみなどを継続的に追尾・監視するレーダとして，1968 年に米国フロリダ州で運用に入り，延命措置などが取られた上で現在も継続運用されている．

システムの外観写真を**図 1** に示す．レーダは 10 数階建てのビルに相当する巨大なレーダであり，向かって左側のアンテナが送信用フェーズドアレー，右側のアンテナが受信用フェーズドアレーである．送受信用モジュールが別々に設置された電子管式アクティブ フェーズド アレー レーダである．主要諸元は次のとおりである．

- 動作周波数：442 MHz
- 水平面走査範囲：120°
- 送信ビーム幅：約 1.4°（開口正面）
- 送信モジュール数：5 184
- モジュール電力：約 10 kW（3 極管）
- 送信パルス幅：1 〜 250 μs
- 受信アンテナ素子数：19 500
- 受信モジュール数：4 660
- パルス圧縮：分散遅延線方式（250 μs パルス）

● **宇宙デブリ観測用レーダ**[17]

本レーダは，宇宙デブリの観測を目的として国内で開発された固体化アクティブ フェーズド アレー レーダである．岡山県上斎原スペースガードセン

10.4 フェーズド アレー アンテナの構成

ターに設置され，2004年よりNPO法人日本スペースガード協会（旧日本宇宙フォーラム）によって運用が開始された。

本レーダは，比較的近距離（約600 km程度）を飛翔する直径1 m規模の宇宙デブリを目標として捕捉・追尾し，観測データを収集する。将来のフルシステムのために各種の技術課題を検証するパイロットシステムとして位置付けられている。

アンテナの外観写真を**図2**に示す。このアンテナはレドームの中に設置され，2次元走査のフェーズド アレー アンテナ1面が回転台座の上に設置されており，360°の範囲を観測できる。レーダシステムの主要諸元を次に示す。

- 動作周波数：3 100 ～ 3 400 MHz 内の 1 波
- ビーム走査範囲：
    - 水平面電子走査：±45°
    - 垂直面電子走査：15°～75°
- アンテナ開口寸法：約3 m×約3 m
- アンテナビーム幅：約2°×約2°
- 送受信モジュール数：約1 400
- アレー送信電力：70 kW
- パルス圧縮：ディジタル リニア チャープ（300 μs パルス）
- 探知機能：600 km（直径1 m程度の宇宙デブリ）
- 同時追尾目標数：10

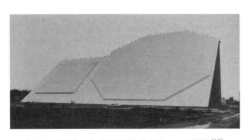

図1 米国の宇宙飛翔体監視レーダ外観[16]

図2 宇宙デブリ観測用レーダのアンテナ（写真提供：日本電気株式会社）

成例を**図 10.14** に示す。比較的発生電力の小さな半導体送信機を多数用いて大きな電力を発生することができ，また，単体の送信機では発生し得ない巨大な送信電力を発生することも可能である。この方式では送受信モジュールを多数使用するため高価格となるが，反面，大きな送信電力を扱う給電系は不要であり，高周波の信号分配を低電力で行う小型で安価な給電回路を採用できる。

古くは電子管増幅器を組み込んだ送受信モジュールを用いた超大形レーダも開発されたが，高周波集積回路技術や半導体増幅器の発達に伴い，比較的安価な半導体送受信モジュールが利用可能となり，地上設置の大型レーダから航空機搭載の小型レーダまで実用例は増えている。課題は，半導体増幅器では電子管式に比べ発生電力が小さいため，探知距離を確保するためにパルス幅を長く取らなければならないことである（実用例については，コラム 10.2〔関連情報〕を参照）。

10.5 フェーズド アレー アンテナ設計上の技術課題

フェーズド アレー アンテナは放射ビームを電子的に走査する手段として開発されたが，開口面が連続的な反射鏡アンテナなどと異なり，離散的な放射素子から構成されるアレーアンテナであることから，アンテナ設計技術面から見ると利点とともに新たな課題が発生する。レーダシステム設計者はこれらフェーズドアレーの設計課題を正しく把握した上で，フェーズドアレーの機能を最大限に活用すべきであると考え，本節で設計課題について解説する。

フェーズドアレーの利点は，レーダシステムの観点から見ると 10.2 節に詳しく取り上げたように「放射指向特性の瞬時変化機能」を有することであり，この機能によりアンテナビームの電子的な走査が可能となる。一方，アンテナ設計の観点から見ると，素子アンテナごとに電力と位相を制御できることからアンテナ励振分布設定の自由度が大きくなる利点がある。したがって，ビーム形状を切り換えたりサイドローブレベルを下げる場合でも，開口面効率の良いアンテナパターンを実現しやすくなる。

反面，課題としては，フェーズドアレーアンテナは多数の素子アンテナから構成されるアレーアンテナであること，また，それら素子アンテナをディジタル的に制御することから，次に示す設計課題への対処が必要となる。主要な設計課題を次に示す。

（1）グレーティングローブの発生回避

素子アンテナの適切な配列設計により実空間内にグレーティングローブを発生させない設計とし，所要の走査範囲を確保する。

（2）素子アンテナ間相互結合への対処

インピーダンスと素子パターンの変化を許容範囲内に抑制する。

（3）アレー面上表面波発生の回避

表面波が発生すると，特定の走査角でインピーダンスに大きな変化とアレー素子パターンに大きな谷が発生して設計走査範囲の確保が困難となるため，発生の抑制が必要である。

（4）量子化移相誤差への対処

ディジタル移相器の規則的な位相誤差によって生ずる量子化サイドローブレベルの上昇を抑圧し，また，ビーム指向誤差を許容範囲に抑制する必要がある。

（5）アレー動作周波数帯域幅の制約

移相器使用のため周波数変化によりビーム指向方向が変化し，許容できる周波数帯域幅に制約が生ずる。

上記の内，（1）～（3）項はアレーアンテナであることから発生する課題であるが，ビーム走査によりさらに課題が拡大または顕在化する。（4）項と（5）項は位相制御手段である移相器の方式と実用性能への妥協から発生する課題である。以下，これら課題の原因と対策の概要を順を追って解説するが，具体的な克服方法はアンテナ設計の参考書を参照していただきたい。

10.5.1 グレーティングローブの発生回避[1], [3]

アレーアンテナでは，一般に素子間隔が広くなるとビームの走査に伴いグ

レーティングローブが発生する。グレーティングローブの発生を回避することは，ビーム幅などの放射パターンの設計とともにフェーズドアレーアンテナ設計の基本であることから，最初に取り組むべき設計上の技術課題である。グレーティングローブの発生は素子間隔を半波長以下に取れば回避できるが，必要以上に狭い素子間隔は素子数を増大させてコストを押し上げることから，走査範囲に応じた最適設計が必要となる。

グレーティングローブ発生は，直線アレーであれ，平面アレーであれ，基本は同じであり，±90°の実空間の中に2本目の主ビームが形成される条件が成立するかどうかによる。ただし，直線アレーアンテナの場合と平面アレーアンテナの場合では，見掛けの数式の複雑さには差異があるので，両者を分けて順を追って解説する。

〔1〕 **直線フェーズドアレーにおけるグレーティングローブの発生回避**

グレーティングローブの発生は，主ビームの指向方向 θ_s 以外の特定方向ですべてのアンテナ素子から放射される電波の位相が同相になって全素子からの電界が同相で加算される場合である。この同相加算の条件は主ビームの形成条件と同じであり，その意味でグレーティングローブは第2の主ビームの形成ともいえる。

上述のグレーティングローブ発生の条件は，式 (10.6) と等価な関係が±90°の範囲内の $\theta \neq \theta_s$ で成立することである。この条件は，2以上のすべての i (2, …, N) に対し

$$(i-1)kd(\sin\theta - \sin\theta_s) = 2\pi p \quad (p = \pm 1, \pm 2, \cdots\cdots) \tag{10.22}$$

が成立することであるが，この条件は左辺が最小値 $i=2$ の場合に成立することと等価であるから，式 (10.22) は次式に置換できる。

$$kd(\sin\theta - \sin\theta_s) = 2\pi p \quad (p = \pm 1, \pm 2, \cdots\cdots) \tag{10.23}$$

さらに，上式を $\sin\theta$ について解き，$k=2\pi/\lambda$ を用いると，次式を得る。

$$\sin\theta = \sin\theta_s + \frac{p}{d/\lambda} = C \quad (p = \pm 1, \pm 2, \cdots\cdots) \tag{10.24}$$

ただし，上式で右辺を C と置いた。この C が，$|C| \leq 1$ の範囲の値を取ること

があると,$\sin\theta = C$ を満たす θ($-90°\sim+90°$)が実空間(real space)の値として定まり,その方向に主ビームと同じ大きさの第2のビームが形成されることになる。この第2ビームと同様の主ビーム以外のビームがグレーティングローブと呼ばれ,アレーアンテナの素子配置の適切な設計で発生を回避することができる。

式(10.24)をもう少し詳しく調べるために,横軸を主ビームの指向方向から決まる $\sin\theta_s$ に,また縦軸を C に取って,$|\sin\theta_s| \leq 1$ の範囲で式(10.24)の右辺 C のグラフを描き図 **10.15** に示す。同図において $p=0$ のときの C のグラフを C_0 とすると,C_0 は主ビームの動きを表しており,素子間隔 d の値によらず1本の線となる。図中 $p=\pm 1$ に対応する C のグラフとしてプラス側とマイナス側のそれぞれにおいて,0.5〜1の範囲の3種類の d/λ の値に対しグラフが示してある。$|p|\geq 2$ の場合は,$|p|=1$ でグレーティングローブの発生が回避されていれば,グラフはさらに外側になるのでグレーティングローブは発生しない。

素子間隔が1波長($d/\lambda=1$)の場合を例に取って,主ビームの走査に伴うグレーティングローブの動きを説明する。主

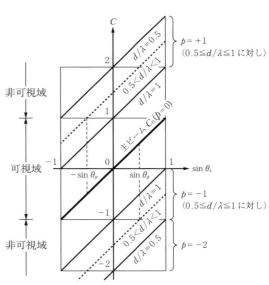

図 10.15 直線アレーアンテナのビーム走査とグレーティングローブの発生

ビームが $\theta_s=0°$(横軸 $\sin\theta_s=0$)の非走査時に $p=\pm 1$ に対する C の2本のグラフは縦軸の値として $C=\pm 1$ を取ることから,$\theta=\pm 90°$ にグレーティングローブが形成される。さらに主ビームをプラス側へ走査すると,$p=-1$ に対

する C のグラフは $-1 < C = \sin\theta < 0$ の値を取ることから負側のグレーティングローブが可視域(visible region)内に入り，同時に $p = +1$ に対するプラス側のグレーティングローブは非可視域(invisible region)へ移動する。主ビームのマイナス側への走査では，プラス側のローブとマイナス側のローブの動きは上記と逆になり，グレーティングローブは $+90°$ から可視域に入ってくる。

一方，素子間隔が半波長 $(d/\lambda = 0.5)$ の場合の C のグラフは，主ビームを $\pm 90°$ に走査した場合のみ，グレーティングローブは $p = -1$ については $-90°$ に，また，$p = +1$ については $+90°$ に現れる。通常，1面のレーダアンテナは $\pm 90°$ の外側ではビーム形成ができないため，$\pm 90°$ の方向ではエレメントパターンがほぼ0となり，この方向に現れるグレーティングローブは実効上はあまり問題とはならない。したがって，$d/\lambda \leqq 0.5$ の配列のアンテナでは通常グレーティングローブは発生しないと考えてよい。

したがって，1次元走査(1方向走査)のフェーズドアレーアンテナの設計では，素子間隔を 0.5～1 波長の範囲で走査角の範囲に応じてできるだけ大きく取るように設計する。主ビームを $\pm \theta_g$ の範囲内で走査するアンテナの場合は，グレーティングローブが $\pm 90°$ の内側に入ってこないようにするために，$p = \pm 1$ に対応する C のグラフを図 10.15 の点線のグラフとなるように取り，素子間隔を決定すればよい。このときのグレーティングローブの発生の様子を主ビームの走査とともに描くと**図 10.16** となる。同図において主ビームを A 方向から B 方向へ走査すると，グレーティングローブは B′方向で可視域に入り，

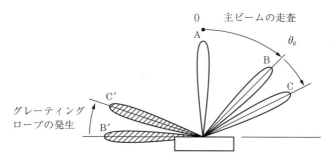

図 10.16　主ビーム走査に伴うグレーティングローブの発生

さらに主ビームをB方向から設計外のC方向に走査するとグレーティングローブはC'方向へ移動し可視域の内側に入ってくる。

以上の考察に基づき，式 (10.24) に戻って $p=\pm 1$ と置き，グレーティングローブの発生しない条件 $|C|>1$ を素子間隔について解くと，次式を得る。

$$\frac{d}{\lambda} < \frac{1}{1+|\sin\theta_s|} \quad (10.25)$$

式 (10.25) の条件をグラフで描くと，**図 10.17** となる。例として，±30°の範囲でビーム走査する場合，$d/\lambda < 2/3 \cong 0.67$，±60°走査の場合，$d/\lambda < 0.54$ である。実際の設計では，ビーム幅と素子パターンのレベルなどを考慮して，素子間隔は上記計算値より少し狭く取るのが適切である。

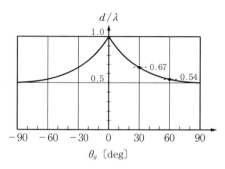

図 10.17 最大ビーム走査角に対するグレーティングローブ発生回避の限界素子間隔 d/λ

〔2〕 平面フェーズドアレーにおけるグレーティングローブの発生回避

グレーティングローブの発生必要条件は，直線アレーの場合と同様の考え方に従い，図 10.10 における $(m, n) = (1, 1)$ 以外の座標 $(m, n)(m = 1, 2, \cdots, M, n = 1, 2, \cdots, N)$ にあるすべての素子アンテナに対して，式 (10.18)，(10.19) より次式が成立することである。

$$k\boldsymbol{\rho}_{mn} \cdot (\boldsymbol{r} - \boldsymbol{r}_s) = (m-1)\frac{2\pi}{\lambda}d_x(\cos\alpha_x - \cos\alpha_{xs})$$
$$+ (n-1)\frac{2\pi}{\lambda}d_y(\cos\alpha_y - \cos\alpha_{ys})$$
$$= 2\pi p \quad (p = 0, \pm 1, \pm 2, \cdots) \quad (10.26)$$

ここに，$(\cos\alpha_x, \cos\alpha_y, \cos\alpha_z)$ は式 (10.10) および式 (10.11) に定義された任意の観測点方向 $\boldsymbol{r}$ の方向余弦であり，同様に $(\cos\alpha_{xs}, \cos\alpha_{ys}, \cos\alpha_{zs})$ は式 (10.14) および式 (10.15) に定義された主ビーム方向 $\boldsymbol{r}_s$ の方向余弦である。

式 (10.26) が m と n の任意の組合せに対して成立するためには x 成分と y 成分のそれぞれが独立に成立していることが必要である．この結果，直線アレーの式 (10.24) に対応する条件式として，次式が得られる．

$$\left.\begin{array}{l}\cos\alpha_x = \cos\alpha_{xs} + \dfrac{p_x}{d_x/\lambda} = C_x \\[6pt] \cos\alpha_y = \cos\alpha_{ys} + \dfrac{p_y}{d_y/\lambda} = C_y\end{array}\right\} \qquad (10.27)$$

ここに，$p_x = 0, \pm 1, \pm 2, \cdots\cdots$，$p_y = 0, \pm 1, \pm 2, \cdots\cdots$（ただし，$p_x = p_y = 0$ の場合を除く）である．また，上式の右辺を C_x, C_y と置いた．式 (10.27) で $P_x = P_y = 0$ と置いた場合は，C_x と C_y は主ビームの方向を表し，次式となる．

$$\left.\begin{array}{l}C_x = \cos\alpha_{xs} \\ C_y = \cos\alpha_{ys}\end{array}\right\} \qquad (10.28)$$

グレーティングローブに対する同様の式は式 (10.27) を変形して，次式となる．

$$\left.\begin{array}{l}C_x - \dfrac{p_x}{d_x/\lambda} = \cos\alpha_{xs} \\[6pt] C_y - \dfrac{p_y}{d_y/\lambda} = \cos\alpha_{ys}\end{array}\right\} \qquad (10.29)$$

主ビームに対する式 (10.28) を参照すると，式 (10.29) は非可視域におけるグレーティングローブが $(p_x/(d_x/\lambda), p_y/(d_y/\lambda))$ を起点として主ビームと同方向へ走査されることを示している．このときの C_x-C_y 面上における走査ベクトルの大きさ D と方向 φ_s は次式で与えられる．

$$D = \sqrt{\left(C_x - \dfrac{p_x}{d_x/\lambda}\right)^2 + \left(C_y - \dfrac{p_y}{d_y/\lambda}\right)^2} = \sin\theta_s \qquad (10.30)$$

$$\left(C_y - \dfrac{p_y}{d_y/\lambda}\right) \Big/ \left(C_x - \dfrac{p_x}{d_x/\lambda}\right) = \tan\varphi_s \qquad (10.31)$$

式 (10.28) 〜 (10.31) で与えられる (C_x, C_y) の組を C_x-C_y 平面上にプロットすると，**図 10.18** に示す格子上の点から伸びるベクトルとなる．同図の原点は，

$p_x = p_y = 0$ の場合に対応しており，非走査時の主ビームの座標を表している。

主ビームが走査されると，(C_x, C_y) は式 (10.27) に従って変化する。この動きを図 10.18 上に重ねて描くと，各格子点から延びるベクトルとなる。したがって，式 (10.30) より，D の最大値は 1 であるので，この円を各格子点の周りに半径 1 の円で示してある。主ビームが走査されると，他の格子点からのベクトルも主ビームのベクトルと平行に伸長する。この結果，もし他の格子点からのベクトルが可視域である主ビームの円の中に入ると，グレーティングローブが発生することになる。

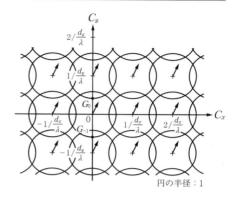

図 10.18 平面アレーアンテナに対するグレーティングローブチャート

隣接する円の中心間の距離は，波長で規格化した素子間隔の逆数なので，素子間隔が小さければ格子間隔は離れ，グレーティングローブは発生しない。図 10.18 では $d/\lambda > 0.5$ として格子点が取られているので，隣接する円どうしは重なっている。同図を参照して，グレーティングローブの発生を回避するためには，式 (10.30) と式 (10.31) の関係を用いて，ビーム走査時にも走査ベクトルが原点の周りの半径 1 の円に入らないように素子配置を決定すればよい。

一例として，図 10.10 で主ビームを y 軸方向 $\varphi_s = \pi/2$ へ走査したとすると，図 10.18 では走査の矢印は C_y 軸の正方向へ伸びる。このとき，主ビームの走査を G_0 点（$\theta_s = \theta_{\max}$）までとすれば，負側のベクトルも G_{-1} 点までとなり，グレーティングローブの発生は回避される。このときの条件を数式で表すと次式となる。

$$D = |\sin\theta_s| \leq \frac{1}{d_y/\lambda} - 1 \tag{10.32}$$

この式を変形すると

$$\frac{d_y}{\lambda} \leq \frac{1}{1+|\sin\theta_s|} \tag{10.33}$$

となり，直線アレーの場合のグレーティングローブの発生回避条件である式(10.25)に一致する。

　素子間隔が決まると，単位面積当りの素子数が定まる。アンテナのコストの点からはグレーティングローブを発生しない範囲で素子間隔をなるべく大きく取るのがよい。このため，方位方向と仰角方向で走査範囲が異なる場合は，それぞれの最大走査角に応じて d_x, d_y を決定したり，また，素子配列を三角配列とすることにより，上に述べた四角配列の場合に比べ，平均素子間隔を広くして素子数の低減を図ることができる。

10.5.2　素子アンテナ間相互結合への対処[3],[4]~[9]

　アレーアンテナ素子間の相互結合は，アレーアンテナを扱う場合に避けて通れない課題である。この相互結合は，複数の給電端を持つアレーアンテナに特有の現象である。

　相互結合はアレーアンテナの空間電磁界を介した各素子間の電磁的な結合のことであり，各素子アンテナの電気的な特性が他の素子アンテナの存在やそれらの素子の励振状態により影響を受けるという形で現れる。いま，図 10.19 に示す N 素子のアレーアンテナを考えると，N 個の給電端子における電圧 V_i と電流 I_j の関係は，自己インピーダンス z_{ii} と相互インピーダンス $z_{ij}(i \neq j)$ を用いて一般に次式で書き表すことができる。

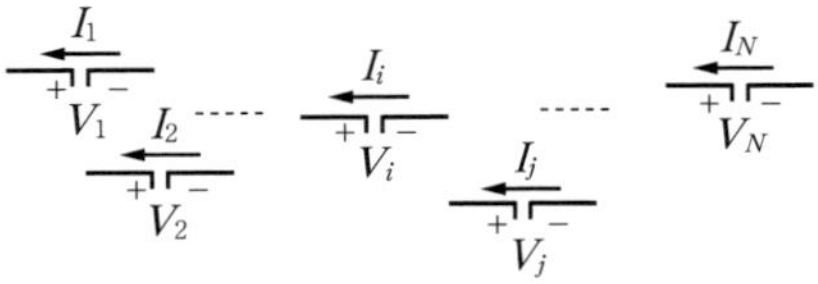

図 10.19　N 素子アレーアンテナの給電電圧と電流

$$V_i = z_{i1}I_1 + \cdots + z_{ij}I_j + \cdots + z_{iN}I_N \quad (i=1,2,\cdots,N; j=1,2,\cdots,N) \tag{10.34}$$

　上述の素子間の相互結合は，この関係式の中の相互インピーダンス z_{ij} により表されている。アレーアンテナでは素子間隔が小さいため，この結合は無視できない。

10.5 フェーズドアレーアンテナ設計上の技術課題

相互結合の結果，フェーズドアレーではその動作特性上次の二つの影響，すなわち，素子アンテナの入力インピーダンスの変化，および，素子アンテナの放射パターンの変化が生ずる。以下，それぞれの内容を見ていこう。

[1] 素子アンテナの入力インピーダンスの変化

アレーアンテナを構成する素子アンテナの入力インピーダンスは，相互結合の結果，単体時のインピーダンスの値から変化する。さらに，ビーム走査が行われると，上記素子アンテナのインピーダンスはさらに大きく変化する。ビーム走査に伴い変化するインピーダンスは「アクティブインピーダンス（active

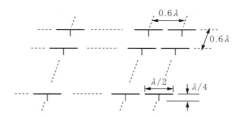

（a） 反射板付き無限大ダイポールアレーの計算用モデル

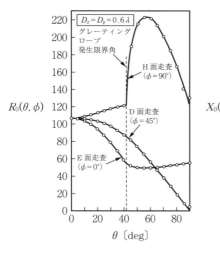
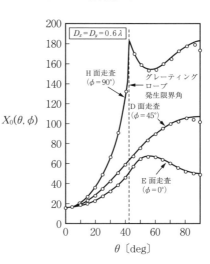

（b） アクティブインピーダンス（抵抗分）の変化

（c） アクティブインピーダンス（リアクタンス分）の変化

図10.20 ダイポールアレーのアクティブインピーダンス計算例[9]

impedance)」と呼ばれ，この変化により給電回路と素子アンテナ間のインピーダンスが不整合となり，素子アンテナへの入力電力の一部が給電回路側へ反射されて戻り，時に問題を生む．

フェーズドアレーアンテナ設計の観点からは，相互結合をできるだけ小さくするように素子アンテナの種類や形状，素子配列を設計した上で，どのビーム走査状態でインピーダンス整合を取るか，また不整合の結果生ずる反射波への対処方法などが課題となる．

アクティブインピーダンスは，素子アンテナが線状アンテナや導波管アンテナなどの単純な形状の場合以外は理論解析は非常に難しく，一般には実験的に求められている．数値解析されたアクティブインピーダンスの例として，**図10.20**(a)に示す金属板上に方形配列されたダイポールアレーのアクティブインピーダンスの変化を図10.20(b)，(c)に示す．同図(b)，(c)は，それぞれアクティブインピーダンスの抵抗分とリアクタンス分のビーム走査角に対する変化を示している．この例の素子間隔0.6λの場合，10.5.1項で検討したグレーティングローブは理論上ビームを正面から約42°走査した方向で発生する．この角度は同図におけるインピーダンスの急激な変化の発生角度に一致している．

〔2〕 **素子アンテナの放射パターンの変化**

アレー中の素子アンテナのパターンは，相互結合が存在しない場合には基本的に素子単体のパターンと同じであり，この結果，アレーアンテナとしての指向性パターンは式(10.5)に示したように，単純に素子パターンとアレーファクタの積として計算することができる．

これに対し，相互結合が存在する現実のアレーアンテナでは，相互結合によって誘起される他の素子の電流による放射界が加わってアレー中の素子アンテナのパターンが決まるため，計算は複雑になる．しかし，**図10.21**に例示する周期的配列のアレーで素子数を非常に大きく取った場合には，着目した1素子だけを励振し，他のすべての素子を整合終端した状態における素子アンテナパターンは，単体で存在する場合の素子パターンとは異なるが，アレー端部の

素子を除き一定の素子パターン形状を呈し，アレーアンテナにおいて近似的に相互結合のない場合の素子パターンと同様に扱うことができ，「アレー素子パターン (array-element pattern)」と呼ばれる。アレーアンテナの指向性パ

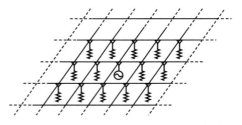

図 10.21　アレー素子パターン形成の給電条件

ターンは，近似的にこのアレー素子パターンとアレーファクタの積として与えられる。

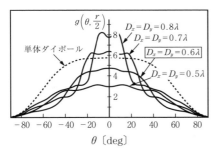

（計算条件：図 10.20（a）で素子間隔を変化。素子数 7×9 の中央素子パターン）

図 10.22　アレー素子パターン（磁界面）の計算例[9]

図 10.22 に，ダイポールアレーモデルに対するアレー素子パターンの計算例を示す。図 10.22 より，素子間隔を 0.5～1 波長の範囲で広くしていくと，アレー素子パターンのビーム幅は狭くなり，ビーム走査可能範囲は狭くなっていくことがわかる。アレー素子パターンもアクティブインピーダンスの場合と同様に，素子アンテナの種類や形状，素子配列により変わるため，実験により確認するのが適切である。

10.5.3　アレー面表面波によるブラインドの発生回避[3],[9]~[12]

　アレーアンテナの相互結合は，ある一つの素子アンテナから他の一つの素子アンテナへの 2 素子間をアレー表面に沿って伝搬する電磁界によって引き起こされる。フェーズドアレーアンテナではその素子配列が周期的構造を持つことから，素子の種類や形状，素子配列によっては各素子からの電磁界の位相が表面波の発生条件を満たす場合がある。そのとき，素子入力端におけるインピーダンス不整合のため電力反射が増大するとともに，アレー素子パターンに

大きな谷（ブラインド）が発生する。

図10.23に導波管アレーアンテナにおけるアレー素子パターンの例[10],[12]を示す。図の例では，ある走査角で同相表面波により導波管に2次モードが誘起されてアレー素子パターンに急激で大きな谷が発生しており，仮にこの方向にアレーのビームを走査したとしてもビームは正常に形成されない。このとき，各素子の入力インピーダンスも大きく変化して給電回路との間に不整合を生ずるため，電力は全反射に近い状態で電源側に反射される。この例の場合，表面波による急峻な谷はグレーティングローブの発生角度60°に対し半分以下の25°に発生しているため，システム設計で意図された覆域は半分以下しか確保されず，再設計は避けられない。

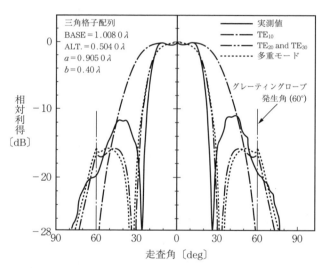

図10.23 導波管三角配列アレーのアレー素子パターン[10]
（高次モードによる表面波の発生）

表面波の発生は，簡単な構造のアレーアンテナ以外では理論解析で予測するのは難しいため，相互結合と併せて実験的に確認するのが適切である。

10.5.4 量子化移相誤差への対処[3]~[6]

フェーズドアレーアンテナの移相器は $0 \sim 2\pi$ の範囲で位相遅延を与えるが,通常 4~6 ビット程度の細かさに量子化されて実用されている。いま,図 10.8 の直線アレーアンテナを考えると,ビームを方向 θ_s に指向させるときに位置 $(i-1)d$ にある第 i 番目の素子アンテナに与えるべき位相遅延量は式 (10.3) から $\Psi_i = -(i-1)kd\sin\theta_s$ で与えられる。この移相量を q ビットのディジタル移相器により与えるものとすると,量子化移相量の単位は $\delta = 2\pi/2^q$ であるから設定可能な遅延移相量は

$$(\eta-1)\delta = (\eta-1)\cdot\frac{2\pi}{2^q} \quad (\eta=1,2,\cdots,2^q) \tag{10.35}$$

となる。素子アンテナの移相量としては,2π を法として Ψ_i に最も近い量子化移相量 $(\eta-1)\delta$ を設定することになるが,このとき各素子アンテナの励振移相は量子化移相誤差を持つことになる。**図 10.24** は,素子間隔 $d=0.5\lambda$,移相器ビット数 $q=4$ とした場合の量子化移相誤差の発生状況を示す。この場合 $\delta = \pi/8$ であり,図中の実線は設定すべき移相量を,また,白丸は実際の設定量を示す。移相誤差の発生は,多くの方向では図 10.24 に示すようにランダムに発生するが,対策を施さない場合,特定の指向方向で誤差が規則的に発生する場合がある。

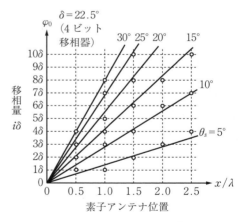

図 10.24 所要位相量 φ_0 と実現可能移相量の差異

アンテナ開口における励振移相の誤差は,一般に利得やビーム幅,サイドローブレベル,ビーム指向方向にランダムな劣化を与える。フェーズドアレーアンテナにおける量子化移相誤差もこの例外ではなく,特にサイドローブレベルとビーム指向方向について

は，誤差が規則的に発生する場合に劣化が拡大するので，以下に説明する。

〔1〕 **量子化サイドローブの発生**

量子化移相誤差は図10.24に示したように通常は確率的にばらついて発生するが，素子間隔に対してビームが特定の方向を指向するときに移相誤差に規則性が発生してサイドローブが上昇する。図10.24の場合の直線アレー（d/λ, 0.5, $q=4$ビット）を例に取って，2素子ごとに移相器の設定量が$\delta=\pi/8$となる場合，および3素子ごとに4δの設定量となる場合について，規則的移相誤差の発生例を**図10.25**に示す。このとき，前者では移相誤差は$\delta/2$となり2素子ごとに同一の誤差が繰り返し発生する。また，後者では3素子ごとに同一の誤差が繰り返し発生し，そのときのビーム指向方向θ_sは次式により与えられる。

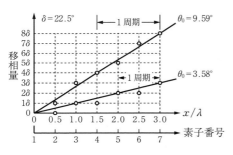

図10.25 規則的移相誤差の発生例

$$k \cdot 3d \sin \theta_s = 3\pi \sin \theta_s = 4\delta = \frac{\pi}{2} \tag{10.36}$$

この式をθ_sについて解くと，$\theta_s = \sin^{-1}(1/6) \cong 9.59°$となる。

この規則性は，前者では2素子を1組として考えるとちょうど素子間隔が2倍のλに，また後者では3素子を1組として考えると素子間隔が1.5λに相当し，グレーティングローブの発生条件（10.5.1項参照）を満たすことになるため，大きなサイドローブの発生が予想できる。この移相誤差に基づくサイドローブレベルは，例えば4ビット移相器のアレーで30°の走査を行った場合-20 dB程度[3]になり，レーダとしては無視できないレベルになる。

この問題を軽減するためには移相量のランダム化を図ればよく，このための一つの方法として，各素子ごとに走査のための素子移相量に素子間でランダムな一定量の移相量を加算した上で移相量の量子化を行う方法などが提案されている。

〔2〕 主ビームの量子化指向誤差

フェーズドアレーから放射されるビームの波面は，素子アンテナの移相器の設定により近似的にビーム指向方向に垂直な平面となる。この場合，ディジタル移相器は離散的な移相量しか取らないため，波面の傾きは必然的に離散的に変化する。したがって，波面に直交する方向に形成されるビームの指向方向も離散的に変化することになり，規則的な指向誤差を生ずることになる。誤差の大きさは一般には非常に小さく，例えば，3ビット移相器を用いる100素子のフェーズドアレーアンテナの場合，ビーム走査のステップ幅は理論上ビーム幅の1%程度[3]なので，誤差はそれ以下となる。

この程度の誤差は通常の捜索レーダでは問題とはならないが，高精度の方向（方位および仰角）計測機能を備えた捜索レーダや追尾レーダでは，ビーム中央に急峻な谷を持つ差パターンを形成して測角を行うので，高い指向精度が求められる。この誤差は，移相器の設定を各素子順送りに1ビットずつ設定を進める移相設定法や，移相器のビット数や素子数を増加することで改善できる。

10.5.5 アレー動作周波数帯域幅の制約[3], [13]

フェーズドアレーアンテナの周波数帯域幅を決定する要因としては，アンテナの構成要素である個々の部品や伝送線路の周波数特性によるもののほか，素子アンテナの位相遅延手段として$0 \sim 2\pi$の移相を与える移相器を用いる場合に発生するフェーズドアレーアンテナの開口面効果（aperture effect）[13]がある。ビームをアンテナ開口の法線から斜めの向きに形成するとき，周波数変化によって指向方向が動くアンテナ開口面効果は，開口の形状によらず一律に発生するので，フェーズドアレーにとって本質的な動作帯域幅の決定要因である。なお，高周波部品や伝送線路は，適切な設計により開口面効果に比べて十分広帯域とすることができる。

以下，動作帯域幅を定めるビーム指向方向の周波数依存性の数式表示を求める。図10.26においてx軸上の$0 \sim D$にアンテナ開口があるものとし，ビームを開口法線方向からθ_sだけ走査する。このとき，開口面上の任意の点xに

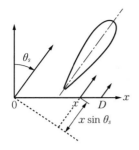

図 10.26 アンテナ開口断面の距離関係

ある素子に与えるべき遅延位相量 Ψ_x は次式となる。

$$\Psi_x = -\frac{2\pi x}{\lambda}\sin\theta_s = -\frac{2\pi x}{c}\cdot f\sin\theta_s \tag{10.37}$$

ここに，λ, f, c はそれぞれ自由空間波長，周波数，および光速度である。通常のフェーズドアレーアンテナで用いる移相器の移相量は動作帯域内では近似的に一定値を維持するため，式 (10.37) に従って周波数が変化すればビーム指向方向 θ_s は，その変化を打ち消すように変化する。

周波数の変化に対する指向方向の変化の割合は，式 (10.37) の両辺を f で微分して次式として得られる。

$$d\theta_s = -\frac{df}{f}\tan\theta_s \tag{10.38}$$

上式より，$d\theta_s$ は $\tan\theta_s$ に比例するので，一般的なフェーズドアレーアンテナの走査上限値 $\theta_s = 60° = \pi/3$ を代入し，指向方向の変化を度で表すと，式 (10.38) は次式となる。

$$d\theta_s \,[\text{deg}] = -\frac{df}{f}\tan\left(\frac{\pi}{3}\right)\times\frac{180}{\pi} \cong -100\frac{df}{f}$$

$$= -\frac{df}{f}\,[\%] \tag{10.39}$$

この式から，周波数を df/f 〔％〕だけ変化させると，ビーム指向方向はちょうど df/f と度数で同じ値だけ正面方向に向かって方向を変える。したがって，この $\pm\theta_s°$ の変化量に基づいて許容限界を設定すれば，許容帯域幅は式 (10.39) により $\pm(df/f)\%$ として定まる。一例としてビーム指向方向の変化許容値を $\pm 1°$ とした場合，許容帯域幅は $\pm 1\%$ 程度となる。帯域幅のより広いフェーズドアレーアンテナが必要な場合には，全体のアレーをサブアレー化し，そのサブアレーのアレーに時間遅延位相器を用いることなどにより，広帯域化することができる。

一方，式 (10.37) で与えられる遅延位相量を時間遅延位相器により与える場合には，全素子で高周波の遅延量は同一となり，ビーム指向方向は変化しないため，上述の意味での帯域限界は生じない。

引用・参考文献

[1] M. I. Skolnik：Introduction To Radar Systems, 2nd ed., McGraw-Hill（1980）
[2] L. N. Ridenour, ed.：Radar System Engineering, Vol. 1 in MIT Radiation Laboratory Series, McGraw-Hill（1947）
[3] T. C. Cheston and J. Frank："Phased Array Radar Antennas", Chap. 7 in Radar Handbook 2nd ed., M. I. Skolnik, ed., McGraw-Hill（1990）
[4] R. J. Mailloux："Phased Array Theory and Technology", Proc. IEEE, Vol. 70, No. 3, pp. 246-291（March 1982）
[5] R. C. Hansen, ed.：Microwave Scanning Antennas, Vol. 2, Academic Press（1960）
[6] L. Stark："Microwave Theory of Phased-Array Antennas, A Review", Proc. IEEE, Vol. 62, No. 12, pp. 1661-1701（Dec. 1974）
[7] J. L. Allen, et al.：Phased Array Radar Studies, 1 July 1960 to 1 July 1961, MIT Lincoln Laboratory Rept. No. 236（Group 44）（1961）
[8] J. L. Allen："Gain and Impedance Variation in Scanned Dipole Arrays", IRE Trans. AP, Vol. AP-10 p. 566（1962）
[9] A. A. Oliner and R. G. Malech："Mutual Coupling in Infinite Scanning Arrays", Chap. 3 in Microwave Scanning Antennas, Vol. 2, R. C. Hansen, ed., Academic Press（1966）
[10] B. L. Diamond："Resonance Phenomena in Waveguide Arrays", IEEE Int. Symp. Antennas Propag. Dig.（1967）
[11] J. L. Allen,："On Surface-Wave Coupling between Elements of Large Arrays", IEEE Trans., Vol. AP-13, p. 638（1965）
[12] N. Amitay, V. Galindo, and C. P. Wu：Theory and Analysis of Phased Array Antennas, Wiley-Interscience（1972）
[13] J. Frank："Bandwidth Criteria for Phased Array Antennas", in Phased Array Antennas, A. A. Oliner and G. H. Knittel, ed., pp. 243-253, Artech House（1972）
[14] H. R. Ward, C. A. Fowler, and H. I. Lipson："GCA Radars：Their History and

State of Development", Proc. IEEE, Vol. 62, No. 6, pp. 705-716 (1974)

[15] Y. Kuwahara, T. Ishita, Y. Matsuzawa, and Y. Kadowaki：An X-Band Phased Array Antenna with a Large Elliptical Aperture, IEICE Trans., COMMUN., Vol. E76-B, No.10, pp. 1249-1257 (1993)

[16] J. E. Reed："The AN/FPS-85 Radar System", Proc. IEEE, Vol. 57, pp. 324-335 (March 1965)

[17] 小野勝弘，磯部秀三，田島 徹，田呂丸義隆，水谷秋男："日本初のスペースデブリ観測用レーダの開発"，飛行機シンポジウム予稿集，日本航空宇宙学会（2001）

11 捜索レーダにおける目標追尾技術

レーダセンサとしての基本的な機能・性能については，10 章までで一通り終了した。この章では，レーダがセンサとして探知・計測した目標位置データの追尾処理を取り上げる。捜索レーダにおける追尾処理では理論だけでは対処できない部分が多くあるため，運用経験に基づく経験的改良やパラメータの更新が必要である。この章では，コンピュータによる目標追尾に共通の基本的な考え方と，カルマンフィルタによる最適推定の意味を中心に工学的観点から解説する。

11.1 レーダにおける目標追尾

レーダにおける目標追尾は，基本的に次の二つの方式に分けられる。

① 捜索レーダによる目標追尾
② 追尾レーダによる目標追尾

① の追尾は，捜索レーダで捉えた目標について，間欠的に得られる比較的精度の低い 2 次元座標データか，または，それに高度データを加えた 3 次元座標データを用いて，コンピュータにより航跡を連続的に結んでいく追尾処理である。隣接データの時間的間隔が数秒と大きいため，隣接データ間の相関性は 9 章で扱った隣接受信パルス間の信号相関性とは大きく異なっており，基本的に目標の飛行特性に基づく相関性となる。捜索のためのビーム走査中に行う目標追尾であることから，トラック ホワイル スキャン（TWS：Track-While-Scan）[1] と呼ばれる。この処理は，レーダシステムにコンピュータが組み込まれて一体となって運用されるようになる前は，オペレータが輝点（ブリップ，blip）を結んで航跡を PPI 画面上に書き込むなどの方法で行っていた。

② の追尾は，追尾専用に設計された追尾レーダにより，個々の目標ごとに

連続的に行う追尾である。通常は，追尾専用のペンシルビームの和差パターン（図10.5参照）を形成して目標をビームの中心に捉えて目標の座標データを精度よく計測するとともに，レーダを追尾中の1目標に専用に割り当てることにより連続的に高精度データを得る。なお，多機能フェーズドアレーレーダ（10.2節参照）では，目標に応じて1台のレーダで ①，② の両方の追尾を時分割で行う。多機能レーダで高精度の追尾が要求される目標に対しては，② の追尾モードによる追尾を行う。この場合，各目標に対して間欠的なビーム照射となるが，その間隔を十分小さくすることにより，追尾レーダと同レベルの高精度を確保することが可能である。

以下，① の捜索レーダにおける TWS 目標追尾について解説する。

11.2 捜索レーダにおける目標追尾

追尾処理は自動検出・追尾処理（ADT：Automatic Detection and Tracking）における重要な機能の一つである。このため，初めに追尾処理の位置付けを明確にするとともに TWS フィルタの基本的な考え方について考察し，次いで，初歩的な追尾処理のアルゴリズムについて解説する。なお，確率的な考え方に基づくフィルタは次節で扱う。

11.2.1 TWS 追尾処理の流れ

捜索レーダにおける目標追尾は，今日ではコンピュータにより自動的に処理されるが，その処理内容はかつてレーダオペレータがブリップを結んで航跡を PPI 画像上に描き込んでいた方法と基本的に同じである。

図 11.1 に示す目標探知から追尾処理までの処理の流れ図を参照しながら一連の機能について説明する。

捜索レーダでは，目標を探知するとそれに伴って目標の距離と方位が計測され，さらに3次元レーダの場合には目標仰角に基づく高度も同時に計測される。捜索レーダにおけるデータの計測精度は追尾レーダに比べて相当低いが，

11.2 捜索レーダにおける目標追尾

追加の装置や時間を充てることなく，一定周期の目標捜索と並行して追尾を行うことができるという利点がある。

新たに目標データが得られると，追尾ファイル中にすでに記憶されている目標データと照合してデータ間の相関（correlation）を調べ，ある基準を満たした場合に両データを同一目標のデータとして結合（association）して追尾処理に入る。

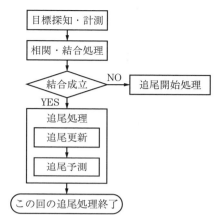

図 11.1 TWS 目標追尾処理全体の流れ

上記処理において，もし新データと追尾ファイル中のデータとの相関が取れない場合には，処理を分岐させて新規目標データとして追尾ファイルに書き込み，追尾開始（track initiation）処理に入る。

追尾ファイル中の目標と結合されて追尾処理に入った目標については，新旧データを用いて追尾更新処理を行い，続いて次回の相関処理のために追尾予測処理を行って，この回の追尾処理を終了する。

以下の解説では，上記機能の中で中心となる追尾処理を取り上げる。

11.2.2 追尾フィルタの考え方

初めに，推定問題における用語の定義を明確にする。一般に時間 t とともに変化する変数 $x(t)$ を考え，時刻 $\tau (t_1 \leq \tau \leq t_2)$ における $x(t)$ の測定値を $x_M(\tau)$ として，この測定値に基づく $x(t)$ の推定値を $\hat{x}(t)$ とする。このとき，推定値 $\hat{x}(t)$ に関わる用語の定義は次のとおりである（**図 11.2** 参照）。

・フィルタリング（filtering）

$\tau = t_2$ における最新の測定と同時刻の $x(t)$ を $x_M(\tau)(t_1 \leq \tau \leq t_2)$ に基づいて推定することである。

・プレディクション（prediction，予測）

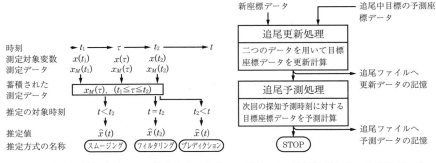

図 11.2　推定の対象時刻による推定方式の名称　　図 11.3　追尾処理とその入出力データ

$\tau = t_2$ における最新の測定より未来の $t > t_2$ における $x(t)$ を $x_M(\tau)(t_1 \leq \tau \leq t_2)$ に基づいて推定することである。

・スムージング（smoothing，平滑化）

$\tau = t_2$ における最新の測定より過去の $t < t_2$ における $x(t)$ を $x_M(\tau)(t_1 \leq \tau \leq t_2)$ に基づいて推定することである。

ただし，平滑に関しては本書の追尾処理としては扱わない。

以下の説明では，航空機目標の位置を機械回転式捜索レーダにより2次元平面上の座標データとして測定すると仮定し，このデータの x 座標成分 $x(t)$ を例に取って説明を進める。図 11.1 に示した機能ブロック図中の追尾処理を取り上げ，追尾更新処理（track-update）と追尾予測処理（track-prediction）をそれぞれの入出力データとともに**図 11.3** に示す。

追尾更新処理では，目標の実測データが得られるごとに最新実測データ $x_M(t)$ と前回のアンテナ回転時に測定したデータに基づく予測推定値 $\hat{x}_p(t)$ の2種類のデータを用いて，より精度の高い座標データを得るために推定値 $\hat{x}(t)$ を計算する。この推定計算は一般に次の計算式により表すことができる。

$$\hat{x}(t) = k_p \hat{x}_p(t) + k_M x_M(t) \tag{11.1}$$

ここに，係数 k_p と k_M は不偏推定とするために $k_p + k_M = 1 (0 \leq k_p \leq 1, 0 \leq k_M \leq 1)$ を満たすことが必要である。この式はある二つの量の加重平均を求める式と同じ形であり，仮に両データの信頼度が等しい場合には $k_p = k_M = 1/2$ となる。

11.2 捜索レーダにおける目標追尾

式 (11.1) から k_p を消去すると,同式は次式に変形できる。

$$\widehat{x}(t) = (1-k_M)\widehat{x}_p(t) + k_M x_M(t)$$
$$= \widehat{x}_p(t) + k_M[x_M(t) - \widehat{x}_p(t)] \tag{11.2}$$

次項以降で検討する追尾フィルタは,基本的に式 (11.2) の 2 行目の形式となっている。

ここで k_M の効果を見るために,横軸に時刻 t を取り,縦軸に $\widehat{x}(t)$, $\widehat{x}_p(t)$ および $x_M(t)$ を取って,式 (11.2) の関係を図 11.4 に示す。同図では目標は等速直線運動に従い,他の力は働かないと仮定するので,目標の予測航跡は直線により外挿される。

一方,測定値 $x_M(t)$ は測定誤差を含むため実測データだけを結んでいったのでは正しい軌跡は得られない。また,$\widehat{x}_p(t)$ は前回更新時の誤差を含んでいるため,式 (11.2) の推定計算で用いる $\widehat{x}_p(t)$ と $x_M(t)$ はともに誤差を含むことになる。このた

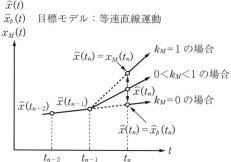

図 11.4 k_M の大小による予測値の変化

め,両誤差を考慮して k_M を 0～1 の範囲で適切な値に設定することが必要になる。k_M の値の大小によって推定値 $\widehat{x}(t_n)$ の変化する様子を図 11.4 に示す。このようにフィルタの特性は k_M により大きく左右されるため,k_M の値の選定は非常に重要である。k_M の値を時々刻々確率に基づいて最適値に設定する考え方は 11.3.1 項で述べるカルマンフィルタによって実践される。次項で解説する α-β フィルタでは,k_M に相当する係数 α は時間により変わらない一定値であり,また,α の値の選定に理論的根拠は与えられない。

追尾予測処理では,上記追尾更新処理で計算した最新の推定データを用いて,アンテナが 1 回転して次回同じ目標を探知すると想定される時刻の目標位置の予測計算を行う。この計算は過去の追尾データに基づく一種の外挿計算で

あり，仮定したシステムモデルの目標運動に従った外挿計算が行われる。

　上記の追尾計算処理では，2次元の位置を表す座標系の選択が必要となる。座標系は追尾性能に影響を与えるため，一般にはレーダで得られる極座標系から追尾目標に適合した他の座標系への変換が必要になる。ここでは，等速直線飛行の多い航空機を想定しているので，直角座標に変換して解説を進める。

11.2.3　α-β フィルタによる目標追尾[1], [2]

　このフィルタはコンピュータによる追尾処理の初期から採用されていたフィルタ方式であり，オペレータが PPI 画面上で行っていた手動追尾をコンピュータによる自動追尾に置き換えた方法ということができる。

　以下，α-β フィルタの理論と処理アルゴリズムについて解説する。着目する変数としては，前項同様に航空機の飛行を想定した2次元平面上の x 座標成分とその速度とする。なお，2次元の航跡は，y 座標成分について x 座標成分と同様の追尾処理を行い，x 成分と y 成分をベクトル合成すれば得られる。

　フィルタの対象とするシステムモデルは次の等速直線運動する航空機とし，目標位置と速度の x 座標成分を変数とする。

$$\begin{cases} X(n+1) = X(n) + TV(n) & (11.3) \\ V(n+1) = V(n) \quad (n=1, 2, \cdots\cdots) & (11.4) \end{cases}$$

ここに，X, V はそれぞれ目標の x 座標成分と同方向の速度を，また時間 T はレーダが同一目標のデータを取得する周期を表しており，レーダアンテナの回転周期に等しい。また，n と $n+1$ はそれぞれ時刻 nT と $(n+1)T$ を表す。

　レーダによる目標座標の計測モデルは，計測誤差 $v(n)$ を導入して次式によるものとする。

$$X_M(n) = X(n) + v(n) \quad (n=0, 1, 2, \cdots) \qquad (11.5)$$

ここに，$X_M(n)$ は時刻 nT における目標の x 座標の計測値である。

　式 (11.3) ～ (11.5) のシステムモデルと計測モデルに基づいて，α-β フィルタを導出する。以下の数式では，実測値 $X_M(n)$ が得られたときに $X_M(n)$ に基

づいた時刻 nT における推定値（追尾更新値）を $\widehat{X}(n|n)$ および $\widehat{V}(n|n)$, また $\widehat{X}(n|n)$ に基づいた次回の実測値が得られる直前の時刻 $(n+1)T$ における推定値（追尾予測値）を $\widehat{X}(n+1|n)$ および $\widehat{V}(n+1|n)$ と表記する。この表記は条件付き確率における表記に倣ったものである。

図 11.3 の流れに従い追尾更新処理から α-β フィルタの誘導を始める。この処理の目的は，同図に示されているとおり，同一の物理量を表す二つのデータからより確からしい第 3 の値を推定することであり，その推定の考え方は前項に述べたとおりである。式 (11.2) の k_M に相当する係数として α と β を導入すると，α-β フィルタは次式により記述される。

$$\begin{cases}\widehat{X}(n|n)=\widehat{X}(n|n-1)+\alpha\left[X_M(n)-\widehat{X}(n|n-1)\right] & (11.6)\\ \widehat{V}(n|n)=\widehat{V}(n|n-1)+\beta\left[V_M(n)-\widehat{V}(n|n-1)\right] \\ \qquad\quad=\widehat{V}(n|n-1)+\dfrac{\beta}{T}\left[X_M(n)-\widehat{X}(n|n-1)\right] & (11.7)\\ \qquad\qquad\qquad (n=2,3,\cdots\cdots) \end{cases}$$

ここに，α と β はそれぞれ座標と速度の実測値に対する推定時の重み付けを与える値であり，$0\leq\alpha\leq1$, $0\leq\beta\leq1$ である。また，式 (11.7) の 2 行目の式の導出は次のとおりである。

式 (11.7) の 1 行目の式に現れる $V_M(n)$ はレーダで直接実測される値ではないので，式 (11.3) を参照して X に関する実測値 $x_M(n)$ を用いて表すこととし，また $\widehat{V}(n|n-1)$ は $x_M(n)$ に代えて $\widehat{X}(n|n-1)$ を用いて表すこととすると，$V_M(n)$ および $\widehat{V}(n|n-1)$ は次式として書き表せる。

$$\begin{cases}V_M(n)=\dfrac{X_M(n)-\widehat{X}(n-1|n-1)}{T} & (11.8)\\ \widehat{V}(n|n-1)=\dfrac{\widehat{X}(n|n-1)-\widehat{X}(n-1|n-1)}{T} & (11.9)\end{cases}$$

上記両式を式 (11.7) の 1 行目右辺の式に代入すると，同式の 2 行目の式が得られる。

式 (11.6), (11.7) の更新処理は新規実測値が得られるごとに行われるが, $n=1$ の初回だけは式 (11.6), (11.7) の計算に必要なデータがないので, 後出の式 (11.12) および式 (11.13) で与えられる初期値で代用する。

次に, 追尾予測処理は, 式 (11.3), (11.4) の右辺に式 (11.6), (11.7) で与えられる最新の実測値に基づく追尾更新値 $\widehat{X}(n|n)$ と $\widehat{V}(n|n)$ を代入することにより, 次式として得られる。

$$\begin{cases} \widehat{X}(n+1|n) = \widehat{X}(n|n) + T\widehat{V}(n|n) & (11.10) \\ \widehat{V}(n+1|n) = \widehat{V}(n|n) \quad (n=1, 2, \cdots\cdots) & (11.11) \end{cases}$$

上記予測計算では, 初回は右辺に次式で与えられる初期値を代入し, それ以後は実測値 $X_M(n)$ を得るごとに式 (11.6) および式 (11.7) により更新される値を用いて, 次回の予測位置を計算する。

$$\begin{cases} \widehat{X}(1|1) = X_M(1) & (11.12) \\ \widehat{V}(1|1) = \dfrac{X_M(1) - X_M(0)}{T} & (11.13) \end{cases}$$

フィルタを表す式 (11.6), (11.7) の中の α と β の値に関しては, 測定誤差の平滑化と航空機の旋回運動時の過渡応答特性の良さから次の関係式が導かれている[2]。

$$\beta = \frac{\alpha^2}{2-\alpha} \tag{11.14}$$

α の値の意味は前項で述べた式 (11.2) の k_M と同様に, $\alpha=1$ と置いた場合には追尾更新値として全面的に実測値を採用することに相当し, $\alpha=0$ と置いた場合には実測値を無視して全面的に追尾予測値を採用することに相当する。したがって, レーダの計測誤差や想定する目標の旋回運動の程度などに応じて, α の値を決定することが必要である。

α-β フィルタによる目標追尾が, 目標の飛行に伴い2次元平面上でどのように行われるかを図 11.5 に概念的に示す。航跡を人が経験的に外挿していった場合に近い処理がなされていることがわかる。

このフィルタではレーダによる目標位置の測定誤差は考慮されてはいるものの定量的な取扱いはなされておらず，推定値に対する信頼度も与えられない。また目標がシステムモデルとして仮定した直線運動から外れた場合の考慮がまったくなされていないなど，改良すべき点が多い。それらの課題は，次節で取り上げるカルマンフィルタにより理論上は考慮されることになる。

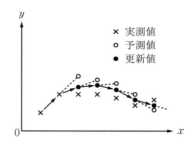

図 11.5　追尾目標の航跡形成概念図

11.3　最適推定理論に基づく目標追尾

カルマンフィルタ（Kalman filter）は，現代制御理論におけるシステム状態の最適推定手段として 1960 年に報告された[3]。その処理の記述には，状態遷移行列（state transition matrix）方程式において雑音理論を用いているためきわめて数学的であり，レーダ技術者にとっては取り組みにくい分野となっている。しかし，経験的手法ともいえる α-β フィルタに対し，追尾フィルタに最適推定の考え方と推定の信頼度を与えたことの意義は大きい。ただし，現実の世界と理論とのギャップという点ではさらなる追尾処理の改善が必要であることから，この課題については最後に少し触れる。

以下の解説では，簡略化したシステムモデルを用いてカルマンフィルタによる追尾処理と，併せてその考え方について述べる。

11.3.1　カルマンフィルタの応用[4]

一般の捜索レーダにおける目標探知は一定周期で行われるので，以下の解説は離散型カルマンフィルタ理論に基づくものとし，また行列方程式による表記を用いずに α-β フィルタと同様の連立式による表記を用いて進める。

カルマンフィルタは線形システムを対象とし，雑音はガウス分布の白色雑音

と仮定している。推定の最適化は推定値の分散の最小化を図ることとしており，その基本的な結論は「系における変数の最適推定値は，過去の実測データをすべて与えたときの変数の現時点の期待値および将来の期待値により与えられる」である。カルマンフィルタは，この結論に従って行列方程式による一般式で記述されている。

以下，カルマンフィルタを捜索レーダにおける追尾フィルタとして利用する場合の数式を導出する。

航空機の運動を表すシステムモデルとしては，前節と同様に等速直線運動モデルを採用し，データ計測周期を T として2次元座標の x 成分 $X(n)$ とその速度 $V(n)$ を式で表す。ここで α-β フィルタの場合と異なり，速度の式に擾乱項（雑音項） $w(n)$ を導入してシステムモデルを次式により記述する。

$$\begin{cases} X(n+1) = X(n) + TV(n) & (11.15) \\ V(n+1) = V(n) + w(n+1) \quad (n=1, 2, \cdots) & (11.16) \end{cases}$$

ここに，$w(n+1)$ はガウス分布の白色雑音であり，次式を満たすものとする。

$$E\{w(i)\} = 0, \quad E\{w(i)w(j)\} = Q\delta_{ij} \quad (i, j = 2, 3, \cdots) \tag{11.17}$$

$w(n)$ は気流の動きなどによる航空機のランダムな速度変化のほか，目標の旋回運動に伴う加速度などの擾乱を表す。

次に，目標座標の計測モデルを次式で表す。

$$X_M(n) = X(n) + v(n) \quad (n = 0, 1, 2, \cdots) \tag{11.18}$$

ここに，$X_M(n)$ は目標座標の x 成分 $x(t)$ の計測値，また $v(n)$ はガウス分布の白色雑音であり，次式を満たすものとする。

$$E\{v(i)\} = 0, \quad E\{v(i)v(j)\} = R\delta_{ij} \quad (i, j = 0, 1, 2, \cdots) \tag{11.19}$$

この雑音項はレーダによる位置の計測誤差を表す。計測モデルに雑音項を導入するのは α-β フィルタの場合と同じであるが，式 (11.19) により確率分布を明確に定義しているところが異なっている。

フィルタを構成する上で必要となる追尾更新値 $\widehat{X}(n|n)$ および $\widehat{V}(n|n)$ の初期値は，α-β フィルタの場合と同様に最初の2回分の測定値を用いて，次式に

より与えるものとする。

$$\begin{cases} \widehat{X}(1|1) = X_M(1) & (11.20) \\ \widehat{V}(1|1) = \dfrac{X_M(1) - X_M(0)}{T} & (11.21) \end{cases}$$

以上を前提条件として，以下にカルマンフィルタを利用する追尾フィルタを数式的に構築していく。初めに処理のフローチャートを**図 11.6** に示す。各回のフィルタの計算開始は，図 11.6 に示される目標の探知・計測に伴う目標座標の実測データの入力がトリガとなる。新たな実測データが入力するたびに，その値と前回のデータに基づく予測値を用いて次に示す追尾更新処理が行われる。ただし，初回だけはこのステップは省略され，代わりに式 (11.20)，(11.21) に示した初期値が用いられる。

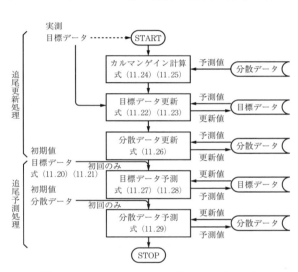

図 11.6 カルマンフィルタ計算フローチャート

追尾更新処理：

$$\begin{cases} \widehat{X}(n|n) = \widehat{X}(n|n-1) + K_X(n)\left[X_M(n) - \widehat{X}(n|n-1)\right] & (11.22) \\ \widehat{V}(n|n) = \widehat{V}(n|n-1) + K_V(n)\left[X_M(n) - \widehat{X}(n|n-1)\right] & (11.23) \\ \qquad\qquad\qquad\qquad\qquad (n = 2, 3, \cdots) \end{cases}$$

ここに，上式中の記号の意味は次のとおりである。

$\widehat{X}(n|n-1)$：時刻 $(n-1)T$ 時点の更新推定値 $\widehat{X}(n-1|n-1)$ に基づき推定した時刻 nT 時点の目標 x 座標成分の予測推定値

$\widehat{X}(n|n)$： 時刻 nT 時点の実測データ $X_M(n)$ に基づき推定した実測直後の目標 x 座標成分の更新推定値

$\widehat{V}(n|n-1)$： 時刻 $(n-1)T$ 時点の更新推定値 $\widehat{V}(n-1|n-1)$ に基づき推定した時刻 nT 時点の目標速度 x 成分の予測推定値

$\widehat{V}(n|n)$： 時刻 nT 時点の実測データ $X_M(n)$ に基づき推定した実測直後の目標速度 x 成分の更新推定値

$X_M(n)$： 時刻 nT 時点の目標 x 座標成分の実測値

$K_X(n)$： 時刻 nT 時点の目標 x 座標成分の更新推定値計算に用いられるカルマンゲイン

$K_V(n)$： 時刻 nT 時点の目標速度 x 成分の更新推定値計算に用いられるカルマンゲイン

カルマンゲイン $K_X(n)$ および $K_V(n)$ は，前回の実測データに基づく予測値 $\widehat{X}(n|n-1)$ および $\widehat{V}(n|n-1)$ に関する共分散行列 P_n^{n-1} の要素（後出の式 (11.29)）を用いて，次式で与えられる。

$$\begin{cases} K_X(n) = \dfrac{P_{XX}(n|n-1)}{P_{XX}(n|n-1)+R} & (11.24) \\[1em] K_V(n) = \dfrac{P_{XV}(n|n-1)}{P_{XX}(n|n-1)+R} & (11.25) \end{cases}$$

この $K_X(n)$ と $K_V(n)$ は，それぞれ α-β フィルタの式 (11.6), (11.7) における α と β/T に相当する係数であるが，α-β フィルタの場合と異なるのは，それぞれの値が計測誤差の分散とフィルタが出力する推定値に併せて計算される統計量（推定値の信頼度を表す分散と共分散）に基づいて一意的に計算されることである。

上記の追尾更新処理の結果，時刻 nT における更新直後の追尾データの信頼度は更新直前の予測値の信頼度に比べ改善され，共分散行列（covariance matrix）は次式により与えられる。

$$P_n^n = \begin{pmatrix} P_{XX}(n|n) & P_{XV}(n|n) \\ P_{VX}(n|n) & P_{VV}(n|n) \end{pmatrix}$$

$$= \begin{pmatrix} \dfrac{P_{XX}(n|n-1)R}{P_{XX}(n|n-1)+R} & \dfrac{P_{XV}(n|n-1)R}{P_{XX}(n|n-1)+R} \\ \dfrac{P_{XV}(n|n-1)R}{P_{XX}(n|n-1)+R} & P_{VV}(n|n-1) - \dfrac{\{P_{XV}(n|n-1)\}^2}{P_{XX}(n|n-1)+R} \end{pmatrix} \quad (11.26)$$

上記行列の要素である $P_{XX}(n|n)$ と $P_{VV}(n|n)$ はそれぞれ x 座標とその目標速度の分散を表している。P_n^n の各要素は，式 (11.26) に示されるように前回の追尾予測処理で計算される共分散行列 P_n^{n-1} の要素と測定誤差の分散 R を用いて計算される。

更新処理が終了すると，引き続いて追尾予測処理が行われる。予測処理では式 (11.15) および式 (11.16) で設定したシステムモデルに基づいて，更新処理で得られたデータを使用して追尾予測処理が次式により行われる。

追尾予測処理：

$$\begin{cases} \widehat{X}(n+1|n) = \widehat{X}(n|n) + T\widehat{V}(n|n) & (11.27) \\ \widehat{V}(n+1|n) = \widehat{V}(n|n) \quad\quad (n=1,2,\cdots) & (11.28) \end{cases}$$

この式は，$\alpha\text{-}\beta$ フィルタにおける予測処理の式 (11.10)，(11.11) とまったく同一の形である。同一形となる理由はシステムモデルの式 (11.16) の擾乱項の期待値が 0 だからである。式 (11.27) と式 (11.28) が $\alpha\text{-}\beta$ フィルタと異なるのは，それらの式に付随して予測値の信頼度が次の共分散行列として得られることである。

$$P_{n+1}^n = \begin{pmatrix} P_{XX}(n+1|n) & P_{XV}(n+1|n) \\ P_{XV}(n+1|n) & P_{VV}(n+1|n) \end{pmatrix}$$

$$= \begin{pmatrix} P_{XX}(n|n) + 2T\,P_{XV}(n|n) + T^2\,P_{VV}(n|n) & P_{XV}(n|n) + T\,P_{VV}(n|n) \\ P_{VX}(n|n) + T\,P_{VV}(n|n) & P_{VV}(n|n) + Q \end{pmatrix}$$

$$(11.29)$$

この行列の各要素は，更新処理で得られる共分散行列 P_n'' の各要素（式(11.26)）とシステムモデルの速度式 (11.16) に働く擾乱項 $w(n)$ の分散 Q を用いて計算される。

以上で，目標データが新たに計測されて，座標データがフィルタに入力されたときのその回の追尾フィルタの処理は終了である。この処理による追尾航跡を平面的に見たときの実測値，更新値，および予測値の関係は，図 11.5 に概念的に示した α-β フィルタの場合と見掛け上変わりはない。

α-β フィルタと異なる点は，カルマンフィルタでは推定処理のたびに推定値の誤差が共分散行列の形で得られることである。共分散行列の要素の内，x 座標の標準偏差は座標推定値の誤差の大きさを表しているので，次回の目標データ入力時の相関ゲートの大きさ設定に用いることができる。このときの標準偏差 $\sigma_{XX} = \sqrt{P_{XX}}$ を時間 nT の関数として概念的に示すと**図 11.7** となる。時刻 nT に目標座標の実測値が得られると，追尾更新処理により追尾データの精度は向上して σ_{XX} は小さくなり，そのデータを用いた次回位置の予測処理では不確定さが増大して σ_{XX} は大きくなる。さらに，更新処理後の分散 $P_{XX}(n|n)$ の変化に着目すると，nT の増加につれて分散は減少していく。これは，計測誤差 R の効果がサンプル数の増加につれて減少

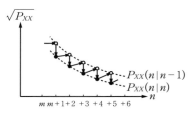

図 11.7 目標データ標準偏差の時間変化概念図

していくためである。また，予測処理を行うと分散 $P_{XX}(n+1|n)$ の値が $P_{XX}(n|n)$ に比べて増大するのは，基本的には速度の擾乱項の分散 Q によるものであり，経過時間 T の増大につれて単調増加する。このため，目標データの取得周期が大きくなると，追尾ゲートを T に比例して拡大していくことが必要になる。

次に，カルマンゲイン $K_X(n)$ について考察する。式 (11.22) を式 (11.2) と比較すると，$K_X(n)$ の役割は式 (11.1) の k_M と同等であることがわかる。い

ま,式 (11.1) に確率的な考えを導入して $x_p(t)$ と $x_M(t)$ の分散をそれぞれ P_p, P_M とすると, $\widehat{x}(t)$ の分散を最小化する条件は k_M および k_p についてそれぞれ次式となる。

$$k_M = \frac{P_p}{P_p + P_M} = \frac{\dfrac{1}{P_M}}{\dfrac{1}{P_M} + \dfrac{1}{P_p}} \tag{11.30}$$

$$k_p = \frac{P_M}{P_p + P_M} = \frac{\dfrac{1}{P_p}}{\dfrac{1}{P_p} + \dfrac{1}{P_M}} \tag{11.31}$$

分散の逆数は確からしさに比例すると考えれば,上式の k_M と k_p はちょうど x_p と x_M を確からしさの比で案分する係数となっている。式 (11.24) から,$K_X(n)$ は予測値 $\widehat{X}(n|n-1)$ の分散 $P_{XX}(n|n-1)$ と実測値の測定誤差の分散 R を用いて,両データの信頼度に応じた加重平均を取って更新値 $\widehat{X}(n|n)$ を最適推定していることがわかる。α-β フィルタと異なり,加重平均の重みが確率的な意味で合理的に取られており,また,$P_{XX}(n|n-1)$ が時刻とともに変化するので,$K_X(n)$ も時刻の関数として変化する。

11.3.2 カルマンゲインと分散の計算例

カルマンフィルタでは擾乱項や雑音項はモデル化の時点で確率分布が与えられ,統計量であるカルマンゲインも共分散行列も個々の測定データの値には依存しないため,これらの値はあらかじめ計算しておくことができる。これに対し,座標と速度の更新値は個々の測定データに応じて変化するため,測定データが得られた時点で推定値を計算することが必要となる。

以下,等速直線運動する目標に擾乱は働かないものと仮定してシステムモデルの式 (11.16) で $w(n+1)=0$ と置き,x 座標の測定時にのみ測定誤差 $v(n)$ が式 (11.18) の中に入るものとする。この場合,航空機は予定された航空路からずれることはなく等速直線運動を続けるが,レーダの計測値に誤差があるため

実測値は誤差でふらつく航跡を示す。このシステムモデルではきわめて簡略化されたシステムを表すことにしかならないが，前項における追尾フィルタのカルマンゲインと分散が，測定データの取得回数とともにどのように変化するかを容易にグラフ化して考察できる。

初めに式 (11.20) と式 (11.21) を用いて共分散行列の初期値を求めると次式となる。ただし，測定誤差の分散は R のままパラメータとして残して表記する。

$$P_1^1 = \begin{pmatrix} P_{XX}(1|1) & P_{XV}(1|1) \\ P_{VX}(1|1) & P_{VV}(1|1) \end{pmatrix} = \begin{pmatrix} R & \dfrac{R}{T} \\ \dfrac{R}{T} & \dfrac{2R}{T^2} \end{pmatrix} \tag{11.32}$$

上記 P_1^1 から開始して追尾予測時の共分散行列 P_{n+1}^n を式 (11.29) により計算し，続いて追尾更新時の共分散行列 P_n^n を式 (11.26) により計算する。次に，カルマンゲインを P_{n+1}^n を用いて式 (11.24)，(11.25) に従い計算して，各グラフを作成する。

図 11.8 にカルマンゲイン $K_X(n)$ および $K_V(n)$ の n による変化のグラフを示す。式 (11.24)，(11.25) からは $K_X(n)$，$K_V(n)$ は $n \geqq 2$ に対してのみ意味を持つが，式 (11.20) の $\widehat{X}(1|1)$ と式 (11.22) の $\widehat{X}(n|n)$ の式を考慮すると $K_X(1) = 1$，$TK_V(1) = 1$ と置いても支障はない。図 11.8 のグラフから，$K_X(n)$ と $TK_V(n)$ はともに n の増加につれて単調減少し 0 に漸近していくことがわかる。これは，測定誤差に基づく推定誤差は測定の回数が増えるに従って減少するため，測定値よりも予測値に加重して推定した方が精度が上がる

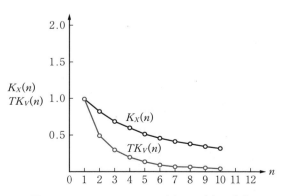

図 11.8 カルマンゲイン $K_X(n)$, $K_V(n)$ の変化

ためである。

図 11.8 の各点のゲインは n とともに規則性を持って変化しており，その規則性から帰納的に $K_X(n)$ と $K_V(n)$ を n の関数として表すと次式を得る。

$$K_X(n) = \frac{2(2n+1)}{(n+1)(n+2)} \quad (n=1, 2, 3, \cdots) \tag{11.33}$$

$$TK_V(n) = \frac{6}{(n+1)(n+2)} \quad (n=2, 3, \cdots) \tag{11.34}$$

上式は，番号の基準を置き換えて n を $(n-1)$ と置くと，文献[5],[6] に報告されている式に一致する。

次に，座標の標準偏差の更新値 $\sigma_{XX}(n|n) = \sqrt{P_{XX}(n|n)}$ と予測値 $\sigma_{XX}(n+1|n) = \sqrt{P_{XX}(n+1|n)}$ の時刻 nT に対する変化を**図 11.9** に，また，同様に速度の標準偏差の更新値 $\sigma_{VV}(n|n) = \sqrt{P_{VV}(n|n)}$ と予測値 $\sigma_{VV}(n+1|n) = \sqrt{P_{VV}(n+1|n)}$ の時間変化を**図 11.10** に示す。

図 11.9 では更新と予測が繰り返すのに合わせて座標誤差の標準偏差は増大と減少を繰り返し，両者はやがて 0 に漸近する。この座標の標準偏差の予測値

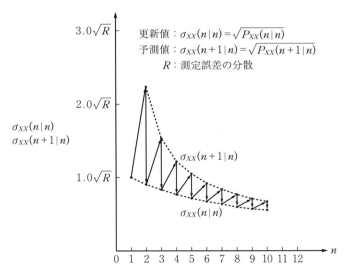

図 11.9 座標誤差の標準偏差の更新値 $\sigma_{XX}(n|n)$ と予測値 $\sigma_{XX}(n+1|n)$ の変化

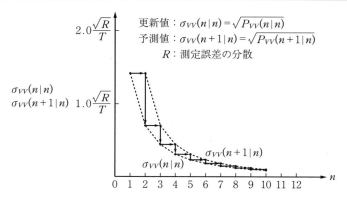

図 11.10 速度誤差の標準偏差の更新値 $\sigma_{VV}(n|n)$ と予測値 $\sigma_{VV}(n+1|n)$ の変化

$\sigma_{XX}(n+1|n)$ は，図 11.1 に示した相関処理で用いる相関ゲートの大きさ設定の基準として用いることができる。

図 11.10 では，速度誤差の標準偏差は更新から予測に至る間その値は変わらず，測定に伴う更新により縮小し，n の増加につれて 0 に漸近していく。

11.3.3 追尾フィルタの最適化へ向けた課題

前項で説明したカルマンフィルタは，前提としたモデルや雑音などの確率的諸条件が実システムを正しく反映しているのであれば，推定値の分散が最小となる最適推定値を与える。しかし，現実のレーダにおいては，それらの諸条件がモデル化したフィルタに合致することは難しく，結果的に理論どおりには動作しないことになる。実システムの設計で考慮を要するそれらの課題について次の ① 〜 ③ 項に示す。

① 航空機の旋回運動を雑音としてモデル化することの限界　　追尾目標の旋回はいつ起きるかわからないという意味では確率的であるが，1 回の旋回場面では速度のランダムな擾乱（式 (11.16) 参照）は基本的に旋回開始時に 1 回発生するだけである。また，パイロットの操縦による航空機の旋回運動には偏りがあって，ガウス分布の白色雑音とはいえず[7],[8]，いったん旋回を始める

とその動きは有色雑音となる。

したがって，航空機の旋回を雑音とみなしてカルマンフィルタを単純に適用することには難点がある。旋回を雑音とみなして追尾フィルタを構築すると推定値の分散が大きくなってしまい，不必要につねに予測ゲートのサイズを大きく取ることになり追尾フィルタの質を劣化させてしまう。

② レーダ測定誤差のモデル化の課題　例えば，目標座標の計測誤差は方位方向成分ではビーム幅に比例するため距離に依存し，また半径方向と方位方向では誤差の大きさが異なるなど，どのようにモデル化するのが適切か課題が残る。

③ システムモデルに適合する座標系選定の課題　追尾フィルタで採用する座標系はシステムモデルにできるだけ適合する系であることが望ましい。例えば，直線飛行する航空機は，極座標系では加速度成分が発生するため線形システムモデルから外れてしまうなどの問題がある。カルマンフィルタで使用する座標系に関する比較が報告されているが，座標系の選定ですべての条件を満たすことは難しいため，現実的妥協が必要である。

上述の課題を改善する方法として，旋回検出器を設け目標旋回の検出時にフィルタを適応させる方法がある。旋回の検出は，目標の予測位置と実測値との差に着目して大きな差が続く場合に旋回と判断する。

旋回を検出した場合の一つの簡単な対処方法は，カルマンゲインを増大させて追尾フィルタの目標運動への追従性を上げる方法である。

他の方法としては，定速運動や定加速度運動など想定される複数の目標運動に対応するカルマンフィルタを同時に走らせておき，旋回検出時に適合するフィルタを選択して切り換える方法がある。

上記のほか，拡張カルマンフィルタ（extended Kalman filter）などのアルゴリズムを用いて，非線形運動をする目標[9]に対して線形近似を行ってカルマンフィルタと同様の概念を適用することができる。

引用・参考文献

[1] J. Sklansky : "Optimizing the Dynamic Parameters of a Track-While-Scan System", RCA Review (1957)

[2] T. R. Benedict and G. W. Bordner : "Synthesis of an Optimal Set of Radar Track-While-Scan Smoothing Equations", IEEE Trans., Vol. AC-8 (1963)

[3] R. E. Kalman : "A New Approach to Linear Filtering and Prediction Problems", Trans. ASME, Ser. D : Jour. Basic Eng., Vol. 82, pp. 35-45 (1960)

[4] A. H. Jazwinski : Stochastic Processes and Filtering Theory, Academic Press (1970)

[5] A. L. Quigley : "Tracking and Associated Problems", IEE Intl. Conf. Radar-Present & Future, pp. 352-357 (1973)

[6] G. V. Trank : "Automatic Detection, Tracking, and Sensor Integration", Chap. 8 in Radar Handbook, 2nd ed., M. I. Skolnik, ed., McGraw-Hill (1990)

[7] R. A. Singer : "Estimating Optimal Tracking Filter Performance for Manned Maneuvering Targets", IEEE Trans., Vol. AES-6, pp. 473-483 (1970)

[8] R. J. McAulay and E. Denlinger : "A Decision-Directed Adaptive Tracker", IEEE Trans., Vol. AES-9, No. 2, pp. 229-236 (1973)

[9] F. Daum : "Nonlinear Filters : Beyond the Kalman Filter", IEEE AES Magazine, Vol. 20, No. 8, pp. 57-68 (2005)

12 捜索レーダにおける測高技術（3次元レーダ）

　航空機を目標とする航空管制用や防衛用のレーダでは，多くの場合，目標の平面的位置情報に加え高度情報が必要とされる。「3次元レーダ」[1]~[4]という用語は，通常のレーダが計測する目標の距離と方位に加え仰角も計測し，目標高度を含めた3次元の位置情報を出力するレーダを指す。特に近年は，その中の水平面内回転式アンテナを用いるレーダを指すことが多い。方位・仰角の2次元方向にペンシルビームを電子走査する2次元フェーズドアレーレーダは，基本機能として3次元座標を計測するから特に「3次元」という必要はないからであろう。

　レーダで目標の高度情報を得る方法は，電子走査レーダの発展に伴ってペンシルビームの指向仰角から得る方法に集約したと考えられる。この結果，測高方式は，ペンシルビームの走査方法や垂直覆域の覆い方により特徴付けられるようになった。しかし，3次元レーダの初期には，ペンシルビームによらない特徴ある各種の方式が開発されたので，ここではそれら過去の方式を含めて概要を解説する。

　なお，目標距離と仰角から高度を計算する方法は，遠距離目標に対しては電波の大気屈折を考慮する必要があり，基本的に6章に述べた式 (6.19) などの近似式を用いて補正することが適切である。さらに，その時々の天候や大気状態により各種の補正を加え，電波の異常伝搬などにも対処することが必要である。

12.1　ペンシルビームを用いる測高方式

　本節では，測高方式として今日広く実用されているペンシルビームを用いる方式を整理・分類し，各方式について概要を説明する。

12.1.1　ペンシルビーム測高方式の分類

ペンシルビームを用いる測高方式によれば目標仰角はビーム幅の範囲を逸脱することはなく，また，内挿計算により精度向上を図ることができるほか，大きなアンテナ利得が得られるため探知性能も改善するという利点がある。

一方，ペンシルビームを採用するに当たっては3次元空間を捜索するのに要する時間が増えるため，所要のデータレートの確保についても検討しておく必要がある。電子走査方式によってビーム指向方向の切換えが瞬時に行えるようになったが，ペンシルビームの立体角は小さいため，探知距離などの条件いかんでは全捜索空間を覆うための時間に不足が生ずる可能性がある。

いま，図 12.1 (a) に示す単純化したモデルを仮定して，1周期のビーム走査時間（フレームタイム）を算定してみよう。全方位で高度 10 km までの範囲をビーム幅 1° のペンシルビームで走査するとした場合に，1周期に要する時間を最大探知距離 R の関数としてそのグラフを図 12.1 (b) に示す。図中のヒット数は，各ビーム方向でパルス波を送信する回数を表している。MTI 処理を行うためには最低でも2ヒットが，また積分による検出性能の向上を図るためにはさらに多くのヒット数が必要となる。音速の目標は，10秒間に約 3.3 km 移動することを参考に図 12.1 を見ると，所要の捜索周期を確保するためには探知距離にかなりの制約がかかることがわかる。このため，レーダシステム

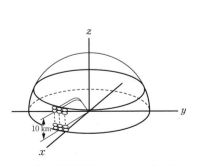
（a）捜索空間のペンシルビームによる走査時間の計算用モデル

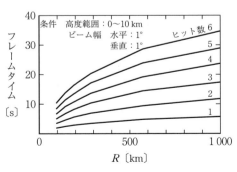
（b）捜索空間ビーム走査のフレームタイム

図 12.1　捜索空間ビーム走査による概略所要時間

の要求性能いかんでは，複数本のペンシルビームを同時に形成するマルチビームアンテナが必要となる。

　上記背景を参考知識として，ペンシルビームによる測高方式をビーム走査方法等により分類して，**表12.1**に示す。表中の各方式の具体的内容については次項で説明するが，ビーム走査を半電子式方法で行う方式では，縦に狭いファンビームを使用しているが，仰角方向はペンシルビームに等しいので，この表に含めた。また，ここでは，方位方向のビーム走査は機械回転式を前提とし，水平垂直ともに電子走査するレーダはここでは対象としていない。

表12.1　測高用アンテナによる測高方式の分類

垂直面ビーム走査		垂直面ビーム形成	ペンシルビームまたはファンビーム	
			単一ビーム	複数ビーム
電子走査	アンテナ×1式 (捜索・測高同時)	〔1〕周波数走査	12.1.2〔1〕項	同左
		〔2〕位相走査 （1次元）	12.1.2〔2〕項	同左 含，位相・周波数走査
		〔3〕位相走査 （2次元）	12.1.2〔3〕項	—
半機械式走査	アンテナ×2式 (水平・垂直別個)	〔4〕半機械式位相走査	12.1.2〔4〕項	—
機械式走査	アンテナ×2式	測高用アンテナによる機械走査	12.2.1項	—
非走査	アンテナ×1式	マルチビーム送信 マルチビーム受信	—	12.1.3〔1〕項
	アンテナ×2式以上	ファンビーム送信 ファンビーム受信	12.2.2〔1〕項 Vビーム方式	12.2.2〔2〕項 受信干渉計方式
		ファンビーム送信 マルチビーム受信	—	12.2.2〔3〕項 受信マルチビーム方式

　次に，ビーム間内挿による測角精度の向上について説明する。**図12.2（a）**に示される単一ビームの走査により形成される隣接するビーム2本，またはマ

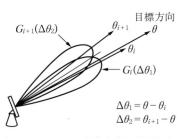 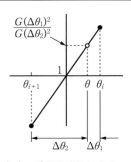

(a) 2ビームの指向方向と目標方向　　(b) 受信強度比による目標方向校正カーブ

図 12.2　2ビーム間内挿による目標方向の算定

ルチビームで同時に形成される隣接ビーム2本を考える．この場合，隣接ビーム間の受信レベルの比は往復でアンテナを通過するため，アンテナ利得の2乗の比となり，仰角対受信レベル比の校正カーブは図12.2（b）のようになる．この校正カーブに受信電力比を適用することによって，隣接ビーム間の仰角が求められる．

最下方ビームのノーズより下方の仰角は，その下方に隣接ビームを形成できないため，上記の方法による内挿計算はできないが，**図 12.3**（a）に示すように θ_1 方向に指向する最下方ビームのすぐ上の θ_1' 方向に追加のビームを形成することにより，同図（b）の校正カーブを用いて外挿計算による測角が可能である．ただし，地表の状況によっては前方反射や後方反射（クラッタ）の影響で測角が難しい場合もある．

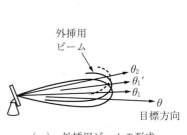 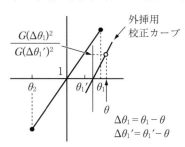

(a) 外挿用ビームの形成　　(b) 外挿用校正カーブ

図 12.3　外挿用ビーム形成による最下方ビーム下の測角

12.1.2 垂直面ビーム電子走査による測高方式

表 12.1〔1〕〜〔3〕のペンシルビームを垂直面内で電子走査する方式について解説する。

〔1〕周波数走査アンテナによる測高方式

このアンテナ方式について 10.1 節で少し述べたように，周波数分散遅延線路を給電線路として等間隔で放射素子を接続し，入力信号の周波数を変化させたときの放射素子の給電位相の変化を利用してビームを電子的に走査するアンテナである。レーダ用アンテナとしては，スネーク導波管（snake waveguide, serpentine）を用いる場合が多い。

ビーム走査の動作原理を図 12.4 に示すスネーク導波管を参照して説明する。アンテナ素子が接続された導波管上の隣接する同相（2π の整数倍の位相差の場合を含む）の2点を A_i，A_{i+1} とすると，A_i 点から A_{i+1} 点に至る長さの導波管が2点

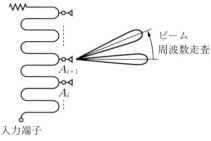

図 12.4　スネーク導波管によるビーム走査

間の遅延位相量を決定する。いま，導波管下部の入力端から信号を入力し，その信号の周波数を上げると波長が短くなるため A_iA_{i+1} 間に乗る波長の数は増えるので，A_{i+1} 点の A_i 点に対する位相遅延量が増大する。この結果，放射ビームの指向方向は上方へ走査される。周波数変化に対するビーム走査の感度はスネーク導波管の A_iA_{i+1} 間の1周期の長さに乗る波長の数が増えると大きくなるので，1周期の長さを適切に設定する必要がある。また，ビーム指向方向が周波数と1対1に対応するため周波数を変更する自由度がなく，他の電波機器との干渉や ECCM（Electronic Counter-Counter Measures, 対電子対策）性能上は課題が残る。

上の説明では隣接2素子間の位相について説明したが，アンテナ素子間のスネーク導波管の1周期の長さを同一にして素子数を多くすれば，垂直面内のビーム幅は狭くなりペンシルビームが形成される。上記の原理を応用したアン

テナは周波数走査アンテナと呼ばれ，比較的簡単な構成でビームを電子走査することができる。

周波数走査アンテナはフェーズド アレー アンテナの実用化に先立って開発され，3次元レーダとして古くから実用化された。**図 12.5** に艦船用3次元レーダとして実用化された代表的なアンテナ形状を示す。同図（a）は筒型反射鏡周波数走査アンテナを示す。筒型反射鏡の1次放射器としてスネーク導波管アレーを使用し，反射鏡により水平方向のビーム幅を絞って狭ビームを形成し，スネーク導波管1次放射器によりペンシルビームを垂直面内で周波数走査している。

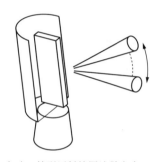　　　　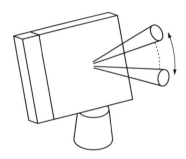

（a）　筒型反射鏡周波数走査アンテナ　　　（b）　平面アレー周波数走査アンテナ

図 12.5　周波数走査アンテナの例

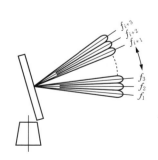

図 12.6　周波数走査による
　　マルチビームの形成

図 12.5（b）は，水平方向に長いスロット導波管アンテナをアンテナ素子とし，そのアンテナ素子を縦方向に並べてスネーク導波管に接続して給電する平面配列周波数走査アンテナを示す。水平方向に広がりを持ったアレーアンテナによりペンシルビームを形成し，スネーク導波管給電線により垂直面内で周波数走査する。

上記方式の拡張方式として，**図 12.6** に示すように複数の周波数 n 波を使って縦続的に n パルスを送信し，ほぼ同時に互いに隣接する n 本の

ビームを形成するアンテナを用いる3次元レーダ方式がある。受信時にはそれぞれのビームに対応して受信機を接続しnビームの受信処理を行う。この方式によりビーム走査時間の不足（12.1.1項参照）に対処することができる。

〔2〕 **位相走査アンテナによる測高方式**

フェーズドアレーアンテナ全般について10章で解説したが，ここで取り上げる方式は，その中の図10.6（a）と図10.7（a）に示されたペンシルビームを仰角方向に走査する方式である。

初めに，単一のペンシルビームを仰角方向に位相走査し，水平面内は機械回転するアンテナを**図12.7**に示す。同図のアンテナの最右端にある電力分配器から分岐した導波管端子と，水平方向に直線に伸びた放射素子との間に導波管フェライト移相器を設けた構造になっている。ちょうど，図12.5（b）のスネーク導波管の部分を導波管移相器を備えた給電系に置き換えた構造になっており，艦船用レーダとして用いられている。

位相走査アンテナにおける拡張型として，周波数走査アンテナの場合と同様に複数本のペンシル

図12.7 1次元走査フェーズドアレーアンテナ

ビームを隣接して形成するマルチビームアンテナ方式がある。平面アレーアンテナの場合，給電回路でマルチビームを形成し，さらに位相走査しようとすると，給電系が非常に複雑になってしまう。これを避ける方法として，**図12.8**に示すようにスネーク導波管を使用して周波数走査によってマルチビームを形成し，マルチビームの全体を移相器により位相走査する位相・周波数走査アンテナ方式[5]があり，日本で最初の防衛用の移動用3次元レーダとして開発された。アンテナの展開写真を**図12.9**に示す。移相器を用いていることから，周波数選択の自由度が向上するため，図12.6に示した周波数マルチビーム方式に比しECCM性能が改善される。

次に，**図12.10**に示すマルチビーム位相走査方式反射鏡アンテナを考える。1次放射系はマルチビーム給電系に移相器を介して少数の素子アンテナが接続

328   12. 捜索レーダにおける測高技術（3次元レーダ）

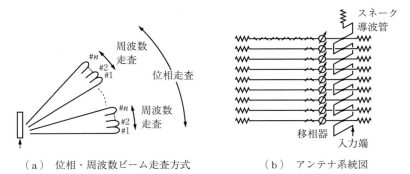

（a） 位相・周波数ビーム走査方式　　　　　（b） アンテナ系統図

図 12.8　位相・周波数ビーム走査方式アンテナ[5],[6]

図 12.9　位相・周波数ビーム走査方式移動用 3 次元レーダ[6]

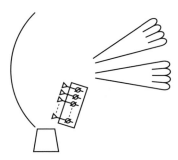

図 12.10　マルチビーム位相走査方式反射鏡アンテナ

された構成となっている。このフェーズドアレー給電系が形成するマルチビームは反射鏡で集束されてマルチペンシルビームとなり，その全体が移相器により走査される方式である。

〔3〕 **回転 2 次元位相走査アンテナによる測高方式**

　この方式は，方位・仰角空間内でペンシルビームを位相走査する 2 次元フェーズドア

レーアンテナを回転台上に設置し，水平面内は機械回転するアンテナを用いる測高方式である。図 12.11 に示すように，回転しながら垂直方向にペンシルビームを走査して探知・捜索を行い，併せて探知目標の測高を行う機能は図 12.7 に示した 1 次元走査フェーズドアレーの測高機能と基本的に同じである。図 12.11 の方式のレーダは 2 次元走査フェーズドアレーアンテナを用いること

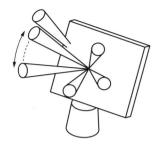

図 12.11　回転 2 次元位相走査方式アンテナ

により，定常的な仰角方向のビーム走査による捜索レーダ機能に加え，追尾中の目標を短周期で計測するための追尾ビームを捜索ビームとは独立に形成することにより，高データレートの追尾機能を持つことが可能となる。

〔4〕　半機械式位相走査アンテナによる測高方式

アレーアンテナの放射素子の励振位相を傾ければビーム走査ができることは，古くから知られていた。しかし，位相走査のための電気制御移相器も周波数走査アンテナもない前大戦中に，機械的手段によって素子アンテナの励振位相を変えるビーム走査アンテナが開発されていた。半機械式フェーズドアレーアンテナともいえる方式なので，ここで紹介する。

第 1 の事例は英国で開発された VEB[1], [7] (Variable Elevation Beam) と名付けられた方式であり，機械式移相器により仰角方向にビーム走査を行う図 12.12 に示す測高レーダである。動作周波数 200 MHz の垂直に設置された長さ約 70 m のダイポールアレーアン

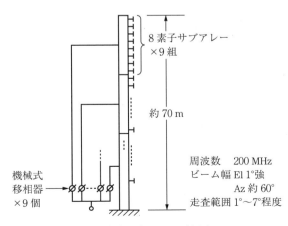

図 12.12　VEB 方式測高レーダ（本図のアンテナ構成・形状は推定を含む）

テナを素子アンテナとする直線フェーズドアレーを使用し，ダイポール8素子から成るサブアレー9組のそれぞれに移相器が設けられた．垂直ビーム幅約1°，水平ビーム幅約60°のファンビームを移相器の機械的設定により垂直面走査し，±0.15°程度の精度を得た．

第2の事例は，米国で開発されたイーグルスキャン[7]（Eagle scan）アンテナを利用する測高方式である．図12.13に示すように導波管の管幅を変えることによって管内波長を変化させ，周波数走査アンテナの場合と同様に，導波管側面に接続されたアンテナ素子の励振位相を変化させてビーム走査を行う．

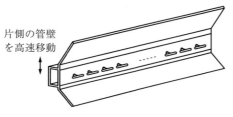

図12.13 イーグルスキャン方式アンテナ

導波管壁の移動は機械的に行われるが，周波数は変えることなく直線アレーアンテナ上の放射素子の移相変化によりビーム走査が行われるので，ビーム走査原理はフェーズドアレーアンテナと同じである．図12.13に示す直線導波管の管壁を高速度で往復運動させることにより，図12.14（a）に示すアンテナ構成でビームを上下方向に走査して目標の高度データを得ている．

このアンテナを利用したレーダは精測進入レーダ（PAR：Precision Approach Radar）と呼ばれ，着陸誘導管制装置（GCA：Ground-Controlled Approach system）を構成するレーダの一つである．PARは図12.14（a）に示すように，

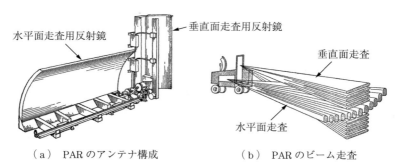

（a）PARのアンテナ構成　　（b）PARのビーム走査

図12.14 イーグルスキャンアンテナを用いた精測進入レーダ（PAR）

図12.13に示した直線アレーアンテナを1次放射器とする筒型反射鏡アンテナ2式を水平走査用アンテナと垂直走査用アンテナとして備え，図12.14（b）に示すように狭ビームを水平面内および垂直面内で高速度で走査し，着陸体勢にある航空機の3次元位置を捉えて管制の用に供せられる。このレーダはX帯で動作し，測高用アンテナのビーム幅は水平3.5°，垂直0.5°程度である（コラム10.1参照）。

12.1.3 垂直面ビーム非走査アンテナによる測高方式

所要の仰角範囲の全体を同時にペンシルビームで覆うことにより垂直面内のビーム走査を不要とする方式である。

○ **マルチビームアンテナによる測高方式**

図12.10の多ビームアンテナのビームの数を増やして所要の仰角範囲を埋め尽くせば垂直方向にビームを走査する必要はなくなり，給電系の移相器は不要となる。**図12.15**はそのように構成された多ビームアンテナによる測高方式を示す。1次給電系の基本形は，縦方向に並んだ多数のホーンアンテナから成り，ホーンアンテナの1本1本が2次ビームの1本1本に対応しており，送信に用いる一つのホーン以外の多数のホーンは焦点からずれた状態（defocused）で動作する。すべてのホーンの入力端に送信パルス波が並行入力されるとともに受信機が接続されており，受信時には受信パルス波は並列処理されて測高に供される。送信時の各ホーンに入力されるパルス波は同一送信機から分配した

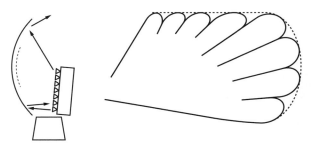

図12.15 垂直面非走査マルチビームアンテナ

同相信号を用いることにより一つのファンビームが形成されるが，受信時はホーンの数だけのマルチビームが形成される。

同様の多ビーム形成は上述の反射鏡アンテナに限られることはなく，給電系が複雑になるがアレーアンテナでも可能である。アレーアンテナによる方法の究極の方式がディジタルビームフォーミング（DBF：Digital Beam Forming）による方式である。この方式では，各アンテナ素子の出力端に受信機を設け，高周波または中間周波の出力信号を A-D 変換し，コンピュータで多ビームのそれぞれのビームに対応する出力信号を同時に計算して，従来のアナログアンテナと同様の出力を得る。

12.2 ファンビームを用いる測高方式

本節で取り上げる測高方式は，基本的に垂直面内にファンビームを形成して目標を捜索・探知し，受信時に個々の方式で目標の測高を行う方式である。本章冒頭で述べたように，ここで述べる方式は 3 次元レーダが開発期にあった時代の過去の方式といえるが，興味深い固有の特徴を持つ方式が多い。

12.2.1 垂直面ビーム機械走査アンテナによる測高方式

この方式は，ファンビームを持つ通常の 2 次元捜索レーダで目標の捜索・探知を行い，測高専用レーダで測高を行う最も初歩的で簡単な測高方式であり，前大戦中から用いられた。図 12.16 に示す測高レーダは，垂直ビーム幅の狭いファンビームを持つ反射鏡アンテナを機械的に上下方向に振って，ビーム指向仰角から目標仰角を測定する方式である。

図 12.16 垂直面機械走査式測高方式

捜索レーダと測高レーダを 1 台の回転台の上に設置して 3 次元情報を得る形態のほ

か，離して設置された2次元捜索レーダからの目標方位情報に従って測高用アンテナを目標方向に指向させて測高を行う方法もある。

　上記の縦長の測高用アンテナを機械的に上下に振る方式では高速度のビーム走査は難しい。この点を改善するために，反射鏡は固定したままその給電点を等価的に上下運動させることにより，反射鏡で絞られた2次ビームを高速走査するアンテナが開発された。このアンテナは図 12.17（a）に示すロビンソンスキャナ（Robinson scanner）である。

（a）ロビンソンスキャナによる測高レーダ（写真手前部分）

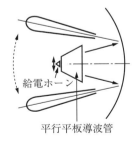 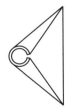

（b）ビーム走査の動作原理図　　　（c）給電部の円形への変換

図 12.17　ロビンソン方式高速ビーム走査アンテナ[7]

　このアンテナの特徴は1次放射器にあり，その動作原理は図 12.17（b）に示すように，平行平板から成る台形の給電部入力側の給電点を動かして出力側

の反射鏡給電点を上下に大きく動かすことにある．次に，ビーム走査の高速化を図るために給電部入力側給電点の動きを円運動に変換することが考えられ，同図（c）に示すように給電部入力側を円形に変形し，向こう側に変形しながら折り返している．この円形の入力部に接続した給電器を回転させて，2次ビームの高速上下走査を可能としている．

この方式は前大戦中に開発された．測高レーダは捜索レーダとともに1台の回転台上に設置され，10.5°の仰角範囲を毎秒10回の速さで走査を行う．アンテナはS帯で動作し，15 ft×5 ftのサイズの反射鏡で垂直ビーム幅1.2°，水平ビーム幅3.5°を得ている．

12.2.2　垂直面ビーム非走査アンテナによる測高方式

この項で扱う測高方式は，大きく次の二つの方式に分類して考えることができる．

① 送受信ともにファンビームを用いる捜索レーダを基本として，そのレーダと同一のアンテナその他を追加設置して測高を行う方式

② 送信はファンビームで行い，測高用には受信専用のアンテナを捜索レーダとは別に設けて測高を行う方式

〔1〕　Vビーム方式[7]

前大戦中に米国で開発された大型の測高レーダであり，方式的には前記分類①に相当する．通常の捜索レーダに同一のレーダを1台追加して両者を特殊な位置関係で設置し，両レーダの出力データを処理して測高を行う方式である．

2台のアンテナは写真を図12.18（a）に示すように，1台は水平にもう1台は傾けて同じ回転台の上に設置され，同図（b）に示すように2本のファンビームがV字形を形成する．この図から2本のファンビームで探知されたときの目標距離とアンテナ回転角の差から目標高度が決定できることがわかる．

目標が高度hに存在すると仮定すると，初めに垂直ファンビームによりH_1点で探知され，アンテナが角度φだけ回転した後，傾斜ファンビームにより

12.2 ファンビームを用いる測高方式

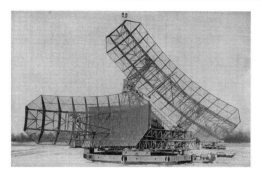
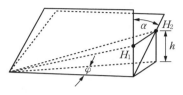

（a） Ｖビーム方式測高レーダのアンテナ外観[7]　　（b） Ｖビームと測高計算関連パラメータ

図 12.18　Ｖビーム方式測高レーダ

H_2 点で再度探知される。傾斜ビームの傾斜角を α とすると，目標距離 R とアンテナ回転角 φ との幾何学的な関係から，目標高度 h は次式で与えられる。

$$h = \frac{R \sin \varphi}{\sqrt{\sin^2 \varphi + \tan^2 \alpha}} \tag{12.1}$$

本方式が開発された当時はまだディジタルコンピュータはなかったため，α は計算上の簡便さなどから通常は 45° に取られ，アナログコンピュータともいうべき専用装置により高度計算が行われたと報告されている。

Ｖビーム方式は戦後アンテナが 1 台で構成される方式が開発され，反射鏡を 2 台用いる原型より小型になったことから，移動用レーダとして開発された。アンテナを 1 台に集約可能とした原理は，反射鏡の反射特性に偏波による差異を持たせて垂直ファンビームと傾斜ファンビームとを同時に形成することが可能となったことであった。

Ｖビーム方式では距離と回転角という単純なデータに基づいて高度を算定するので測高データは安定しているが，空間を隔てた 2 本のビームで同一目標を探知して同一目標と判定する必要があるため，レーダ目標が輻輳する空域では課題が残る。

〔2〕 **受信干渉計方式**[4]

本項で取り上げるレーダは，ファンビームを形成する反射鏡アンテナを備え

た通常の2次元捜索レーダと受信時にアレーアンテナを構成するように設けられた受信専用の上記レーダと同一の反射鏡アンテナを2面以上備えた3次元レーダである。前記分類の ① に相当する。このレーダは，日本で最初の固定用3次元レーダとして防衛用に開発されたものであり，レドーム内に設置されたアンテナの外観は図12.19のとおりである。

図12.19 受信干渉計方式測高レーダのアンテナ外観写真[8]

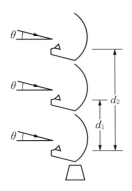

図12.20 3素子のアレーアンテナから構成される受信干渉計方式の例

捜索レーダは普通のレーダとして目標の距離と方位を計測するが，その機能に加えてパルス波の受信時には縦方向の反射鏡アレーの出力を用いて測高計算を行い，目標の3次元位置情報を出力する。

測高の原理は，電波天文などで利用されている高角度分解能の干渉計と同様の原理を基本的に用い，目標仰角の候補となる角度の多義性（ambiguity）をアレーの構成方法で除去して高精度で仰角を計測する方式である。

図12.20に示す反射鏡アンテナをアンテナ素子とする3素子アレーアンテナを参照して測高原理を説明する。いま，レーダ反射波が仰角 θ から到来するものとし，第1アンテナと第2アンテナ間の受信波の位相差を φ_1，第1アンテナと第3アンテナ間の受信波の位相差を φ_2，また波長を λ とすると，それぞ

れのアレーについて次式が成り立つ。

$$2\pi \frac{d_1}{\lambda} \sin\theta = \varphi_1 \\ 2\pi \frac{d_2}{\lambda} \sin\theta = \varphi_2 \Biggr\} \tag{12.2}$$

位相 φ_1 と φ_2 はそれぞれ 2π を法として測定され，また，$d_1/\lambda \gg 1$, $d_2/\lambda \gg 1$ であるため，1 本の式だけでは θ の候補は多数存在し一義的には定まらないが，2 本以上の式を用いることにより，理論的には多義性を除去してファンビーム内に広く分散する多数の候補の中から一つの θ を選択することが可能となる。

〔3〕 **受信マルチビーム方式**

航空管制用レーダの近くに設置して，そのレーダの捉えた目標の測高を行う受信専用の測高レーダであり，前記分類 ② に相当する。垂直面内でビーム幅約 0.2° の最下方ビームからビーム幅約 1.5° の仰角 40° のビームまで約 100 本の受信ビームを形成し，S 帯レーダの目標反射波を捉えて測高を行う。**図 12.21** に示すビーム形成回路網を大量の導波管を組み上げて構築し，受信ビームを形成した。

FAA により試作された航空管制用測高レーダ AHSR-1（Air Height Surveillance Radar）のアンテナは，**図 12.22** に示すように高さ約 50 m の巨大なアン

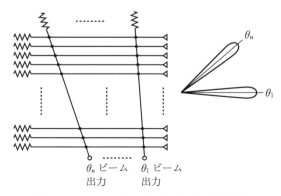

図 12.21　AHSR-1 のビーム形成導波管回路網

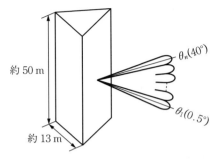

テナであって，3面の内の1面だけが試作・評価されたが，費用対効果の点から実用機としては採用されなかった。

図 12.22 AHSR-1 測高レーダ試作機の外観

引用・参考文献

[1] D. J. Marrow："Height Finding and 3D Radar", Chap. 20 in Radar Handbook, 2nd ed., M. I. Skolnik, ed., McGraw-Hill（1990）
[2] M. I. Skolnik：Introduction To Radar Systems, 2nd ed., McGraw-Hill（1980）
[3] 玉真哲雄："三次元レーダについて（その 1）— 原理と実施例の全般的解説 —"，三菱電機技報，Vol. 45, No. 10（1971）
[4] 玉真哲雄："三次元レーダについて（その 2）— 原理と実施例の全般的解説 —"，三菱電機技報，Vol. 45, No. 11（1971）
[5] Y. Toshitsuna, S. Itoh, and T. Izutani："Design of a Phase-Frequency Scanned Antenna", Conference Proceedings of Military Electronics Defense Expo '80, pp. 411-417, West Germany（Oct. 7-9, 1980）
[6] R. Toyoda and I. Matsukasa："Concise Three Dimensional Surveillance Radar", Proceedings of 1975 IEEE International Radar Conference, p. 48（April 1975）
[7] L. N. Ridenour, ed.：Radar System Engineering, Vol. 1 in MIT Radiation Laboratory Series, McGraw-Hill（1947）
[8] 玉真哲雄："3次元レーダーの開発実用化 — ものごとがうまくイク時の考察 —"，信学技報，SANE2011-52（2011）

索　　　引

【あ】

アクティブインピーダンス　291〜293
アクティブフェーズドアレーアンテナ　8, 15, 19, 279, 282
アクティブフェーズドアレーレーダ　280, 281
　　電子管式　280, 281
α-β フィルタによる目標追尾　306〜309
　　システムモデル　306
アレー素子パターン　293, 294
アンテナ雑音電力　103〜105
アンテナ諸元　74〜84
　　アンテナ利得　77〜78
　　円偏波　79〜81
　　コセカント2乗形状　84
　　サイドローブレベル　75, 82, 83
　　指向性利得　77, 78
　　実効開口面積　78
　　垂直偏波　79
　　水平偏波　79
　　楕円偏波　80
　　ビーム形状　83
　　ビーム幅　72, 73
　　偏波　79〜82
アンテナ設計技術　192〜200
　　円偏波　198〜200
　　高仰角ブーストパターン　194, 195
　　コセカント2乗パターン　192〜194
　　水平・垂直偏波　197, 198
　　低仰角シャープカットオフパターン　195

デュアルビームパターン　196
アンテナ損失　161
アンテナパターン損失　161, 162
アンテナ利得　46
アンテナ利得・開口積　84〜88
　　周波数依存性　84〜88
アンビギュイティ　41

【い】

イーグルスキャン　261, 276, 330, 331
位相・周波数走査アンテナ　327, 328
位相走査アンテナ　327〜329
　　1次元走査　327
　　回転2次元走査　328, 329
　　マルチビーム反射鏡　327, 328
位相変調ディジタルパルス圧縮方式　238〜242
　　多相符号列　241, 242
　　多相変調　239
　　2相変調　239
　　2値符号列　239〜241
　　バーカー符号　240〜242
　　フランク符号　241, 242
一義的確定距離　251, 252
移動型警戒用レーダ「SCR-270」　28, 32, 33
移動用3次元レーダ　327, 328

【う】

宇宙デブリ観測用レーダ　281
宇宙飛翔体監視レーダ　19, 20, 280
ウルツブルグレーダ　29〜31

【え】

A スコープ　44, 71
AN/FPS-85　19, 280
エンジェルエコー　194

【か】

海面クラッタ　213, 214, 246, 247
　　対数正規分布　246
　　レイリー分布　246
　　レーダ断面積　246
海洋レーダ　24
ガウスフィルタ　111, 112
ガウス分布　120
ガウス分布雑音　121
画像（映像）レーダ　20, 21
艦載電波探信儀「2号2型」　30, 31

【き】

疑似雑音列　241
気象クラッタ　199, 213, 214, 247, 248
　　レイリー分布　248
　　レーダ断面積　247
気象レーダ　12〜18
　　ウィンドプロファイラ　15
　　大型大気観測用レーダ　18
　　雷レーダ　15
　　気象ドップラーレーダ　13
　　局地的気象監視システム　15
　　空港気象ドップラーレーダ　13
　　下水道管理用レーダ雨量計　15

降雨観測レーダ	17	
次世代マルチパラメータ気象レーダ	16	
新アメッシュ	15	
大気観測レーダ	15	
直交二重偏波レーダ	14	
2周波降水レーダ	17	
フェーズドアレー気象レーダ	16	
二重偏波レーダ雨量計	14	
レーダ雨量計	14	
COBRA	16	
Cバンド MP レーダ	14	
DPR	17	
DRAW	13	
MU レーダ	17, 18	
PANDA	16	
PANSY	18	
TRMM／PR	17	
WINDAS	15	
XRAIN	14	
Xバンド MP レーダ	14	
Xバンド MP レーダネットワーク	14	
疑似乱数符号列	241	
狭帯域雑音	122	
狭帯域フィルタ	43, 52, 54, 119	

【く】

空間分布クラッタ	247
空港監視レーダ	10
矩形フィルタ	111, 112
クラッタ環境下での目標検出	213, 214
クラッタ	
──の強度分布	218
レイリー分布	218
──の統計的特徴	214
──のレーダ断面積	217, 218
空間クラッタ	217, 218
面状クラッタ	217, 218
クラッタロック MTI	255
グレーティングローブ	268, 283〜290

可視域	285, 286, 288〜290
三角配列	290
直線フェーズドアレー	284〜287
非可視域	285, 286, 288〜290
平面フェーズドアレー	287〜290

【け】

検出確率	69, 131
検波後積分処理	134
検波前積分処理	134

【こ】

航空管制用レーダ	11, 12
空港監視レーダ	11, 12
空港面探知レーダ	11, 12
航空路監視レーダ	11
2次監視レーダ	12
洋上航空路監視レーダ	11
航空機搭載気象レーダ	25
合成開口レーダ	11, 20
交通取締用レーダ速度計	25
港内・沿岸監視レーダ	24
後方散乱	81, 82
誤警報確率	68, 69, 130, 131
固定型警戒用レーダ	
「SCR-271」	32, 33
固定型3次元レーダ	336
コヒーレント MTI 方式	248
コヒーレント積分処理	134〜140
コラプシング損失	163

【さ】

最小信号検出レベル	49, 50
最大探知距離	50, 51, 61〜63
──の周波数特性	85〜88
最長符号列	241
最適2値符号列	241

最適推定理論に基づく	
目標追尾	309〜319
カルマンゲイン	312, 314〜317
カルマンフィルタ	309〜319
座標誤差の標準偏差	317
速度誤差の標準偏差	318
共分散行列	312〜314
雑音指数	94〜99
増幅器	94, 95, 97
測定法	98, 99
多段増幅器	97, 98
雑音帯域幅	56, 59, 60, 105, 106
雑音の確率分布	120〜125
検波後雑音電圧	124, 125
雑音電圧包絡線	123〜124
雑音のスペクトル密度	201
3次元レーダ	321
4/3 地球半径モデル	185, 186
散乱断面積	11, 48

【し】

しきい値	67〜69
システム雑音	54, 99〜105
システム雑音電力	59, 60
システム性能の改善・向上課題	190, 191
システム損失	45
実効開口面積	49
自動検出・追尾処理	302
自動車用レーダ	22, 23
シフトレジスタ符号	241
射撃管制用レーダ	
「SCR-268」	28, 32, 33
射撃用レーダ（GL Mark2）	31, 32
周波数走査アンテナ	325〜327
スネーク導波管	325, 326
筒型反射鏡	326
平面アレー	326
受信機雑音	93〜99
受信系高周波伝送線路損失	162, 163

索　引

受信部の発生する雑音電力 101
シュワルツの不等式　202
準白色雑音　120, 121
情報収集衛星用レーダ　11
　　光学衛星　11
　　レーダ衛星　11
シングルキャンセラ MTI
　　　　　　248～252
　　ブラインド速度　251, 252
（信号＋雑音）の確率分布
　　　　　　125～130
　　検波後（信号＋雑音）電圧
　　　　　　127～130
　　（信号＋雑音）電圧包絡線
　　　　　　126, 127
信号検出しきい値　130, 131
信号処理損失等　163
信号対雑音エネルギー比
　　　　　　56, 133
信号対雑音比　43, 52

【す】

垂直面機械走査アンテナ
　　　　　　332～334
垂直面ビーム非走査アンテナ
　による測高　334～338
　　受信干渉計方式
　　　　　　335～337
　　受信マルチビーム方式
　　　　　　337, 338
　　V ビーム方式　334, 335
スイープ　44
スタガ PRF MTI　253～255
ステルス目標　10, 11
スペクトル密度　56
スワーリングモデル　150～152

【せ】

成形アンテナパターンの実例
　　　　　　196, 197
整合フィルタ　55
精測進入レーダ
　　　　　10, 276, 330, 331
積分処理　70
線形周波数変調　222

線形周波数変調パルス
　圧縮方式　222～237
　　圧縮原理　225～228
　　圧縮信号波形　229～231
　　時間サイドローブ
　　　　　　235～237
　　ディジタルパルス圧縮
　　　フィルタ　233, 234
　　動作の流れ　223, 224
　　表面弾性波分散遅延線
　　　　　　232, 233
　　LFM 信号　228, 229
船舶用レーダ　21
前方散乱　81, 82

【そ】

捜索レーダ　7, 8, 38, 41
送受切換器　42, 43
送信系高周波伝送線路損失
　　　　　　160, 161
送信パルス波　72～74
　　瞬時電圧　72
　　瞬時電力　72
　　デューティサイクル　73
　　デューティファクタ　73
　　パルス繰返し周波数　73
　　パルス幅　72
　　平均電力　72
素子アンテナ　290～293
　　相互結合　290～293
　　入力インピーダンス
　　　　　　291, 292
　　放射パターン　291～293

【た】

帯域通過フィルタ　106～114
帯域幅損失係数　58, 108～114
帯域幅補正係数
　　　　　　63, 64, 115, 116
帯域フィルタ　55, 64, 65, 106
帯域フィルタ出力を基準とする
　SNR　55, 56
大気
　――による電波の屈折　166
　――による電波の減衰
　　　　　　164～166

大気吸収損失　162
大地クラッタ
　　　　　196, 213, 214, 244～246
　　ガウス分布　245
　　対数正規分布　246
　　レイリー分布　245, 246
　　レーダ断面積　245
　　――の周波数
　　スペクトル分布　219, 220
　　　　ガウス分布モデル
　　　　　　219, 220
　　　　指数分布モデル　220
　　　　多項式モデル　220
大地反射の垂直覆域への影響
　　　　　　187～189
対流圏吸収損失　164, 165
多義性　41
多機能フェーズドアレーレーダ
　　　　　　267, 268, 302
多機能レーダシステム　9
ダブルキャンセラ MTI
　　　　　　252, 253
探照灯管制レーダ（S.L.C.）
　　　　　　31, 32

【ち】

チェインホームレーダ　27
地上設置型合成開口レーダ　24
地中（探査）レーダ　23
地表面による電波の反射　166
地平線以遠の覆域下部　42
着陸誘導管制装置　330
チャープ方式　222
中心極限定理　120, 218, 245

【つ】

追尾フィルタ　303～306
　　システムモデル　306
　　スムージング　304
　　フィルタリング　303, 304
　　プレディクション　303, 304
　　――の最適化へ向けた課題
　　　　　　318, 319

【て】

抵抗の発生する熱雑音　95, 96

低雑音高周波増幅器	43
ディジタルビームフォーミング	17, 332
ディジタルフィルタバンク	256, 257
TWS 追尾処理の流れ	302, 303
追尾開始処理	303
追尾更新処理	303, 305
追尾予測処理	303, 305
データ結合	303
データ相関	303
ディテクタビリティファクタ	61, 62, 66, 131, 132
テイラー分布	236, 237
電子走査アンテナ	262～264
周波数走査アンテナ	262～264
ビーム切換アンテナ	262～264
フェーズドアレーアンテナ	262～264
伝送線路の発生する雑音電力	101～103
電波高度計	25
電波探信儀	29
電波探知機	29
電波の大気屈折	175～181
大気屈折率の指数分布モデル	177, 178
大気屈折率の直線分布モデル	178
電波伝搬軸	178～181
レーダ運用に与える影響	175, 176

【と】

透過型空間給電フェーズドアレー方式 PAR	277
等価地球半径モデル	42
等価入力雑音電力	59
動作周波数帯域幅	297～299
開口面効果	297
サブアレー	278, 298
ドップラー周波数偏移	214～217
トランスバーサルフィルタ	257

【に】

2次周回エコー	41
二重曲面反射鏡アンテナ	196
日本版ウルツブルグレーダ	30, 32
ニューマン文書	31, 32

【ね】

熱雑音	60

【の】

ノンコヒーレント MTI 方式	248
ノンコヒーレント積分処理	134, 136, 140～148
ノンパラメトリック CFAR	259

【は】

白色雑音	96, 106, 201
バターワースフィルタ	111, 112
パッシブフェーズドアレーアンテナ	274, 275, 278, 279
給電回路方式	278, 279
空間給電方式	275, 278
透過型空間給電方式	275, 278
反射型空間給電方式	275, 278
パルス圧縮技術	209～212
レーダシステムにおける意義	209～211
レーダ方程式における取り扱い	212
パルスドップラーレーダ	256
半機械式位相走査アンテナ	329～331
半機械式フェーズドアレーレーダ	276
反射波受信電力	45～49
半値帯域幅	105, 106

【ひ】

ビジビリティファクタ	132
飛翔体追尾レーダ	19

非線形周波数変調パルス圧縮方式	237, 238
時間サイドローブ	237, 238
ビデオ積分処理	134
表面波によるブラインドの発生	293, 294

【ふ】

フェーズドアレーアンテナ	9, 264～268
フェーズドアレーアンテナ設計上の技術課題	282～299
直線アレーのビーム走査	269～271
特長	264～267
ビーム走査	268～274
ビーム走査形態	267, 268
平面アレーのビーム走査	271～274
覆域	
――の最小距離設定	40～42
――の最大距離設定	40～42
ブラインド速度	251～255
ブリップ	44

【へ】

ペンシルビームを用いる測高方式	321～324
フレームタイム	322
分類	322, 323

【ほ】

防衛用レーダ	7～11
イージスレーダ	9
艦載捜索	9
艦載捜索・火器管制	9
警戒管制	8
水上捜索	9
対空捜索	8, 9
着陸誘導管制装置	10
バイスタティック	10
ペトリオットミサイルシステム	10

索　引　　　343

モノスタティック　　　10
J/FPS-5　　　8
OTHレーダ　　　10

【ま】

マッチドフィルタ
　　55～57, 64, 65, 200～209
　　SNRの最大値　　203, 208
　　インパルス応答　203, 204
　　出力信号　　204～207
　　出力を基準とするSNR
　　　　　　　　　56, 57
　　特　質　　207～209
　　マッチドフィルタの導出
　　　　　　　　200～204
マッチング損失　62, 114, 115
マルチビームアンテナ
　　　323, 326～328, 331

【み】

見逃し確率　　　69

【め】

面状クラッタ　　　245

【も】

目標検出基準　　118～157
　　単一反射パルス波
　　　　　　　　118～133
　　複数反射パルス波
　　　　　　　　133～148
　　目標反射波の変動
　　　　　　　　148～157
目標検出基準値
　　52, 60, 61, 62, 66, 131～133,
　　146～148, 152～157

単一反射パルス波
　　　　　　　　131～133
複数反射パルス波
　　　　　　　　146～148
目標反射波の変動
　　　　　　　　152～157
目標検出の確率的判定　66～70
目標追尾　　301～319
　　捜索レーダによる
　　　　　　　301, 302～319
　　追尾レーダによる
　　　　　　　　266, 301
　　トラックホワイルスキャン
　　　　　　　　301, 302
目標ヒット数　　167
目標フラクチュエーション
　　モデル　　150～152
モノスタティックレーダ
　　　　　　　　79, 84

【ゆ】

有色雑音　　　121

【り】

量子化移相誤差　　295～297
　　量子化サイドローブ　296
　　量子化指向誤差　　297

【れ】

レイリー分布　　124, 125
レーザレーダ　　14
レーダ　　　1
　　――の周波数帯　25, 26
レーダシステムの基本構成
　　　　　　　　42～44

レーダ垂直覆域チャート
　　　　　　　　181～185
　　指数分布モデルによる
　　　　　　　　182～184
　　等価地球半径モデル
　　　による　　184, 185
レーダ断面積　47～49, 89～93
　　角度依存性　　89～91
　　金属球体　　91, 92
　　金属平板　　92
　　コーナーリフレクタ 92, 93
　　参考値　　93
　　2個の金属球　90, 91
　　プロペラ機　　90
レーダ方程式
　　　60～66, 71, 168～174
　　基本レーダ方程式
　　　　　　　45, 49～51
　　計算例　　171～174
　　実用レーダ方程式
　　　　　　　51, 52, 57～66
　　帯域フィルタ出力
　　　　　　　　61, 62
　　比較考察　　168～171
　　マッチドフィルタ出力
　　　　　　　　62, 63
レーダ見通し距離　185～187
レンズ効果損失　165, 166

【ろ】

ロケット追尾レーダ　　19
ロビンソンスキャナ 333, 334

【わ】

ワイブルCFAR　　259

【A】

ADT　　　302
AN/APQ-7　　　276
AN/MPN-1　　　276
AN/TPN-19　　　277
ARSR　　　11
ASDE　　　11, 12

ASR　　　10, 11, 12

【C】

CFAR　　　214

【D】

DBF　　　17, 332

【E】

ECCM　　　325, 327

【G】

GB-SAR　　　24
GCA　　　10, 330

[L]

LFM	222
LIDAR	14
LNA	43
Log-CFAR	259
Log-FTC	258

[M]

MERA	280
MTI	217, 248

[N]

NLFM	237

[O]

ORSR	12

[P]

PAR	10, 276, 277, 330, 331
PPI	43, 44, 70, 71
PRF	73

[S]

SAR	11, 20
SLAR	20
SNR	52, 54
STC	194, 195
Swerling モデル	150〜152

[T]

TWS	301, 302

[V]

VEB	329

―― 著者略歴 ――

1968 年　東京工業大学理工学研究科修士課程修了（電子工学）
1971 年　日本電気株式会社勤務
　　　　　各種大型アンテナ，レーダシステム，および電子戦システムの技術開発に従事。この間，
　　　　　1974 〜 1975 年米国 MIT 電子システム研究所客員研究員。
1989 年　日本モトローラ株式会社勤務
2008 年　一般財団法人ディフェンス リサーチ センター　研究委員

レーダシステムの基礎理論
Basic Theory of Radar Systems　　　　　　　　　　　　　　　　Ⓒ Shin-ichi Itoh 2015

2015 年 11 月 20 日　初版第 1 刷発行
2020 年 9 月 25 日　初版第 3 刷発行　　　　　　　　　　　　　　　　★

	検印省略	著　者	伊　藤　信　一
		発行者	株式会社　　コロナ社 代表者　牛来真也
		印刷所	新日本印刷株式会社
		製本所	牧製本印刷株式会社

112-0011　東京都文京区千石 4-46-10
発行所　株式会社　コロナ社
CORONA PUBLISHING CO., LTD.
Tokyo Japan

振替00140-8-14844・電話(03)3941-3131(代)
ホームページ　https://www.coronasha.co.jp

ISBN 978-4-339-00870-8　C3055　Printed in Japan　　　　　　　　（横尾）

JCOPY　<出版者著作権管理機構 委託出版物>

本書の無断複製は著作権法上での例外を除き禁じられています。複製される場合は，そのつど事前に，
出版者著作権管理機構（電話 03-5244-5088, FAX 03-5244-5089, e-mail: info@jcopy.or.jp）の許諾を
得てください。

本書のコピー，スキャン，デジタル化等の無断複製・転載は著作権法上での例外を除き禁じられています。
購入者以外の第三者による本書の電子データ化及び電子書籍化は，いかなる場合も認めていません。
落丁・乱丁はお取替えいたします。

電子情報通信レクチャーシリーズ

■電子情報通信学会編　（各巻B5判，欠番は品切または未発行です）

白ヌキ数字は配本順を表します。　　　　　　　　　頁　本体

配本	巻	書名	著者	頁	本体
㉚	A-1	電子情報通信と産業	西村 吉雄著	272	4700円
⑭	A-2	電子情報通信技術史 ―おもに日本を中心としたマイルストーン―	「技術と歴史」研究会編	276	4700円
㉖	A-3	情報社会・セキュリティ・倫理	辻井 重男著	172	3000円
⑥	A-5	情報リテラシーとプレゼンテーション	青木 由直著	216	3400円
㉙	A-6	コンピュータの基礎	村岡 洋一著	160	2800円
⑲	A-7	情報通信ネットワーク	水澤 純一著	192	3000円
㊳	A-9	電子物性とデバイス	益・天川共著	244	4200円
㉝	B-5	論理回路	安浦 寛人著	140	2400円
⑨	B-6	オートマトン・言語と計算理論	岩間 一雄著	186	3000円
㉟	B-8	データ構造とアルゴリズム	岩沼 宏治他著	208	3300円
㊱	B-9	ネットワーク工学	田村・中野・仙石共著	156	2700円
①	B-10	電磁気学	後藤 尚久著	186	2900円
⑳	B-11	基礎電子物性工学―量子力学の基本と応用―	阿部 正紀著	154	2700円
④	B-12	波動解析基礎	小柴 正則著	162	2600円
②	B-13	電磁気計測	岩﨑 俊著	182	2900円
⑬	C-1	情報・符号・暗号の理論	今井 秀樹著	220	3500円
㉕	C-3	電子回路	関根 慶太郎著	190	3300円
㉑	C-4	数理計画法	山下・福島共著	192	3000円
⑰	C-6	インターネット工学	後藤・外山共著	162	2800円
③	C-7	画像・メディア工学	吹抜 敬彦著	182	2900円
㉜	C-8	音声・言語処理	広瀬 啓吉著	140	2400円
⑪	C-9	コンピュータアーキテクチャ	坂井 修一著	158	2700円
㉛	C-13	集積回路設計	浅田 邦博著	208	3600円
㉗	C-14	電子デバイス	和保 孝夫著	198	3200円
⑧	C-15	光・電磁波工学	鹿子嶋 憲一著	200	3300円
㉘	C-16	電子物性工学	奥村 次徳著	160	2800円
㉒	D-3	非線形理論	香田 徹著	208	3600円
㉓	D-5	モバイルコミュニケーション	中川・大槻共著	176	3000円
⑫	D-8	現代暗号の基礎数理	黒澤・尾形共著	198	3100円
⑱	D-11	結像光学の基礎	本田 捷夫著	174	3000円
⑤	D-14	並列分散処理	谷口 秀夫著	148	2300円
㊲	D-15	電波システム工学	唐沢・藤井共著	228	3900円
⑯	D-17	VLSI工学―基礎・設計編―	岩田 穆著	182	3100円
⑩	D-18	超高速エレクトロニクス	中村・三島共著	158	2600円
㉔	D-23	バイオ情報学 ―パーソナルゲノム解析から生体シミュレーションまで―	小長谷 明彦著	172	3000円
⑦	D-24	脳工学	武田 常広著	240	3800円
㉞	D-25	福祉工学の基礎	伊福部 達著	236	4100円
⑮	D-27	VLSI工学―製造プロセス編―	角南 英夫著	204	3300円

以下続刊

B-7　コンピュータプログラミング　富樫　敦著　　D-16　電磁環境工学　徳田　正満著

定価は本体価格+税です。
定価は変更されることがありますのでご了承下さい。

図書目録進呈◆